Intelligent Control and Reinforcement Learning

Advanced Value Iteration Critic Design

智能控制与强化学习

先进值迭代评判设计

王 鼎 赵明明 哈明鸣 任 进◎著

人 民 邮 电 出 版 社
北 京

图书在版编目（CIP）数据

智能控制与强化学习：先进值迭代评判设计 / 王鼎等著. -- 北京：人民邮电出版社，2024.3
ISBN 978-7-115-63395-8

Ⅰ. ①智… Ⅱ. ①王… Ⅲ. ①智能控制②机器学习 Ⅳ. ①TP273②TP181

中国国家版本馆CIP数据核字(2023)第249394号

内 容 提 要

在人工智能技术的大力驱动下，智能控制与强化学习发展迅猛，先进自动化设计与控制方法日新月异。本书针对复杂离散时间系统的优化调节、最优跟踪、零和博弈等问题，以实现稳定学习、演化学习和快速学习为目标，建立一套先进的值迭代评判学习控制理论与设计方法。首先，对先进值迭代框架下迭代策略的稳定性进行全面深入的分析，建立一系列适用于不同场景的稳定性判据，从理论层面揭示值迭代算法能够实现离线最优控制和在线演化控制。其次，基于迭代历史信息，提出一种收敛速度可调节的新颖值迭代算法，有助于加快学习速度、减少计算代价，更高效地获得非线性系统的最优控制律。最后，结合人工智能技术，对无模型值迭代评判学习控制的发展前景也进行了讨论。

本书内容丰富、结构清晰，相关介绍由浅入深、分析透彻，既可作为智能控制、强化学习、优化控制、计算智能、自适应与学习系统等领域研究人员和学生的参考书，又可供相关领域的技术人员使用。

◆ 著　　　　王　鼎　赵明明　哈明鸣　任　进
责任编辑　哈　爽
责任印制　马振武
◆ 人民邮电出版社出版发行　　北京市丰台区成寿寺路 11 号
邮编　100164　　电子邮件　315@ptpress.com.cn
网址　https://www.ptpress.com.cn
固安县铭成印刷有限公司印刷
◆ 开本：720×960　1/16
印张：15.5　　　　2024 年 3 月第 1 版
字数：262 千字　　　　2024 年 3 月河北第 1 次印刷

定价：139.80 元

读者服务热线：(010)81055493　印装质量热线：(010)81055316
反盗版热线：(010)81055315
广告经营许可证：京东市监广登字 20170147 号

序

人工智能已经成为具有国家战略意义的关键技术之一，对科技、产业和社会变革产生了巨大的推动力，在智能制造、智慧医疗、智慧环保、智慧城市、智能农业、国防建设等各个领域得到了广泛的应用。与此同时，新一代人工智能相关的理论和方法研究也取得了显著的进展。强化学习是人工智能领域的一个重要分支，使得智能体能够在与环境的交互中学习并优化策略，进而促进自主智能系统的发展。随着理论研究的深化和计算能力的提升，强化学习在自动控制领域得到了广泛的关注，为解决复杂的实时决策和控制问题提供了新思路。近年来，强化学习在自动驾驶、智能机器人、工业自动化等领域的应用不断扩展，各种强化学习算法常被用于解决不同类型的控制问题，从而实现智能自适应的决策和控制系统设计，更好地应对实际中的复杂特性。特别地，深度强化学习通过从大量数据和交互中学习，为求解复杂动态系统的优化控制问题提供了新理念。智能控制与强化学习涉及计算机科学、控制理论、机器学习等多个学科领域，两者的相互发展可以推动技术创新，促进系统性能提升。这不仅有助于改进已有的技术，还可以催生出颠覆性新技术，为科技进步和社会发展带来新的动力，推动人类社会向着可持续、更加智能化的方向发展。

本书作者多年来以不确定环境下的自适应评判设计相关理论与技术为出发点，紧跟学术界和工业界热点，开展一系列具有前沿性和开拓性的研究工作，致力于推进新一代人工智能技术应用于复杂动态系统智能控制与优化。融合强化学习和数据驱动等领域的先进技术，面向演化学习机制和快速决策需求，建立一套值迭代评判学习控制理论与设计方法，总结并完善近年来基于评判学习机制的各种先进值迭代技术，为包含城市污水处理在内复杂工业系统智能控制与优化提供一定的支撑。同时，本书理论分析和仿真实验并重，可为相关领域人员开展新一代人工智能基础理论和关键技术研究提供帮助，也可作为同类方向教学和科研的参考书。

刘德荣

南方科技大学讲席教授、博士生导师

IEEE Fellow、INNS Fellow、IAPR Fellow、欧洲科学院院士

前言

人工智能如春风拂大地，在无形处促进社会发展。

控制技术似微雨润万物，于无声中推动产业变革。

人工智能的研究热潮一浪接一浪，从理论研究到核心方法，从技术开发到落地应用，正推动着许多行业稳步迈向智能时代。自动控制的发展，也前前后后注入了大量人工智能元素。如今，人工智能驱动的自动化技术不断涌现，如与青春作伴，常常活力无限。其中，机器学习扮演着关键角色，助力以大规模数据为特色的智能自动化控制技术快速发展。即使面对环境保护、城市交通、电力系统等复杂对象，它依然起到了重要作用；反之，这也推进了机器学习本身的研究进展。值得一提的是，注重与环境交互的强化学习，更有利于自主智能系统的研究和开发。智能控制与强化学习，恰似美好时代背景下的双子星，熠熠生辉，并且交叉融合、相互促进。

在强化学习与智能控制的推动下，以自适应评判为主要思想的自适应动态规划方法，能够实现非线性系统的智能优化控制。在此基础上推广的智能评判控制，已经成为开展复杂动态系统控制设计的一类先进技术。在这一过程中，设计自适应能力强、学习速度快、运行成本低的智能控制器，成为复杂工业过程智能化运行趋势下的研究热点。作为一类经典而又常用的算法，以值迭代为基础的智能评判控制理论和方法取得了显著进展，相关学者已经围绕迭代机制、学习算法、智能实现及应用验证等开展了大量研究。然而，现有的基本值迭代方法存在着演化策略适用范围有限、难以快速获得最优策略等不足，在控制器实用性和决策快速性方面亟待提升。为了使相关领域学者有效地把握先进值迭代的研究动态与最新发展现状，亟须对此内容加以归纳整理，并进行开拓创新。

本书作为新一代人工智能技术的关键基础理论研究，将对先进值迭代驱动的智能控制设计进行详细阐述。在进行第 1 章的先进值迭代方法综述之后，本书主体内容分为三大部分。第一部分包括第 2、3、4、5、6 章，主要阐述广义值迭代方法；第二部分包括第 7 章，主要阐述演化值迭代方法；第三部分包括第 8、9、10 章，主要阐述加速值迭代方法。作者先后将先进值迭代用于解决调节器设计、轨迹跟踪、零和博弈等问题，还针对污水处理系统进行了应用验证。作者的研究工作得益于北京人工智能研究院、智慧环保北京实验室提供的良好平台，也希望相关成果对人工智能、智慧环保的理论研究和应用开发做出应有的贡献。

非常感谢国家自然科学基金（项目编号：62222301）、科技创新 2030——“新一代人工智能”重大项目（课题编号：2021ZD0112302）、北京市自然科学基金（项目编号：JQ19013）等对于相关研究工作给予的大力资助。非常感谢赵明明、哈明鸣、任进，在开展相关研究和整理全书材料的过程中付出了极大努力；感谢胡凌治、赵慧玲、武俊龙帮助作者整理了第 5、6、9 章的基本内容；感谢高宁、辛鹏、李梦花、杨茹越、王将宇、周子航、李鑫、范文倩、刘奥、黄海铭、王元、马宏宇、唐国翰、胡琴娜、刘楠、袁泽强，帮助作者多次校对书稿。感谢人民邮电出版社的哈爽编辑，她对本书的出版付出了大量努力，前前后后与作者多次沟通，助力成稿发行。科研之路漫漫，充满无数挑战；坚守初心相伴，追逐梦想如愿。衷心感谢导师的启发和朋友的帮助，也特别感谢家人的无尽支持：照远方迎光明，感受一片安宁；鼓勇气助前行，欣赏无限风景。

由于作者水平所限，而且考虑人工智能及相关科技领域的快速发展，书中难免存在不足之处，恳请读者予以批评指正，以期做进一步的修改和完善。

王鼎

2023 年 8 月 26 日于北京

目录

第1章 智能评判控制的先进值迭代方法概述

1.1 引言

最优化设计在工业生产、信息技术、经济管理、生态环境等领域有着广泛的应用，特别在自动控制设计中扮演着重要角色[1]。随着工业、交通、能源、生态等系统规模的不断扩大，整个控制系统往往呈现结构复杂多样、部件高度集成、数据繁冗复杂和变量耦合相关等非线性特征，这对实现其最优控制提出了巨大的挑战[2]。线性系统最优控制的核心思想在于求解 Riccati 方程，通过数学运算能够获得其精确的最优解[3]。然而，对于非线性系统，最优控制设计的难点在于求解 Hamilton-Jacobi-Bellman（HJB）方程并获得其近似最优解[4-5]。动态规划在解决最优控制问题方面取得了显著的成果，但由于对精确环境模型的依赖性和搜索过程的逆向性，往往难以处理高维优化问题，并且会产生“维数灾”问题[6-7]。因此，当务之急是提出新颖且先进的最优控制技术，以确保控制器的实用性、决策的快速性和资源利用的高效性。近年来，人工智能已经成为众多行业发展新型智能技术的重要推动力。以人工智能为驱动力的自动化技术深刻影响着信息时代下经济社会的发展，影响着人类社会的许多方面。智能控制技术的快速发展为解决复杂系统的最优控制问题提供了新的途径。

作为人工智能的一个重要分支，强化学习在计算机科学[8]、自动驾驶[9]、移动机器人[10]、智能控制[11-12]等相关领域取得了巨大的成功。一个典型的强化学习系统通常由以下元素组成：智能体、环境、状态、动作、奖励、价值函数。作为一种目标导向型的方法，强化学习允许智能体与环境进行在线交互学习，并研究智能体如何在环境中采取行动，从而最大限度地实现增加累计奖励的目标，其中涉及最优化思想。需要注意采取的动作不仅可能影响当前的奖励，还可能影响所有后续的奖励，这需要智能体评估当前策略的好坏，从而提高后续策略的性能。事实上，强化学习的核心是利用动态规划中的最优性原理解决优化问题[13]。在控制领域，普遍认为强化学习是一种有前途的技术，能够在不建立精确模型的情况下以较少的计算代价解决最优控制问题。一类经典的强化学习算法建立在执行-评判结构之上，即自适应评判设计，其中执行器选择一个策略作用到环境或动态系统中，评判器评估该策略在当前状态下的价值[14]。值得注意的是，强化学习的大量成功应用离不开神经网络强大的近似能力[15]，其通常具有自适应、自学习、容错、并行处理等能力。作为智能控制领域的重要组成部分，神经网络已被广泛用于实现系统辨识、模式识别、信号处理、系统控制等。

通过融合动态规划、强化学习、神经网络等技术，Werbos 提出了自适应动态规划（Adaptive Dynamic Programming，ADP）方法[16-17]，用于求解非线性 HJB 方程并进一步获得闭环系统的最优反馈控制策略[18-21]。其中，动态规划提供了理论基础，强化学习提供了评判学习机制，神经网络提供了实现工具[22]。从提出至今，ADP 方法已得到持续不断的关注，并发展出一系列实现结构：启发式动态规划（Heuristic Dynamic Programming，HDP）、二次启发式规划（Dual Heuristic Programming，DHP）、全局二次启发式规划（Globalized Dual Heuristic Programming，GDHP）、执行依赖启发式动态规划（Action-Dependent Heuristic Dynamic Programming，ADHDP）、执行依赖二次启发式规划（Action-Dependent Dual Heuristic Programming，ADDHP）、执行依赖全局二次启发式规划（Action-Dependent Globalized Dual Heuristic Programming，ADGDHP）[23]。在这些实现结构中，通常会引入两个具有近似能力的神经网络，即评判网络和执行网络，分别进行策略评估和策略提升。强化学习包括值迭代、策略迭代、时序差分、Q 学习、策略梯度等方法，其算法的收敛性是计算机科学领域关注的重点。在控制领域中更习惯将强化学习称为 ADP，同时衍生出了一系列与强化学习中一一对应的学习方法，其中最主要的两种形式为值迭代（Value Iteration，VI）ADP 算法[24-27]和策略迭代（Policy Iteration，PI）ADP 算法[28-29]。对于这些应用到实际系统中的控制算法，其收敛性和由其产生的控制策略稳定性都是需要重点研究的课题。近年来，VI 和 PI 算法的单调性、收敛性、稳定性已被广泛研究，两者在初始条件、学习过程、算法特性上都展现了鲜明的特征。在稳定性方面，PI 要求一个初始容许策略，且迭代过程中的所有策略都是稳定的，因此 PI 极大地促进了在线 ADP 算法的实现。然而，对于未知的非线性系统，获取初始容许策略是一个艰难的任务。相比之下，VI 算法由于不需要严格的初始条件而更容易实现，但迭代过程中的策略稳定性无法保证，这意味着 VI 通常只能离线实现且只有收敛的最优策略才能应用于控制对象[30-32]。在收敛性方面，VI 和 PI 算法都能保证迭代代价函数收敛到最优值，但是后者通常具有更快的收敛速度[33]。然而，在每次迭代中，PI 算法的策略评估阶段会引入额外的计算量[34]，因此单纯地依靠 PI 来加快算法的收敛速度无法从根本上解决加速学习问题。立足于 VI 容易实现的优点，建立新的 VI 框架以保证迭代策略稳定性，加快算法收敛速度，同时减少计算量是值得重点研究的。

本章重点研究基于评判学习机制的 VI 算法及其各种推广形式，阐述了 VI 算法在离散时间非线性最优调节、最优跟踪、零和博弈方面的应用。此外，简要介绍了基于评判学习机制的 PI 算法性质。众所周知，传统的 VI 算法表现出收敛速度慢、迭代控制策略不稳定等特性。因此，如何保证迭代策略的有效性，实现具有稳定性保证的在线演化控制，加快控制器学习速度，是 VI 算法所面临的瓶颈问题。面对这些挑战，本章概括并提出了一些先进的 VI 方案，如广义 VI、稳定 VI、集成 VI、演化 VI、可调节 VI 等。最后，对 VI 算法的理论和应用做出展望。主要内容总结如下。

（1）对 VI 框架下的固定策略和演化策略稳定性进行了全面深入的分析，建立了一系列适用于不同场景的稳定性准则。从理论层面揭示了 VI 算法能够实现离线最优控制和在线演化控制。

（2）基于迭代历史信息，提出一种新颖的收敛速度可调节的 VI 算法，有助于加快学习速度，减少计算代价，更高效地获得非线性系统的最优控制律。

（3）针对非线性系统最优跟踪和零和博弈，通过设计不同形式的代价函数推广先进 VI 算法实现控制。验证了先进 VI 机制不仅适用于最优调节，而且能够有效处理非线性跟踪和零和博弈问题。

1.2 面向最优调节的值迭代算法

最优调节是指通过设计最优控制律将系统状态渐近稳定到平衡点，也是最优控制理论中最基础的部分。本节介绍最优调节问题的基本框架，并详细描述各种先进的 VI 算法[35-40]。

1.2.1 离散时间 HJB 方程

考虑如下一类确定的、时不变的、离散时间非线性系统

$$x_{k+1} = F(x_k, u_k),\ k = 0,1,2,\cdots \tag{1-1}$$

其中，$x_k \in \mathbf{R}^n$ 和 $u_k \in \mathbf{R}^m$ 分别为系统状态和控制输入，$F: \mathbf{R}^n \times \mathbf{R}^m \to \mathbf{R}^n$ 是系统函数。假设函数 $F(x,u)$ 是 Lipschitz 连续的。假设原点 $x = 0$ 是系统（1-1）在 $u = 0$ 下的唯一平衡点，即 $F(0,0) = 0$。

定义 1-1 如果存在一个控制输入 $u \in \mathbf{R}^m$ 使得对于任意的初始状态 $x_0 \in \Omega$，当 $k \to \infty$ 时，$x_k \to 0$，则这个非线性动态系统在紧集 $\Omega \subset \mathbf{R}^n$ 上是可镇定的。

对于无折扣最优调节问题，定义无限时域的代价函数为

$$J(x_k) = \sum_{l=k}^{\infty} U(x_l, u_l) \tag{1-2}$$

其中，$U(x,u) \geqslant 0$ 是相对于 x 和 u 的效用函数，且 $U(0,0) = 0$。一般地，效用函数可以为二次型形式 $U(x,u) = x^{\mathsf{T}} \boldsymbol{Q} x + u^{\mathsf{T}} \boldsymbol{R} u$，其中，$\boldsymbol{Q} \in \mathbf{R}^{n \times n}$ 和 $\boldsymbol{R} \in \mathbf{R}^{m \times m}$ 是正定矩阵。期望找到一个最优状态反馈控制律 $u^*(x)$，不仅能够在 Ω 上镇定被控系统（1-1），而且能够保证代价函数（1-2）是有限的，即 $u^*(x)$ 是一个容许控制律。

定义 1-2 如果满足以下条件：$u(x)$ 在集合 Ω 上是连续的；$u(x)$ 在集合 Ω 上镇定系统（1-1）；对于所有的 $x_0 \in \Omega$，$J(x_0)$ 是有限的；$u(0) = 0$，则这个状态反馈控制律 $u(x)$ 对于代价函数（1-2）在集合 Ω 上是容许的。

为了进一步说明代价函数，式（1-2）可以写为

$$J(x_k)=U(x_k,u_k)+\sum_{l=k+1}^{\infty}U(x_l,u_l)=\\U(x_k,u_k)+J(x_{k+1}) \tag{1-3}$$

根据 Bellman 最优性原理，最优代价函数是时不变的，并且满足以下离散时间 HJB 方程

$$J^*(x_k)=\min_{u_k}\left\{U(x_k,u_k)+J^*(x_{k+1})\right\}=\\U\left(x_k,u^*(x_k)\right)+J^*\left(F\left(x_k,u^*(x_k)\right)\right) \tag{1-4}$$

其中，最优控制律可通过式（1-5）求解

$$u^*(x_k)=\arg\min_{u_k}\left\{U(x_k,u_k)+J^*(x_{k+1})\right\} \tag{1-5}$$

注意，最优控制律满足一阶必要条件，该条件可由式（1-4）右侧部分关于 u_k 的偏导数给出，即

$$\frac{\partial U(x_k,u_k)}{\partial u_k}+\left[\frac{\partial x_{k+1}}{\partial u_k}\right]^{\mathsf{T}}\frac{\partial J^*(x_{k+1})}{\partial x_{k+1}}=0 \tag{1-6}$$

于是，进一步得到

$$u^*(x_k)=-\frac{1}{2}\boldsymbol{R}^{-1}\left[\frac{\partial x_{k+1}}{\partial u_k}\right]^{\mathsf{T}}\frac{\partial J^*(x_{k+1})}{\partial x_{k+1}} \tag{1-7}$$

作为一类特例，具有输入仿射形式的离散时间非线性系统（1-1）表示为

$$x_{k+1}=f(x_k)+g(x_k)u_k \tag{1-8}$$

其中，$f:\mathbf{R}^n\to\mathbf{R}^n$ 和 $g:\mathbf{R}^n\to\mathbf{R}^{n\times m}$ 是系统函数，$f(0)=0$。针对非线性仿射系统，式（1-7）中的最优控制律可以写为

$$u^*(x_k)=-\frac{1}{2}\boldsymbol{R}^{-1}g^{\mathsf{T}}(x_k)\frac{\partial J^*(x_{k+1})}{\partial x_{k+1}} \tag{1-9}$$

当仿射系统中的函数 $g(x)$ 已知时，可以避免求解 $\partial x_{k+1}/\partial u_k$。然而，大多数非线性系统通常为非仿射形式或系统模型未知，这需要建立模型网络近似求解 $\partial x_{k+1}/\partial u_k$。

注意到 $J^*(x)$ 存在于式（1-4）的两边，这意味着 HJB 方程无法直接求解。

于是，学者们提出一些先进的基于评判学习机制的 VI 算法，用于数值求解 HJB 方程，进而获得非线性系统的近似最优控制律。

1.2.2 传统值迭代算法

受不动点迭代方法的启发，相关学者创造性地提出了一系列迭代 ADP 算法，以迭代的形式逼近最优代价函数和最优控制律。作为 ADP 方法中最基本的两种迭代框架，VI 和 PI 算法在离散时间非线性系统的自适应评判控制设计中得到了广泛关注，并取得了令人瞩目的成果[24, 28-29, 36-38, 41-42]。在具有初始容许控制的前提下，PI 具有明显的优点，即需要较少的迭代次数且每一个迭代控制策略都是稳定的。然而，PI 的每次迭代对计算的要求较高，并且初始容许控制难以获得，这阻碍了其更深层次的实际应用。相比之下，VI 算法由于没有初始限制而更容易实现。此外，随着 VI 算法框架的发展，学者们发现 VI 不仅可以为 PI 提供初始条件，还能与 PI 实现优势整合。因此，有必要总结现有的 VI 算法并提出更先进的 VI 算法，以实现更高效稳定的智能评判控制。

经典 VI 算法的初始代价函数一般设为 $V_0(x)=0$，对于迭代指标 $i\in\mathbf{N}=\{0,1,2,\cdots\}$，算法的实现过程为迭代更新控制策略

$$\begin{aligned}u_i(x_k)=\arg\min_{u_k}\{U(x_k,u_k)+V_i(x_{k+1})\}=\\ \arg\min_{u_k}\{U(x_k,u_k)+V_i(F(x_k,u_k))\}\end{aligned} \tag{1-10}$$

和代价函数

$$\begin{aligned}V_{i+1}(x_k)=\min_{u_k}\{U(x_k,u_k)+V_i(x_{k+1})\}=\\ U\left(x_k,u_i(x_k)\right)+V_i\left(F\left(x_k,u_i(x_k)\right)\right)\end{aligned} \tag{1-11}$$

为了区分不同的初始化方法，将上述具有零初始代价函数的 VI 算法称为传统 VI 算法。基于 $V_0(x)=0$，传统 VI 算法的单调性和收敛性已得到了广泛的研究[24,37-38]。简言之，迭代代价函数序列是单调非减序列，即 $V_i(x_k)\leqslant V_{i+1}(x_k)$。当 $i\to\infty$ 时，迭代代价函数和控制策略收敛到最优值，即 $\lim\limits_{i\to\infty}V_i(x_k)=J^*(x_k)$ 和 $\lim\limits_{i\to\infty}u_i(x_k)=u^*(x_k)$。

作为一个基本的执行−评判学习框架，HDP 结构常用于实现传统 VI 算法，

整体框架如图 1-1 所示，其中包含了执行网络、评判网络以及模型网络。一般来讲，执行网络用于近似式（1-10）中的控制策略，即输出 $\hat{u}_i(x_k)$；评判网络用于近似式（1-11）中的代价函数，即输出 $\hat{V}_i(x_k)$；模型网络用于输出下一时刻的状态。在自适应评判控制领域，3 个网络所使用的近似工具通常包括各种各样的神经网络以及多项式。在 $V_0(x)=0$ 的传统 VI 算法基础上，相关学者发展了一系列先进的评判学习框架。通过引入代价函数的导数，提出了 DHP 和 GDHP 结构用于解决离散时间非线性系统的最优控制问题[37-38]。为了不依赖系统动态，文献[41]给出迭代神经动态规划（Neural Dynamic Programming，NDP）算法，以直接最小化迭代代价函数的形式输出控制策略。此外，通过引入目标网络来获得内部强化信号，文献[43]提出了一种目标表征 HDP（Goal representation HDP，GrHDP）框架用于提升智能体的学习性能，并进一步给出了严谨的收敛性证明。考虑当前信息和历史信息，文献[44]提出了一种 n 步值梯度学习算法，通过和 n 步评判网络结合来训练执行网络，从而更快地获得最优策略。

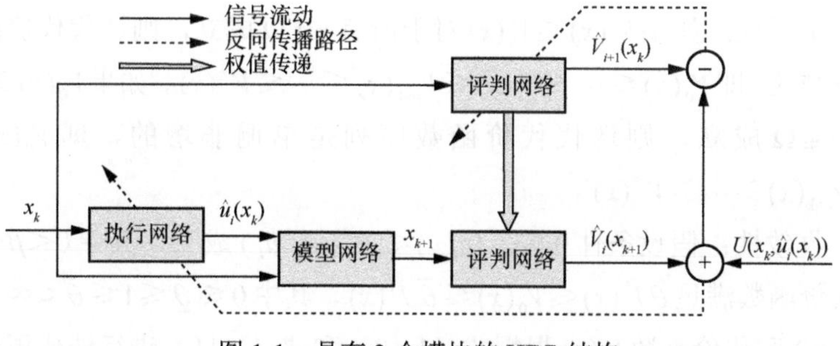

图 1-1 具有 3 个模块的 HDP 结构

对于这些基于传统 VI 的评判学习算法，迭代代价函数序列 $V_i(x)$ 不是迭代策略 $u_i(x)$ 的 Lyapunov 函数序列。换言之，迭代过程中的控制策略 $u_i(x)$ 可能是不稳定的，这意味着只有收敛的最优策略才能用于控制系统。理论上讲，通过无穷次迭代步后，能够得到最优的控制策略。然而，对于真实的应用场景，算法不可能迭代无穷次且必须在有限次迭代步内终止，这要求一个合理的迭代终止准则。在以前的文献中常用的收敛终止准则为 $|V_{i+1}(\cdot)-V_i(\cdot)|<\epsilon$，其中 ϵ 是一个较小的正数。需要指出这个准则无法保证收敛策略的容许性[30]。因此，一般认为传统 VI 算法有 3 个明显的不足之处，即收敛速度缓慢、稳定性无法保证、必须离线

学习。针对这些不足，本章着重描述一些新颖的 VI 框架，从而提升算法的收敛速度、保证策略的稳定性，以及实现在线演化控制。

1.2.3 广义值迭代算法

基于松弛动态规划[35]，文献[45]首次提出了广义 VI 算法，核心是将初始代价函数选为一个半正定函数，即 $V_0(x)=x^{\mathsf{T}}\boldsymbol{\Phi}x$，其中，$\boldsymbol{\Phi}$ 是一个半正定矩阵。然后对于 $i\in\mathbf{N}$，广义 VI 算法的更新过程与传统 VI 算法（式（1-10）和式（1-11））一致。也就是说，广义 VI 算法是传统 VI 算法在初始条件上的一个扩展版本，但是前者在单调性和稳定性上展现出了更大的优势。针对离散时间无折扣最优控制问题，文献[45]给出了广义 VI 算法的单调性和收敛性，表明了不同的初始代价函数 $V_0(x)$ 会导致迭代代价函数序列呈现出不同的单调性。此外，文献[30]首次建立了一个有效的容许性判别准则以判断迭代控制策略 $u_i(x)$ 的容许性。广义 VI 算法的单调性、收敛性以及容许性总结如下。

（1）单调性：如果 $V_0(x)\leqslant V_1(x)$ 对于所有 $x\in\Omega$ 成立，则迭代代价函数序列是单调非减的，即 $V_0(x)\leqslant\cdots\leqslant V_i(x)\leqslant V_{i+1}(x)\leqslant\cdots\leqslant V^*(x)$。如果 $V_0(x)\geqslant V_1(x)$ 对于所有 $x\in\Omega$ 成立，则迭代代价函数序列是单调非增的，即 $V_0(x)\geqslant\cdots\geqslant V_i(x)\geqslant V_{i+1}(x)\geqslant\cdots\geqslant V^*(x)$。

（2）收敛性：假设条件 $0\leqslant J^*(x_{k+1})\leqslant\beta U(x_k,u_k)$ 成立，其中 $0<\beta<\infty$。假设初始代价函数满足 $\underline{\theta}J^*(x)\leqslant V_0(x)\leqslant\overline{\theta}J^*(x)$，其中 $0\leqslant\underline{\theta}\leqslant 1\leqslant\overline{\theta}<\infty$。如果控制策略 $u_i(x)$ 和代价函数 $V_i(x)$ 根据式（1-10）和式（1-11）进行迭代更新，则代价函数 $V_i(x)$ 根据式（1-12）逼近最优代价函数 $J^*(x)$

$$\left[1+\frac{\underline{\theta}-1}{(1+\beta^{-1})^i}\right]J^*(x)\leqslant V_i(x)\leqslant\left[1+\frac{\overline{\theta}-1}{(1+\beta^{-1})^i}\right]J^*(x) \tag{1-12}$$

定义 $V_\infty(x)=\lim\limits_{i\to\infty}V_i(x)$，可以得到 $V_\infty(x)=J^*(x)$。

（3）容许性：控制策略 $u_i(x)$ 和代价函数 $V_i(x)$ 根据式（1-10）和式（1-11）进行迭代更新。如果代价函数满足不等式

$$V_{i+1}(x_k)-V_i(x_k)<\delta U\big(x_k,u_i(x_k)\big),\ \forall x\in\Omega-\{0\} \tag{1-13}$$

其中，$0<\delta<1$，则第 i 次迭代步的控制策略 $u_i(x)$ 是容许的。

接下来，重点讨论由广义 VI 算法产生的控制策略 $u_i(x)$ 的容许性。当式（1-13）成立时，进一步可推出 $V_i(x_{k+1})-V_i(x_k)<0$ 成立且 $\sum_{l=0}^{\infty}U\left(x_{k+l},u_i(x_{k+l})\right)$ 是有限的，由此说明迭代策略 $u_i(x)$ 是容许的。需要注意，式（1-13）中 $\delta U\left(x_k,u_i(x_k)\right)$ 随迭代指标 i 的增加而改变，不可避免地增加了计算量。为了简化式（1-13）右侧内容，文献[32]设计了一个只与矩阵 $\boldsymbol{Q}$ 有关的新型容许性判别准则

$$V_{i+1}(x_k)-V_i(x_k)<\delta x_k^{\mathsf{T}}\boldsymbol{Q}x_k,\ \forall x\in\Omega-\{0\} \tag{1-14}$$

其中，$\delta x_k^{\mathsf{T}}\boldsymbol{Q}x_k$ 不随着迭代指标 i 增加而改变，有效降低了计算复杂度。具有稳定性保证的容许控制策略对于实际系统具有重要的意义，于是可将容许准则式（1-14）和停止准则 $|V_{i+1}(\cdot)-V_i(\cdot)|<\epsilon$ 共同用于终止算法，这有效保证了收敛的近似最优控制是容许的。实际上，文献[30]证明了至少存在一个迭代指标使得式（1-13）或式（1-14）成立，这意味着算法能够在有限迭代步内得到理想的容许控制策略。

需要指出，如果迭代代价函数序列是单调非增的，即 $V_{i+1}(x)\leqslant V_i(x)$，则可以推导出 $V_i(x_{k+1})-V_i(x_k)\leqslant 0$，即所有的迭代策略都是稳定的。基于这个优点，大多数具有稳定性保证的无折扣 VI 算法构造了单调非增的代价函数序列。因此，具有非零初始代价函数的广义 VI 算法具有深远的影响，并衍生出许多先进的迭代机制。通过构建单调非增的代价函数序列，文献[46]提出了一种 θ-ADP 方法用于保证非线性系统的稳定性。为了减小计算压力，文献[47-48]设计了一种只在状态空间的子集中更新迭代代价函数和迭代控制策略的局部 VI 算法。考虑折扣因子对系统稳定性的影响，文献[49]建立了折扣广义 VI 框架下的稳定性准则，指出过小的折扣因子会导致即使最优的控制策略也无法镇定非线性系统。为了避免两次迭代代价函数之间差值过小可能会导致算法意外停止，文献[50]提出了一种集成的折扣广义 VI 框架，通过同时构造单调非增和单调非减的两个代价函数序列，从两个方向进行迭代，以充分保证对最优代价函数的逼近精度。由于常将函数逼近工具用于近似代价函数和控制策略，在算法实现过程中近似误差会对控制效果产生不可忽略的影响。针对确定非线性最优控制问题，文献[51]分析了考虑函数逼近误差时广义 VI 算法的收敛性和稳定性。基于一个新的误差条件，文献[52]建立了近似广义 VI 算法的误差边界，表明了近似迭代代价函

数能够收敛到最优代价函数的有限邻域。总的来说，作为一般化的 VI 框架，广义 VI 算法受到了许多学者的关注，后续的一系列先进 VI 算法在其基础上进行了延伸和拓展。

1.2.4 集成值迭代算法

作为迭代算法不可或缺的一个分支，PI 被认为是解决最优调节问题的有力工具[28, 42, 53-54]。与 VI 算法不同，PI 通常需要一个初始容许控制。令 $\breve{u}_0(x_k)$ 是一个任意的容许控制策略，对于 $i\in\mathbf{N}$，PI 算法在策略评估

$$\breve{V}_i(x_k)=U\left(x_k,\breve{u}_i(x_k)\right)+\breve{V}_i\left(F\left(x_k,\breve{u}_i(x_k)\right)\right) \tag{1-15}$$

和策略提升

$$\breve{u}_{i+1}(x_k)=\arg\min_{u_k}\left\{U(x_k,u_k)+\breve{V}_i\left(F(x_k,u_k)\right)\right\} \tag{1-16}$$

之间交替进行。在迭代阶段，PI 的突出优点是所有迭代控制策略都是容许的，且迭代代价函数是单调非增的[28]。注意到未知项 $\breve{V}_i(\cdot)$ 存在于式（1-15）两边，这意味着每次策略评估需要引入内部迭代，在一定程度上增大了计算量。为了寻求类似 PI 的稳定迭代策略和如同 VI 的简单迭代形式，文献[31]提出了一种稳定 VI 算法用于构建单调非增的代价函数序列。稳定 VI 算法的初始化与 PI 一致，即

$$V_0(x_k)=U\left(x_k,\breve{u}_0(x_k)\right)+V_0\left(F\left(x_k,\breve{u}_0(x_k)\right)\right) \tag{1-17}$$

然后，对于 $i\in\mathbf{N}$，迭代控制策略和代价函数的更新如式（1-10）和式（1-11）所示。与广义 VI 算法相比，唯一的不同是稳定 VI 的初始代价函数需要满足式（1-17）。事实上，稳定 VI 可以视作一步 PI 算法和 VI 算法的结合。基于这种操作，稳定 VI 算法能够保证迭代过程的控制策略都是稳定的，这与广义 VI 算法的 $V_0(x)>V_1(x)$ 情形具有同样的效果。在一般情况下，如果一个初始状态从一个区域内开始，则无法保证整个状态轨迹仍保持在其内部。如果轨迹超出了这个区域，则训练的控制器可能变得无效，这是由于控制器的学习范围有限，无法遍历整个状态空间。为了解决这个问题，文献[31]指出由

稳定 VI 算法产生的每一个稳定策略 $u_i(x)$ 都对应一个吸引域 $\mathcal{O}_i^r \triangleq \{x \in \mathbf{R}^n : V_i(x) \leqslant r\} \subset \Omega$。在固定策略 $u_i(x)$ 的作用下，由于 $V_i(x_{k+1}) < V_i(x_k) \leqslant r$，于是从 $x_k \in \mathcal{O}_i^r$ 可以推出 $x_{k+1} \in \mathcal{O}_i^r$。基于上述描述可以得出结论：如果系统初始状态 x_0 位于域 $\mathcal{O}_i^r$，则整个状态轨迹都保持在这个域内，系统状态轨迹如图 1-2 所示。

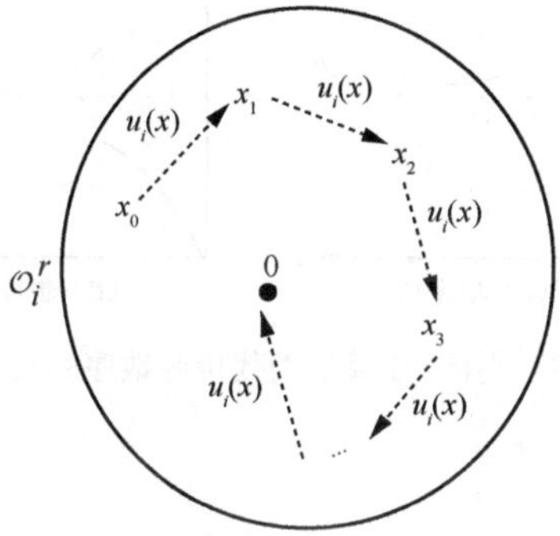

图 1-2　使用固定控制策略的系统状态轨迹

稳定 VI 算法能够保证所有控制策略的稳定性，但如何获得初始容许策略 $\breve{u}_0(x_k)$ 依然悬而未决。为了放松初始化要求，文献[32]提出采用传统 VI 算法为稳定 VI 算法提供容许策略，这种设计称为集成 VI 算法。简单来说，集成 VI 算法包含 3 个阶段。首先，根据式（1-10）和式（1-11）执行传统 VI 算法直到式（1-14）中的容许性判别准则成立，记此时的容许策略为 $u_{\mathcal{I}}(x)$。其次，根据式（1-17）执行一步 PI 算法，可以得到

$$\breve{V}_{\mathcal{I}}(x_k) = U\big(x_k, u_{\mathcal{I}}(x_k)\big) + \breve{V}_{\mathcal{I}}(x_{k+1}) \tag{1-18}$$

最后，令 $V_{i+1}(x) = \breve{V}_{\mathcal{I}}(x)$ 并根据式（1-10）和式（1-11）实现稳定 VI 算法。从性能上看，集成 VI 算法具有易获得的零初始代价函数，也可保证迭代策略 $u_i(x),\ i \in [\mathcal{I}+1, \infty)$ 都是容许的。总体而言，稳定 VI 及其扩展版本集成 VI 都可通过构造单调非增的代价函数序列来确保迭代控制策略的容许性，这为离线和在线控制提供了稳定性保证。在图 1-3 中，给出了传统 VI、广义 VI、稳定 VI 和集成 VI 算法下的代价函数序列收敛过程，这也为理解不同算法的收敛性和稳定性提供了更直观的视角。

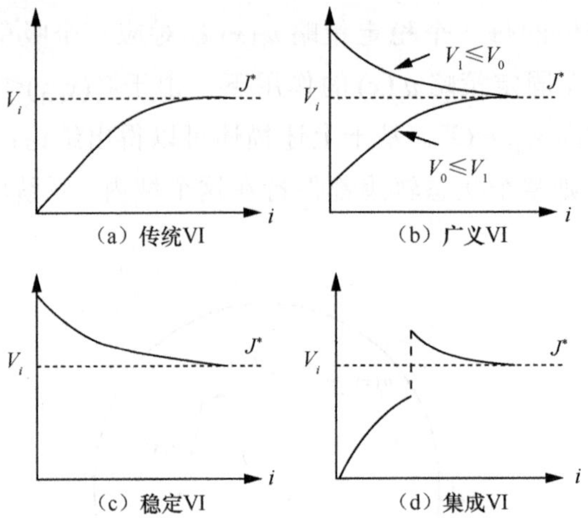

图 1-3　不同 VI 算法的代价函数序列收敛过程

1.2.5　演化值迭代算法

对于在线控制，闭环系统受控于不同的迭代控制策略，这意味着最初作用于系统的控制策略是不成熟的，即不是最优控制策略。在这种情况下，系统的稳定性难以保证。在过去十几年中，PI 算法在非线性系统的在线控制方面取得了许多令人瞩目的成就。然而，对于 VI 算法作用下非线性系统的在线实现和稳定性分析还很少。对于在线学习，策略需要随着时间的推移而演变，例如当前的稳定迭代策略 $u_i(x)$ 作用于系统 $T_i \in \mathbf{N}^+ = \{1,2,\cdots\}$ 个时间步后，需要转换到下一个稳定迭代策略 $u_{i+1}(x)$ 继续控制系统 $T_{i+1} \in \mathbf{N}^+$ 个时间步，这个过程称为演化控制，采用的稳定策略称为演化策略。

需要强调演化 VI 不特指某个算法，只要能实现演化控制的 VI 算法统称为演化 VI 算法。为了详细说明不同 VI 算法的演化控制过程，需要首先对其稳定性进行研究，表 1-1 中给出了传统 VI、广义 VI、稳定 VI 和集成 VI 算法的初始条件及单调性比较。可以得出，由广义 VI（$V_0 \geqslant V_1$）、稳定 VI，以及集成 VI 算法产生的迭代策略都是容许的，因此每一个演化策略都可以作用于受控系统一定时间步，从而实现在线演化控制[55]。文献[31]首次证明了稳定 VI 算法产生的演化策略能够使得系统渐近稳定到平衡点，这得益于稳定 VI 算法的所有控制策略都是稳定的。此外，尽管传统 VI 和广义 VI（$V_0 \leqslant V_1$）算法产生的迭代策略并非都是容许的，但文献[32]指出这两类 VI 算法也能实现演化控制，这要求持续判断迭代过程中策略的容许性。定义一个有限的演化策略集合 $\mathcal{A}_s \triangleq \{u_{a_1}, u_{a_2}, \cdots, u_{a_l}, \cdots, u_{a_L}\}$, $l = 1, 2, \cdots, L$，其中每一个演化策略 u_{a_l} 都满足容许条件（1-14）。对于传统 VI 或广义 VI（$V_0 \leqslant V_1$）算法产生的迭代策略，如果 $u_i(x)$ 第 1 次满足容许性判别准则，则令 $u_{a_1}(x) = u_i(x)$，如果 $u_{i+j}(x), j \in \mathbf{N}^+$ 第 2 次满足容许性判别准则，则令 $u_{a_2}(x) = u_{i+j}(x)$，即 a_l 代表迭代策略第 l 次满足容许性判别准则。核心思想是利用当前演化策略 u_{a_l} 控制系统 $T_{a_l} \in \mathbf{N}^+$ 个时间步，然后转换到下一个演化策略 $u_{a_{l+1}}$ 控制系统 $T_{a_{l+1}} \in \mathbf{N}^+$ 个时间步，直到系统渐近稳定到平衡点。在这个过程中，使用的控制策略不断地朝着最优控制策略的方向更新演化。毫无疑问，VI 的演化控制机制促进了具有稳定性保证的在线 ADP 算法的发展，克服了离线 VI 算法效率低的缺点。

表 1-1　4 种算法的初始条件及单调性比较

VI 算法	初始条件	单调性
传统 VI	$V_0(x) = 0$	$V_i(x) \leqslant V_{i+1}(x),\ i \in \mathbf{N}$
广义 VI（$V_0 \leqslant V_1$）	$V_0(x) = x^{\mathsf{T}} \boldsymbol{\Phi} x$	$V_i(x) \leqslant V_{i+1}(x),\ i \in \mathbf{N}$
广义 VI（$V_0 \geqslant V_1$）	$V_0(x) = x^{\mathsf{T}} \boldsymbol{\Phi} x$	$V_i(x) \geqslant V_{i+1}(x),\ i \in \mathbf{N}$
稳定 VI	$\breve{u}_0(x)$	$V_i(x) \geqslant V_{i+1}(x),\ i \in \mathbf{N}$
集成 VI	$V_0(x) = 0$	$V_i(x) \geqslant V_{i+1}(x),\ i \in [\mathcal{I}+1, \infty)$

1.2.6 可调节值迭代算法

VI 算法的瓶颈问题之一是如何加快算法的收敛速度，减少学习阶段的迭代次数。已有一些工作对此进行了研究，文献[56]设计了一种 VI 和 PI 混合的框架以改善迭代过程的收敛速度，但 PI 的额外计算代价仍无法避免。文献[57]提出了一种具有资格迹的 T-步 HDP 算法，有效地提升了算法的收敛速度，但步长的选择仍有待探索。总体来说，ADP 方法中关于 VI 算法收敛速度的工作依然较少，开展加速学习的研究势在必行。

通过融合历史迭代信息，文献[34]提出了一种能够调节代价函数序列收敛速度的可调节 VI 算法，这有利于为非线性系统更快地寻求最优控制策略。令 $V_0(x)=0$，易知如式（1-11）更新的迭代代价函数满足 $V_i(x)\leqslant V_{i+1}(x)$。为了更好地理解可调节 VI 机制，定义一个考虑历史迭代信息的代价函数为

$$\mathcal{K}_i(x_k)=\begin{cases}V_0(x_k), & i=0\\ V_i(x_k)+\omega\big(V_i(x_k)-V_{i-1}(x_k)\big), & i\in\mathbf{N}^+\end{cases} \tag{1-19}$$

其中，$\omega\in(-1,a)$ 是松弛因子，a 是一个有上界的正数。引入 $\mathcal{K}_i(x_k)$ 的关键之处是考虑了两个迭代代价函数之间的增量信息，即 $\omega\big(V_i(x_k)-V_{i-1}(x_k)\big)$。由于 $\lim\limits_{i\to\infty}V_{i-1}(x)=\lim\limits_{i\to\infty}V_i(x)=J^*(x)$，可以推出 $\mathcal{K}_\infty(x)=J^*(x)$。考虑 $V_i(x)$ 是一个单调非减的代价函数序列，由此可得

$$\begin{cases}\mathcal{K}_i(x_k)\leqslant V_i(x_k), & \omega\in(-1,0)\\ \mathcal{K}_i(x_k)=V_i(x_k), & \omega=0\\ \mathcal{K}_i(x_k)\geqslant V_i(x_k), & \omega\in(0,a)\end{cases} \tag{1-20}$$

不难看出，参数 ω 影响着迭代序列 $\mathcal{K}_i(x)$ 的收敛速度。当 $\omega\in(-1,0)$ 时，$\mathcal{K}_i(x)$ 比 $V_i(x)$ 收敛得慢。当 $\omega=0$ 时，$\mathcal{K}_i(x)=V_i(x)$。当 $\omega\in(0,a)$ 时，如果参数 ω 能够保证序列 $\mathcal{K}_i(x)$ 单调非减，则 $\mathcal{K}_i(x)$ 比 $V_i(x)$ 收敛得快。一方面，$\mathcal{K}_i(x)$ 依赖于 $V_i(x)$，即需要提前得到 $V_i(x)$ 才能推出 $\mathcal{K}_i(x)$ 的值，这限制了 $\mathcal{K}_i(x)$ 的应用。但从另一个角度看，引入历史迭代信息的操作为调节迭代算法的收敛速度提供了良好思路。接下来，通过省去中间变量 $\mathcal{K}_i(x)$，给出一种新的策略评估形式以加快代价函数趋向于最优值的速度。初始化代价函数为 $\tilde{V}_0(x_k)=x_k^{\mathsf{T}}\boldsymbol{\Phi}x_k$，对于 $i\in\mathbf{N}$，迭代地更新控制策略

$$\tilde{u}_i(x_k)=\arg\min_{u_k}\left\{U(x_k,u_k)+\tilde{V}_i(x_{k+1})\right\} \tag{1-21}$$

和代价函数

$$\begin{aligned}\tilde{V}_{i+1}(x_k)=\omega\min_{u_k}\left\{U(x_k,u_k)+\tilde{V}_i(x_{k+1})\right\}+(1-\omega)\tilde{V}_i(x_k)=\\ \omega\Big(U\big(x_k,\tilde{u}_i(x_k)\big)+\tilde{V}_i\Big(F\big(x_k,\tilde{u}_i(x_k)\big)\Big)\Big)+(1-\omega)\tilde{V}_i(x_k)\end{aligned} \tag{1-22}$$

其中，$\omega>0$ 是松弛因子。式（1-22）中的迭代形式是一种自励机制，这与式（1-19）中的他励机制不同。这里的自励与他励针对是否考虑代价函数本身的激励作用而

言。共同点是两种代价函数都考虑了历史迭代信息，具备收敛速度可调的性能[58]。当 $\omega=1$ 时，可调节 VI 正是广义 VI。当 $\omega\in(0,1)$ 时，可调节 VI 为欠松弛方法，与传统 VI 算法相比，在初始代价函数相同的情况下产生的迭代代价函数序列具有较慢的收敛速度。当 $\omega>1$ 时，可调节 VI 为超松弛方法，与传统 VI 算法相比，在初始代价函数相同的情况下产生的迭代代价函数序列具有较快的收敛速度。考虑不同的松弛因子，可调节 VI 算法的收敛性和稳定性如下所示。

（1）收敛性：令控制策略 $\tilde{u}_i(x)$ 和代价函数 $\tilde{V}_i(x)$ 根据式（1-21）和式（1-22）迭代更新。假设条件 $0\leqslant J^*\big(F(x_k,u_k)\big)\leqslant \beta U(x_k,u_k)$ 成立，初始代价函数满足 $0\leqslant \underline{\theta}J^*(x_k)\leqslant \tilde{V}_0(x_k)\leqslant \overline{\theta}J^*(x_k)$，其中 $0<\beta<\infty$ 且 $0\leqslant\underline{\theta}\leqslant 1\leqslant\overline{\theta}<\infty$。第一种情况，如果松弛因子满足 $0<\omega\leqslant 1$，则 $\tilde{V}_i(x)$ 根据式（1-23）逼近最优代价函数

$$\left[1+(\underline{\theta}-1)\left(1-\frac{\omega}{1+\beta}\right)^i\right]J^*(x_k)\leqslant\tilde{V}_i(x_k)\leqslant\left[1+(\overline{\theta}-1)\left(1-\frac{\omega}{1+\beta}\right)^i\right]J^*(x_k)\quad(1\text{-}23)$$

第二种情况，如果松弛因子满足

$$1\leqslant\omega\leqslant 1+\frac{\rho d_{\min}}{(1+\beta)(\overline{\theta}-\underline{\theta})}\quad(1\text{-}24)$$

其中，$\rho\in(0,1)$ 且 $d_{\min}=\min\{1-\underline{\theta},\overline{\theta}-1\}$，则代价函数 $\tilde{V}_i(x)$ 根据式（1-25）逼近最优代价函数

$$\left[1-(1-\underline{\theta})\left(1-\frac{\omega-\rho}{1+\beta}\right)^i\right]J^*(x_k)\leqslant\tilde{V}_i(x_k)\leqslant\left[1+(\overline{\theta}-1)\left(1-\frac{\omega-\rho}{1+\beta}\right)^i\right]J^*(x_k)\quad(1\text{-}25)$$

（2）稳定性：令控制策略 $\tilde{u}_i(x)$ 和代价函数 $\tilde{V}_i(x)$ 根据式（1-21）和式（1-22）迭代更新。令 $d_{\max}=\max\{1-\underline{\theta},\overline{\theta}-1\}$。假设松弛因子满足

$$0<\omega\leqslant 1+\frac{\overline{\theta}-\underline{\theta}-d_{\max}}{\rho(\overline{\theta}-\underline{\theta})+d_{\max}}\quad(1\text{-}26)$$

如果迭代代价函数满足

$$\tilde{V}_{i+1}(x_k)-\tilde{V}_i(x_k)<\omega\delta x_k^{\mathsf{T}}\boldsymbol{Q}x_k\quad(1\text{-}27)$$

则受控于迭代策略 $\tilde{u}_i(x)$ 的闭环系统渐近稳定。

为了清晰展示可调节 VI 算法的性能，图 1-4 给出了不同松弛因子作用下代价函数序列的收敛过程，即 ω 越大，代价函数序列收敛越快。值得一提的是，ω 只能保证在如式（1-24）所示的一定区间内实现加速，如果 ω 过大则会导致代价函数序列发散。但是，式（1-24）只是一个合适的上界，实际的加速区间可能大于这个范围，给出范围更大的松弛因子上界仍是一个开放问题。可调节设计的初衷是为了加快传统 VI 和广义 VI 算法的收敛速度，这有助于通过减少迭代次数从而降低计算量。但实际上，加速理念也可推广到其他迭代算法，如稳定 VI、集成 VI、PI 等算法。例如，文献[59]提出了一种基于可调节 VI 和稳定 VI 的混合 VI 机制，通过引入吸引域来实现演化控制。当前，可调节 VI 算法主要集中在离线 VI 框架和最优调节问题，但连续超松弛方法针对在线控制、跟踪控制、H_∞ 控制等也具有很大的潜力，开发出一个完整的加速理论框架是一个充满挑战且令人振奋的工作。

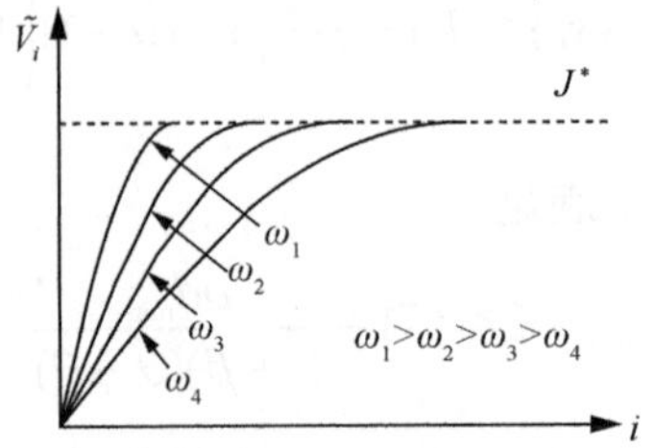

图 1-4 可调节 VI 算法的代价函数序列收敛过程

1.3 面向最优跟踪的值迭代算法

非线性系统最优跟踪是控制领域的一个重要方向，主要目的是通过设计一个控制器使得被控系统跟踪上期望的参考轨迹。当前，ADP 算法已广泛用于解决不同受控对象的最优跟踪问题，产生了一系列成果[60-67]。

1.3.1 求解稳态控制的值迭代跟踪算法

考虑原系统如式（1-1）所示，定义需要跟踪的参考轨迹为

$$r_{k+1} = D(r_k) \tag{1-28}$$

其中，$D(\cdot)$是参考轨迹函数。对于最优跟踪问题，目标是找到一个最优控制律$u(x_k)$使得原系统（1-1）跟踪上期望的参考轨迹r_k，并最小化设定的代价函数。定义跟踪误差为$e_k = x_k - r_k$，然后可以推出

$$e_{k+1} = F\left(x_k, u(x_k)\right) - D(r_k) \tag{1-29}$$

一般地，$u(x_k)$包含前馈控制和反馈控制两部分[60]。前馈控制通常也称为稳态控制或参考控制，用于实现完美跟踪且满足

$$r_{k+1} = F\left(r_k, u(r_k)\right) \tag{1-30}$$

已有许多方法求解离散时间仿射和非仿射系统的稳态控制$u(r_k)$。对于模型已知的非线性仿射系统$x_{k+1} = f(x_k) + g(x_k)u_k$，可根据$u(r_k) = g^{+}(r_k)\left(r_{k+1} - f(r_k)\right)$获得，其中$g^{+}(r_k)$是$g(r_k)$的广义逆矩阵[68-69]。对于模型已知的非仿射系统、模型未知的仿射和非仿射系统 3 种情形，都需要通过输入/输出数据建立模型网络来获取稳态控制$u(r_k)$[70-75]。在获得稳态控制后，需要设计反馈控制$u(e_k)$，也称为跟踪控制，使得跟踪误差趋向于零，即$\lim\limits_{k\to\infty} e_k = 0$。最后，联合稳态控制和反馈控制可得原系统的控制律$u(x_k) = u(r_k) + u(e_k)$。

根据e_k和$u(e_k)$，可以推导出误差系统为

$$e_{k+1} = F\left(e_k + r_k, u(e_k) + u(r_k)\right) - D(r_k) \tag{1-31}$$

令$X_k = \left[e_k^{\mathsf{T}}, r_k^{\mathsf{T}}\right]^{\mathsf{T}}$，定义一个包含跟踪误差和参考轨迹的增广系统为

$$X_{k+1} = \mathcal{F}\left(X_k, u(e_k)\right) = \begin{bmatrix} F\left(e_k + r_k, u(e_k) + u(r_k)\right) - D(r_k) \\ D(r_k) \end{bmatrix} \tag{1-32}$$

为了解决最优跟踪控制问题，对于增广系统（1-32），定义需要最小化的代价函数为

$$\mathcal{J}\left(X_k, u(e_k)\right) = \sum_{l=k}^{\infty} \mathcal{U}\left(X_l, u(e_l)\right) \tag{1-33}$$

其中，$\mathcal{U}\left(X_l, u(e_l)\right) > 0$是效用函数。根据文献[69]，效用函数通常设计为如下形式

$$\mathcal{U}\left(X_l,u(e_l)\right)=\left[e_l^{\mathsf{T}},r_l^{\mathsf{T}}\right]\begin{bmatrix}\boldsymbol{Q} & 0\\ 0 & 0\end{bmatrix}\begin{bmatrix}e_l\\ r_l\end{bmatrix}+u^{\mathsf{T}}(e_l)\boldsymbol{R}u(e_l)= \\ e_l^{\mathsf{T}}\boldsymbol{Q}e_l+u^{\mathsf{T}}(e_l)\boldsymbol{R}u(e_l)=\mathcal{U}\left(e_l,u(e_l)\right) \tag{1-34}$$

因此，式（1-33）中增广系统的代价函数可以重写为

$$\mathcal{J}(e_k)=\sum_{l=k}^{\infty}\mathcal{U}\left(e_l,u(e_l)\right) \tag{1-35}$$

不难看出，这个代价函数只与跟踪误差 e_k 和跟踪控制 $u(e_k)$ 相关，因此可以将式（1-31）中的误差系统简化为

$$e_{k+1}=E\left(e_k,u(e_k)\right) \tag{1-36}$$

从这个角度看，原系统（1-1）的跟踪问题转化成了误差系统（1-36）的调节问题。根据 Bellman 最优性原理，最优代价函数满足以下 HJB 方程

$$\mathcal{J}^*(e_k)=\min_{u(e_k)}\left\{e_k^{\mathsf{T}}\boldsymbol{Q}e_k+u^{\mathsf{T}}(e_k)\boldsymbol{R}u(e_k)+\mathcal{J}^*(e_{k+1})\right\} \tag{1-37}$$

相应地，最优跟踪控制可由式（1-38）计算

$$u^*(e_k)=\arg\min_{u(e_k)}\left\{e_k^{\mathsf{T}}\boldsymbol{Q}e_k+u^{\mathsf{T}}(e_k)\boldsymbol{R}u(e_k)+\mathcal{J}^*(e_{k+1})\right\} \tag{1-38}$$

结合 $u(r_k)$ 和最优跟踪控制 $u^*(e_k)$ 可得原系统的最优控制律 $u^*(x_k)=u(r_k)+u^*(e_k)$。

由于最优跟踪问题能够转换为最优调节问题，因此前述的一系列先进 VI 算法都能进行平行推广。初始化代价函数为 $\mathcal{V}_0(e_k)=0$，对于 $i\in\mathbf{N}$，跟踪问题的传统 VI 算法在跟踪控制

$$u_i(e_k)=\arg\min_{u(e_k)}\left\{\mathcal{U}\left(e_k,u(e_k)\right)+\mathcal{V}_i(e_{k+1})\right\} \tag{1-39}$$

和代价函数

$$\begin{aligned}\mathcal{V}_{i+1}(e_k)&=\min_{u(e_k)}\left\{\mathcal{U}\left(e_k,u(e_k)\right)+\mathcal{V}_i(e_{k+1})\right\}= \\ &\mathcal{U}\left(e_k,u_i(e_k)\right)+\mathcal{V}_i(e_{k+1})= \\ &\mathcal{U}\left(e_k,u_i(e_k)\right)+\mathcal{V}_i\left(F\left(x_k,u(r_k)+u_i(e_k)\right)-r_{k+1}\right)\end{aligned} \tag{1-40}$$

之间交替进行更新。针对非线性最优跟踪问题的传统 VI 算法的收敛性、稳定性，以及最优性得到了广泛研究[72-75]。类似地，广义 VI 算法的初始代价函数为

$\mathcal{V}_0(e_k)=e_k^{\mathsf{T}}\boldsymbol{\Phi}e_k$，后续的更新与式（1-39）和式（1-40）保持一致。值得一提的是，广义 VI 算法已被用于解决污水处理过程中关键变量的跟踪问题，有效地提升了出水水质[75]。通过引入一步回报和 λ 步回报的评判网络，文献[76]提出了一种广义的 n 步值梯度学习算法以解决未知非线性离散时间系统的跟踪问题。为了实现跟踪问题的无加速 VI 算法，通常采用如图 1-5 所示的 HDP 结构，其中，执行网络和评判网络分别用于近似跟踪控制 $\hat{u}_i(e_k)$ 和代价函数 $\hat{\mathcal{V}}_i(e_k)$。此外，模型网络也是重要一环，通过学习非线性系统动态信息从而产生稳态控制和输出下一时刻状态 $\hat{x}_{k+1}$。

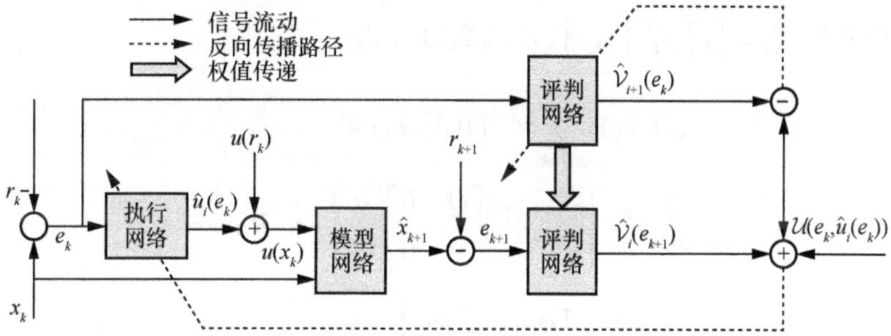

图 1-5　面向最优跟踪的 HDP 结构

实际上，加速机制同样可以平行推广到非线性系统的跟踪问题。文献[72]采用可调节 VI 算法离线获得了最优跟踪控制，为后续的在线自适应学习提供了基础。初始化代价函数为 $\tilde{\mathcal{V}}_0(e_k)=e_k^{\mathsf{T}}\boldsymbol{\Phi}e_k$，对于 $i\in\mathbf{N}$，可调节 VI 算法迭代地更新跟踪控制

$$\tilde{u}_i(e_k)=\arg\min_{u(e_k)}\left\{\mathcal{U}\left(e_k,u(e_k)\right)+\tilde{\mathcal{V}}_i(e_{k+1})\right\} \tag{1-41}$$

和代价函数

$$\begin{aligned}\tilde{\mathcal{V}}_{i+1}(e_k)=\omega\min_{u(e_k)}\left\{\mathcal{U}\left(e_k,u(e_k)\right)+\tilde{\mathcal{V}}_i(e_{k+1})\right\}+(1-\omega)\tilde{\mathcal{V}}_i(e_k)=\\ \omega\Big(\mathcal{U}\left(e_k,u_i(e_k)\right)+\tilde{\mathcal{V}}_i\big(E\left(e_k,u_i(e_k)\right)\big)\Big)+(1-\omega)\tilde{\mathcal{V}}_i(e_k)\end{aligned} \tag{1-42}$$

基于吸引域机制，文献[77]采用演化 VI 算法解决了受约束非线性系统的跟踪问题，并给出了迭代跟踪控制的稳定性判据。类似地，稳定 VI 和集成 VI 算法也能用于解决复杂非线性系统的最优跟踪问题。由于最优跟踪是最优调节

的推广，因此针对两类问题的先进 VI 算法的收敛性、单调性、稳定性都保持一致。

1.3.2 无稳态控制的值迭代跟踪算法

对于一些非线性系统，稳态控制可能不存在或者不唯一，这使得具有稳态控制的 VI 算法无法使用。为了避免求解稳态控制，一些学者提出的跟踪方法使用了由跟踪误差和原系统控制输入组成的代价函数[60]。首先，将跟踪误差系统重写为$e_{k+1}=F(e_k+r_k,u_k)-D(r_k)$，这消除了式（1-31）中的稳态控制。然后，基于增广系统向量$X_k=\left[e_k^{\mathsf T},r_k^{\mathsf T}\right]^{\mathsf T}$，代价函数设计为

$$
\begin{aligned}
&\mathcal{J}(X_k)=\sum_{l=k}^{\infty}\gamma^{l-k}\mathcal{U}(X_l,u_l)=\\
&\sum_{l=k}^{\infty}\gamma^{l-k}\left\{\left[e_l^{\mathsf T},r_l^{\mathsf T}\right]\begin{bmatrix}\boldsymbol{Q} & 0\\ 0 & 0\end{bmatrix}\begin{bmatrix}e_l\\ r_l\end{bmatrix}+u_l^{\mathsf T}\boldsymbol{R}u_l\right\}=\\
&\sum_{l=k}^{\infty}\gamma^{l-k}\left\{e_l^{\mathsf T}\boldsymbol{Q}e_l+u_l^{\mathsf T}\boldsymbol{R}u_l\right\}
\end{aligned}
\tag{1-43}
$$

正如文献[78]指出，式（1-43）中的代价函数需要引入折扣因子，这是由于实际中多数参考轨迹不会趋向于零，因此无折扣情况下的代价函数变得无界。此外，尽管式（1-43）的代价函数形式有效避免了求解稳态控制，但其通常无法消除最终的跟踪误差，因为控制输入u_k的最小化并不一定能使跟踪误差e_k最小化。

为了避免求解稳态控制和消除最终跟踪误差，对于非线性仿射系统，文献[63]提出了一种新型代价函数为

$$
\mathcal{J}(e_k,r_k)=\frac{1}{2}\sum_{l=k}^{\infty}\mathcal{U}(e_l,r_l,u_l)
\tag{1-44}
$$

其中，效用函数定义为

$$
\mathcal{U}(e_l,r_l,u_l)=\left[f(e_l+r_l)+g(e_l+r_l)u_l-D(r_l)\right]^{\mathsf T}\boldsymbol{Q}\left[f(e_l+r_l)+g(e_l+r_l)u_l-D(r_l)\right]
\tag{1-45}
$$

在这种情况下，代价函数表示为

$$\mathcal{J}(e_k,r_k)=\frac{1}{2}\left\{\mathcal{U}(e_k,r_k,u_k)+\sum_{l=k+1}^{\infty}\mathcal{U}(e_l,r_l,u_l)\right\}=\frac{1}{2}\mathcal{U}(e_k,r_k,u_k)+\mathcal{J}(e_{k+1},r_{k+1}) \tag{1-46}$$

根据 Bellman 最优性原理，最优代价函数满足以下 HJB 方程

$$\mathcal{J}^*(e_k,r_k)=\min_{u_k}\left\{\frac{1}{2}\mathcal{U}(e_k,r_k,u_k)+\mathcal{J}^*(e_{k+1},r_{k+1})\right\} \tag{1-47}$$

然后，相应的最优控制律为

$$u^*(e_k,r_k)=\arg\min_{u_k}\left\{\frac{1}{2}\mathcal{U}(e_k,r_k,u_k)+\mathcal{J}^*(e_{k+1},r_{k+1})\right\} \tag{1-48}$$

其中，$e_{k+1}=f(x_k)+g(x_k)u^*(x_k)-D(r_k)$。基于一阶必要条件，进一步可得

$$u^*(e_k,r_k)=-\left[g^{\mathsf{T}}(x_k)\boldsymbol{Q}g(x_k)\right]^{-1}g^{\mathsf{T}}(x_k)\left\{\frac{\partial\mathcal{J}^*(e_{k+1},r_{k+1})}{\partial e_{k+1}}+\boldsymbol{Q}\left[f(x_k)-D(r_k)\right]\right\} \tag{1-49}$$

为了求解最优代价函数和控制律，初始化代价函数为 $\bar{\mathcal{V}}_0(e_k,r_k)=0$，建立传统 VI 算法迭代地更新如下控制律

$$\begin{aligned}\bar{u}_i(e_k,r_k)&=\arg\min_{u_k}\left\{\frac{1}{2}\mathcal{U}(e_k,r_k,u_k)+\bar{\mathcal{V}}_i(e_{k+1},r_{k+1})\right\}=\\&-\left[g^{\mathsf{T}}(x_k)\boldsymbol{Q}g(x_k)\right]^{-1}g^{\mathsf{T}}(x_k)\left\{\frac{\partial\bar{\mathcal{V}}_i(e_{k+1},r_{k+1})}{\partial e_{k+1}}+\boldsymbol{Q}[f(x_k)-D(r_k)]\right\}\end{aligned} \tag{1-50}$$

和代价函数

$$\begin{aligned}\bar{\mathcal{V}}_{i+1}(e_k,r_k)&=\min_{u_k}\left\{\frac{1}{2}\mathcal{U}(e_k,r_k,u_k)+\bar{\mathcal{V}}_i(e_{k+1},r_{k+1})\right\}=\\&\frac{1}{2}\mathcal{U}\big(e_k,r_k,\bar{u}_i(e_k,r_k)\big)+\bar{\mathcal{V}}_i(e_{k+1},r_{k+1})\end{aligned} \tag{1-51}$$

文献[63]给出了更新过程如式（1-50）和式（1-51）所示的传统 VI 算法的收敛性。文献[67]指出由于式（1-51）中的迭代代价函数不仅仅是跟踪误差的函数，因此不能简单地被视为 Lyapunov 函数，并给出了一种新的稳定性分析方法。基于新型代价函数对状态的偏导数，文献[79]尝试采用 DHP 框架以提升算法的精度和收敛速度。此外，文献[80]利用稳定性准则确定了执行 VI 过程中具有稳定性保

证的演化策略，从而实现了新型代价函数下的演化跟踪控制。

总之，VI 算法中最优跟踪控制的代价函数主要分为 3 类，包括式（1-35）、式（1-43）和式（1-44）。接下来，进一步讨论这 3 种代价函数的适用场景。代价函数式（1-35）和式（1-44）能够完全地消除最终跟踪误差，更适合于模型已知的非线性系统。式（1-43）对于模型未知的非线性系统则具有更大的优势。但是每种形式都有不足之处，代价函数式（1-35）的稳态控制通常难以求解，代价函数式（1-43）的最终跟踪误差通常难以消除，代价函数式（1-44）不适用于非仿射系统。通过比较这些结果，迫切需要设计一个功能更强大的 Q 函数来解决非仿射系统的跟踪问题，在不依赖于系统模型和稳态控制的基础上消除最终跟踪误差。

1.4 面向零和博弈的值迭代算法

作为鲁棒控制中不可或缺的一个分支，H_∞ 控制在抑制扰动引起的系统性能恶化方面取得了相当大的成功[81-87]。从理论角度来看，H_∞ 控制的核心思想是求解 Hamilton-Jacobi-Isacs（HJI）方程。H_∞ 控制与零和博弈相关，其中控制输入使代价函数最小化，扰动使代价函数最大化。在过去的几十年里，ADP 算法在解决零和博弈问题上取得了丰硕的成果[88-94]。

1.4.1 离散时间 HJI 方程

考虑如下一类离散时间非线性仿射系统

$$\begin{aligned} x_{k+1} = \mathcal{F}(x_k, u_k, w_k) = \\ f(x_k) + g(x_k)u_k + s(x_k)w_k \end{aligned} \tag{1-52}$$

其中，$x_k \in \mathbf{R}^n$ 为系统的状态向量，$u_k \in \mathbf{R}^m$ 为控制向量，$w_k \in \mathbf{R}^z$ 为干扰向量。假设系统函数 $\mathcal{F}(\cdot) \in \mathbf{R}^n$ 在包含原点的集合 Ω 上 Lipschitz 连续，且 $x_k = 0 \in \Omega$ 是系统（1-52）的平衡点。假设系统（1-52）在集合 Ω 上是可控的，即至少存在一个能够使得受控系统渐近稳定的连续控制律。

接下来，定义无限时域的代价函数如下所示

$$
\begin{aligned}
&\mathbb{J}(x_k,u_k,w_k)=\sum_{l=k}^{\infty}\mathbb{U}(x_l,u_l,w_l)= \\
&\sum_{l=k}^{\infty}\left\{x_l^{\mathsf{T}}\boldsymbol{Q}x_l+u_l^{\mathsf{T}}\boldsymbol{R}u_l-\zeta^2 w_l^{\mathsf{T}}w_l\right\}= \\
&\mathbb{U}(x_k,u_k,w_k)+\mathbb{J}(x_{k+1})
\end{aligned}
\tag{1-53}
$$

其中，$\mathbb{U}(\cdot,\cdot,\cdot)$ 是效用函数，ζ 是一个设计好的常数。这里的目标是找到最优策略对 $(u^*(x_k),w^*(x_k))$ 使得以下不等式成立

$$
\mathbb{J}(x_k,u_k^*,w_k)\leqslant\mathbb{J}(x_k,u_k^*,w_k^*)\leqslant\mathbb{J}(x_k,u_k,w_k^*)
\tag{1-54}
$$

简便起见，将 $\mathbb{J}(x_k,u_k,w_k)$ 记为 $\mathbb{J}(x_k)$。如文献[94]中所描述，鞍点存在的充分条件为

$$
\min_u\max_w\mathbb{J}(x_k,u_k,w_k)=\max_w\min_u\mathbb{J}(x_k,u_k,w_k)
\tag{1-55}
$$

根据 Bellman 最优性原理，最优代价函数满足离散时间 HJI 方程

$$
\mathbb{J}^*(x_k)=\min_u\max_w\left\{\mathbb{U}(x_k,u_k,w_k)+\mathbb{J}^*(x_{k+1})\right\}
\tag{1-56}
$$

相应地，最优策略 $u^*(x_k)$ 和 $w^*(x_k)$ 互相竞争且满足

$$
\begin{cases}
w^*(x_k)=\arg\max\limits_w\left\{\mathbb{U}(x_k,u_k,w_k)+\mathbb{J}^*(x_{k+1})\right\}\\
u^*(x_k)=\arg\min\limits_u\left\{\mathbb{U}(x_k,u_k,w_k)+\mathbb{J}^*(x_{k+1})\right\}
\end{cases}
\tag{1-57}
$$

应用一阶必要条件可得

$$
\begin{cases}
w^*(x_k)=\dfrac{1}{2}\zeta^{-2}s^{\mathsf{T}}(x_k)\dfrac{\partial\mathbb{J}^*(x_{k+1})}{\partial x_{k+1}}\\
u^*(x_k)=-\dfrac{1}{2}\boldsymbol{R}^{-1}g^{\mathsf{T}}(x_k)\dfrac{\partial\mathbb{J}^*(x_{k+1})}{\partial x_{k+1}}
\end{cases}
\tag{1-58}
$$

定义 1-3 对于非线性系统（1-52），如果

$$
\sum_{l=0}^{\infty}\{x_l^{\mathsf{T}}\boldsymbol{Q}x_l+u_l^{\mathsf{T}}\boldsymbol{R}u_l\}\leqslant\sum_{l=0}^{\infty}\zeta^2 w_l^{\mathsf{T}}w_l
\tag{1-59}
$$

成立，则称其有小于或等于 ζ 的 L_2 增益[88, 94]。

一般地，只要得到最优代价函数即可解决上述最优控制问题。然而，HJI 方程的解析解通常难以获得。因此，可以利用各种 VI 算法来获得 HJI 方程的近似最优解。

1.4.2 零和博弈最优调节问题

不失一般性，构造3个迭代序列来逼近对应的最优值，即 $\{\mathbb{V}_i(\boldsymbol{x}_k)\}$、$\{u_i(x_k)\}$ 和 $\{w_i(x_k)\}$。由于传统 VI 算法只是广义 VI 算法的一个特例，因此这里只介绍一般化的广义 VI 算法。初始化代价函数为 $\mathbb{V}_0(x_k)=x_k^{\mathsf{T}}\boldsymbol{\Phi}x_k$，广义 VI 算法在策略提升

$$\begin{cases}u_i(x_k)=\arg\min\limits_u\{\mathbb{U}(x_k,u_k,w_k)+\mathbb{V}_i(x_{k+1})\}\\ w_i(x_k)=\arg\max\limits_w\{\mathbb{U}(x_k,u_k,w_k)+\mathbb{V}_i(x_{k+1})\}\end{cases}\tag{1-60}$$

和策略评估

$$\begin{aligned}&\mathbb{V}_{i+1}(x_k)=\min_u\max_w\{\mathbb{U}(x_k,u_k,w_k)+\mathbb{V}_i(x_{k+1})\}=\\&\mathbb{U}\left(x_k,u_i(x_k),w_i(x_k)\right)+\mathbb{V}_i(x_{k+1})\end{aligned}\tag{1-61}$$

之间迭代更新。针对零和博弈问题，文献[88]分析了包含上述迭代学习过程的广义 VI 算法的单调性和收敛性，采用的证明方法与最优调节问题中的保持一致。特别地，文献[91]给出了一个更深入的广义 VI 算法的收敛性分析，阐明了算法中的迭代代价函数均一致收敛到最优值。通过建立一个关于迭代策略对 (u_i,w_i) 的稳定性准则，文献[55]使用集成 VI 算法推导出了零和博弈问题的最优策略对。考虑具有折扣因子的代价函数，文献[58]先后给出了演化 VI 算法和可调节 VI 算法的实现框架以及收敛性分析，在演化 VI 机制下使用了具有稳定性保证的演化策略对镇定非线性系统，在可调节 VI 机制下通过引入历史迭代信息，快速地获得最优策略对。不同于式（1-60）和式（1-61）中的学习过程，具有松弛因子的可调节 VI 算法框架下的策略对和代价函数的迭代过程为

$$\begin{cases}\tilde{w}_i(x_k)=\arg\max\limits_w\left\{\mathbb{U}(x_k,u_k,w_k)+\tilde{\mathbb{V}}_i(x_{k+1})\right\}\\ \tilde{u}_i(x_k)=\arg\min\limits_u\left\{\mathbb{U}(x_k,u_k,w_k)+\tilde{\mathbb{V}}_i(x_{k+1})\right\}\end{cases}\tag{1-62}$$

和

$$\begin{aligned}&\tilde{\mathbb{V}}_{i+1}(x_k)=\omega\min_u\max_w\left\{\mathbb{U}(x_k,u_k,w_k)+\tilde{\mathbb{V}}_i(x_{k+1})\right\}+(1-\omega)\tilde{\mathbb{V}}_i(x_k)=\\&\omega\Big(\mathbb{U}\left(x_k,\tilde{u}_i(x_k),\tilde{w}_i(x_k)\right)+\tilde{\mathbb{V}}_i(x_{k+1})\Big)+(1-\omega)\tilde{\mathbb{V}}_i(x_k)\end{aligned}\tag{1-63}$$

其中，松弛因子满足$0<\omega\leqslant a$。值得一提的是，最优状态调节问题中 VI 算法的实现架构和理论性质都能平行推广到零和博弈最优调节问题中，只需考虑干扰项$w_k\in\mathbf{R}^z$即可。顺便指出，零和博弈问题的在线控制和无模型控制设计也取得了很大的进展。文献[82]提出了一种无模型的 Q 学习 ADP 方法来求解线性离散时间零和博弈的代数 Riccati 方程（Algebraic Riccati Equation，ARE）。文献[86]提出了一种在线 ADP 学习算法来获得 HJI 方程的解，并证明了神经网络权值误差的一致有界稳定性。通过数据驱动的思想，文献[90]针对线性系统的二人零和博弈，设计了一种具有脱策学习能力的基于 PI 的 Q 学习算法。通过将性能指标的定义向后设置一步，文献[94]提出了一种基于 GDHP 框架的在线学习算法来求解 HJI 方程。为了减少网络通信资源，文献[95]提出了一种事件触发控制方案来求解非线性零和博弈的最优策略对。针对受约束的离散时间非线性零和博弈问题，文献[96]建立了一种双事件触发控制方案，为控制输入和扰动构造了两个相应的独立触发条件，以提高利用效率并确保它们之间的独立性。

1.4.3　零和博弈最优跟踪问题

对于零和博弈问题，这些 VI 算法不仅适用于非线性系统（1-52）的最优调节，而且能够实现其最优跟踪。定义参考轨迹为$d_{k+1}=\mathcal{D}(d_k)$，以及跟踪误差为$e_k=x_k-d_k$。进一步可得跟踪误差动态为

$$e_{k+1}=f(e_k+d_k)+g(e_k+d_k)u_k+s(e_k+d_k)w_k-\mathcal{D}(d_k) \tag{1-64}$$

构建增广系统为$X_{k+1}=\left[e_{k+1}^{\mathsf{T}},d_{k+1}^{\mathsf{T}}\right]^{\mathsf{T}}$，然后定义零和博弈跟踪问题的无限时域代价函数为

$$\begin{aligned}\mathbb{J}(X_k)=\sum_{l=k}^{\infty}\mathbb{U}(X_l,u_l,w_l)=\\ \sum_{l=k}^{\infty}\left\{e_l^{\mathsf{T}}\boldsymbol{Q}e_l+u_l^{\mathsf{T}}\boldsymbol{R}u_l-\zeta^2w_l^{\mathsf{T}}w_l\right\}\end{aligned} \tag{1-65}$$

针对受约束且完全未知的离散非线性系统，基于代价函数$\mathbb{J}(X_k)$的形式，文献[84]提出了基于迭代 DHP 算法的H_∞最优跟踪控制策略，并给出了收敛性分析。注意到式（1-65）中的代价函数经常导致存在跟踪误差，为了克服这个问题，

文献[88]采用了求解稳态控制的手段来处理仿射非线性系统的跟踪问题，即 $u(d_k)=g^{+}(d_k)\big(\mathcal{D}(d_k)-f(d_k)\big)$。对于模型未知系统，文献[97]通过构建模型网络并调用 MATLAB 中的“fsolve”函数来求解稳态控制。与式（1-64）不同，具有稳态控制的跟踪误差系统可以表示为

$$e_{k+1}=f(e_k+d_k)+g(e_k+d_k)\big(u(e_k)+u(d_k)\big)+s(e_k+d_k)w(e_k)-\mathcal{D}(d_k) \tag{1-66}$$

其中，$u(e_k)=u_k-u(d_k)$ 且 $w(e_k)=w_k$。至此，式(1-52)的跟踪问题转化成式(1-66)的调节问题，此时的代价函数定义为

$$\begin{aligned}\mathbb{J}(e_k)=&\sum_{l=k}^{\infty}\mathbb{U}\big(e_l,u(e_l),w(e_l)\big)=\\&\sum_{l=k}^{\infty}\big\{e_l^{\mathsf{T}}\boldsymbol{Q}e_l+u^{\mathsf{T}}(e_l)\boldsymbol{R}u(e_l)-\zeta^2w_l^{\mathsf{T}}w_l\big\}=\\&\mathbb{U}\big(e_k,u(e_k),w(e_k)\big)+\mathbb{J}(e_{k+1})\end{aligned} \tag{1-67}$$

不难发现，零和博弈的跟踪问题与调节问题形式一致，于是前述的 VI 算法也可用于获得最优跟踪控制策略。文献[88]中给出了广义 VI 算法的实现过程，其代价函数的更新形式为

$$\mathbb{V}_{i+1}(e_k)=\min_{u(e_k)}\max_{w(e_k)}\big\{e_k^{\mathsf{T}}\boldsymbol{Q}e_k+u^{\mathsf{T}}(e_k)\boldsymbol{R}u(e_k)-\zeta^2w^{\mathsf{T}}(e_k)w(e_k)+\mathbb{V}_i(e_{k+1})\big\} \tag{1-68}$$

文献[58]也致力于推进加速算法应用于解决零和博弈的跟踪问题，其迭代代价函数形式如下

$$\begin{aligned}\tilde{\mathbb{V}}_{i+1}(e_k)=&\,\omega\min_{u(e_k)}\max_{w(e_k)}\big\{e_k^{\mathsf{T}}\boldsymbol{Q}e_k+u^{\mathsf{T}}(e_k)\boldsymbol{R}u(e_k)-\\&\zeta^2w^{\mathsf{T}}(e_k)w(e_k)+\tilde{\mathbb{V}}_i(e_{k+1})\big\}+(1-\omega)\tilde{\mathbb{V}}_i(e_k)\end{aligned} \tag{1-69}$$

应该看到，这些先进 VI 算法不仅适用于零和博弈的调节问题，而且适用于其跟踪问题。这些应用也充分证明了所提出的先进 VI 算法的有效性和通用性。

1.5 小结

本章从最优调节、最优跟踪和零和博弈的角度回顾了离散时间非线性系统的 VI 算法的最新进展。通过引入广义、集成、演化和可调节 VI 方案，重点设计了

自适应能力强、学习速度快、运行成本低的智能控制器。此外，还为复杂工业系统的实际智能控制提供了具有收敛性和稳定性保证的理论支撑。先进的 VI 算法在许多研究领域和工业环境中都得到了广泛的应用。例如，污水处理过程是一个典型的复杂非线性系统，对水污染防治和智慧环保具有重要意义。在污水处理过程中，溶解氧浓度和硝态氮浓度直接影响着出水水质。因此，污水处理过程的主要控制目标是通过两个控制变量，即氧传递系数和内回流量，将溶解氧浓度和硝态氮浓度保持在期望的设定值，这正是一个实际非线性系统的跟踪控制问题。文献[74]尝试将 DHP 算法用于污水处理过程，不仅实现了关键变量对设定值的有效跟踪，并且将控制变量限制在有限的范围内。为了减少计算量，文献[72]采用了可调节 VI 算法来加快离线学习过程，从而更快地得到最优跟踪控制律。开展这些新型智能控制方法研究，有助于促进水资源循环利用，助力生态文明建设[98]。

随着各种集成系统规模的不断扩大，不可避免地会遇到具有非线性特征、海量运行数据和未知结构的工业系统。因此，作为无模型和数据驱动控制领域的一种重要技术，基于 Q 学习的 ADP 方法在过去几年中受到了越来越多的关注。基于 VI 和 PI 的 Q 学习算法已用于解决最优调节问题[99-103]、最优跟踪问题[104-106]，以及零和博弈问题[87,90,93,107]等。结合先进的 VI 框架，建立一系列优势整合和具备快速学习能力的数据驱动智能控制方法有重要的实际意义。构建先进的 Q 学习机制能够强化自适应评判控制的理论成果，拓宽智能学习设计的应用范围，提高复杂工业系统的控制效率。加速学习在一些热门方向中也具有巨大的潜力，例如鲁棒控制[108]、事件触发控制[64,109]、多智能体控制[110-112]、多人博弈[113-114]、平行控制[115-117]等。完善加速 ADP 理论框架，并有效地处理离散时间和连续时间非线性系统的最优控制问题，是一个充满挑战和应用前景的任务，未来将致力于构建具有收敛性和稳定性保证的无模型加速 ADP 方法体系。总之，在相关学者最新研究成果的推动下[118-125]，智能评判控制必将得到更好的发展。

参考文献

[1] LIU D R. Approximate dynamic programming for self-learning control[J]. Acta Automatica Sinica, 2005, 31(1): 13-18.

[2] 张化光, 张欣, 罗艳红, 等. 自适应动态规划综述[J]. 自动化学报, 2013, 39(4): 303-311.

[3] WANG D, HA M M, ZHAO M M. The intelligent critic framework for advanced optimal control[J]. Artificial Intelligence Review, 2022, 55(1): 1-22.

[4] KIUMARSI B, VAMVOUDAKIS K G, MODARES H, et al. Optimal and autonomous control using reinforcement learning: a survey[J]. IEEE Transactions on Neural Networks and Learning Systems, 2018, 29(6): 2042-2062.

[5] BERTSEKAS D P. Value and policy iterations in optimal control and adaptive dynamic programming[J]. IEEE Transactions on Neural Networks and Learning Systems, 2017, 28(3): 500-509.

[6] BELLMAN R E. Dynamic programming[M]. Princeton: Princeton University Press, 1957.

[7] WANG D, HE H B, LIU D R. Adaptive critic nonlinear robust control: a survey[J]. IEEE Transactions on Cybernetics, 2017, 47(10): 3429-3451.

[8] SILVER D, HUANG A, MADDISON C J, et al. Mastering the game of Go with deep neural networks and tree search[J]. Nature, 2016, 529: 484-489.

[9] KIRAN B R, SOBH I, TALPAERT V, et al. Deep reinforcement learning for autonomous driving: a survey[J]. IEEE Transactions on Intelligent Transportation Systems, 2022, 23(6): 4909-4926.

[10] GARAFFA L C, BASSO M, KONZEN A A, et al. Reinforcement learning for mobile robotics exploration: a survey[J]. IEEE Transactions on Neural Networks and Learning Systems, 2023, 34(8): 3796-3810.

[11] LEWIS F L, LIU D R. Reinforcement learning and approximate dynamic programming for feedback control[M]. New Jersey: John Wiley & Sons, 2013.

[12] LEWIS F L, VRABIE D, VAMVOUDAKIS K G. Reinforcement learning and feedback control: using natural decision methods to design optimal adaptive controllers[J]. IEEE Control Systems Magazine, 2012, 32(6): 76-105.

[13] LIU D R, XUE S, ZHAO B, et al. Adaptive dynamic programming for control: a survey and recent advances[J]. IEEE Transactions on Systems, Man, and Cybernetics: Systems, 2021, 51(1): 142-160.

[14] SUTTON R S, BARTO A G. Reinforcement learning: an introduction[M]. Cambridge: MIT Press, 1998.

[15] LECUN Y, BENGIO Y, HINTON G. Deep learning[J]. Nature, 2015, 521: 436-444.

[16] WERBOS P J. Advanced forecasting methods for global crisis warning and models of intelligence[J]. General Systems Yearbook, 1977, 22(12): 25-38.

[17] WERBOS P J. Approximate dynamic programming for real-time control and neural modeling[M]. Handbook of Intelligent Control: Neural, Fuzzy, and Adaptive Approaches, New York:

Van Nostrand Reinhold, 1992.

[18] LIU D R, WEI Q L, WANG D, et al. Adaptive dynamic programming with applications in optimal control[M]. Cham, Switzerland: Springer, 2017.

[19] LEE J M, LEE J H. Approximate dynamic programming-based approaches for input-output data-driven control of nonlinear processes[J]. Automatica, 2005, 41(7): 1281-1288.

[20] WANG F Y, ZHANG H G, LIU D R. Adaptive dynamic programming: an introduction[J]. IEEE Computational Intelligence Magazine, 2009, 4(2): 39-47.

[21] WEI Q L, SONG R Z, LIAO Z H, et al. Discrete-time impulsive adaptive dynamic programming[J]. IEEE Transactions on Cybernetics, 2020, 50(10): 4293-4306.

[22] 刘德荣, 李宏亮, 王鼎. 基于数据的自学习优化控制: 研究进展与展望[J]. 自动化学报, 2013, 39(11): 1858-1870.

[23] PROKHOROV D V, WUNSCH D C. Adaptive critic designs[J]. IEEE Transactions on Neural Networks, 1997, 8(5): 997-1007.

[24] AL-TAMIMI A, LEWIS F L, ABU-KHALAF M. Discrete-time nonlinear HJB solution using approximate dynamic programming: convergence proof[J]. IEEE Transactions on Systems, Man, and Cybernetics, Part B (Cybernetics), 2008, 38(4): 943-949.

[25] BIAN T, JIANG Z P. Value iteration and adaptive dynamic programming for data-driven adaptive optimal control design[J]. Automatica, 2016(71): 348-360.

[26] PANG B, JIANG Z P. Adaptive optimal control of linear periodic systems: an off-policy value iteration approach[J]. IEEE Transactions on Automatic Control, 2021, 66(2): 888-894.

[27] LIANG M M, WANG D, LIU D R. Improved value iteration for neural-network-based stochastic optimal control design[J]. Neural Networks, 2020, 124: 280-295.

[28] LIU D R, WEI Q L. Policy iteration adaptive dynamic programming algorithm for discrete-time nonlinear systems[J]. IEEE Transactions on Neural Networks and Learning Systems, 2014, 25(3): 621-634.

[29] WEI Q L, LIU D R, YANG X. Infinite horizon self-learning optimal control of nonaffine discrete-time nonlinear systems[J]. IEEE Transactions on Neural Networks and Learning Systems, 2015, 26(4): 866-879.

[30] WEI Q L, LIU D R, LIN H Q. Value iteration adaptive dynamic programming for optimal control of discrete-time nonlinear systems[J]. IEEE Transactions on Cybernetics, 2016, 46(3): 840-853.

[31] HEYDARI A. Stability analysis of optimal adaptive control under value iteration using a stabilizing initial policy[J]. IEEE Transactions on Neural Networks and Learning Systems, 2018, 29(9): 4522-4527.

[32] HA M M, WANG D, LIU D R. Offline and online adaptive critic control designs with stability guarantee through value iteration[J]. IEEE Transactions on Cybernetics, 2022, 52(12): 13262-13274.

[33] LUO B, LIU D R, HUANG T, et al. Multi-step heuristic dynamic programming for optimal control of nonlinear discrete-time systems[J]. Information Sciences, 2017, 411: 66-83.

[34] HA M M, WANG D, LIU D R. A novel value iteration scheme with adjustable convergence rate[J]. IEEE Transactions on Neural Networks and Learning Systems, 2023, 34(10): 7430-7442.

[35] LINCOLN B, RANTZER A. Relaxing dynamic programming[J]. IEEE Transactions on Automatic Control, 2006, 51(8): 1249-1260.

[36] HEYDARI A. Revisiting approximate dynamic programming and its convergence[J]. IEEE Transactions on Cybernetics, 2014, 44(12): 2733-2743.

[37] ZHANG H G, LUO Y H, LIU D R. Neural-network-based near-optimal control for a class of discrete-time affine nonlinear systems with control constraints[J]. IEEE Transactions on Neural Networks, 2009, 20(9): 1490-1503.

[38] WANG D, LIU D R, WEI Q L, et al. Optimal control of unknown nonaffine nonlinear discrete-time systems based on adaptive dynamic programming[J]. Automatica, 2012, 48(8): 1825-1832.

[39] WANG D, HA M M, QIAO J F. Self-learning optimal regulation for discrete-time nonlinear systems under event-driven formulation[J]. IEEE Transactions on Automatic Control, 2020, 65(3): 1272-1279.

[40] DIERKS T, THUMAATI B T, JAGANNATHAN S. Optimal control of unknown affine nonlinear discrete-time systems using offline-trained neural networks with proof of convergence[J]. Neural Networks, 2009, 22(5-6): 851-860.

[41] MU C X, WANG D, HE H B. Novel iterative neural dynamic programming for data-based approximate optimal control design[J]. Automatica, 2017, 81: 240-252.

[42] LIU D R, WEI Q L, YAN P F. Generalized policy iteration adaptive dynamic programming for discrete-time nonlinear systems[J]. IEEE Transactions on Systems, Man, and Cybernetics: Systems, 2015, 45(12): 1577-1591.

[43] ZHONG X N, NI Z, HE H B. A theoretical foundation of goal representation heuristic dynamic programming[J]. IEEE Transactions on Neural Networks and Learning Systems, 2016, 27(12): 2513-2525.

[44] AL-DABOONI S, WUNSCH D C. An improved n-step value gradient learning adaptive dynamic programming algorithm for online learning[J]. IEEE Transactions on Neural Networks

and Learning Systems, 2020, 31(4): 1155-1169.

[45] LI H L, LIU D R. Optimal control for discrete-time affine non-linear systems using general value iteration[J]. IET Control Theory & Applications, 2012, 6(18): 2725-2736.

[46] WEI Q L, LIU D R. A novel iterative θ- adaptive dynamic programming for discrete-time nonlinear systems[J]. IEEE Transactions on Automation Science and Engineering, 2014, 11(4): 1176-1190.

[47] WEI Q L, LIU D R, LIN Q. Discrete-time local value iteration adaptive dynamic programming: admissibility and termination analysis[J]. IEEE Transactions on Neural Networks and Learning Systems, 2017, 28(11): 2490-2502.

[48] WEI Q L, LEWIS F L, LIU D R, et al. Discrete-time local value iteration adaptive dynamic programming: convergence analysis[J]. IEEE Transactions on Systems, Man, and Cybernetics: Systems, 2018, 48(6): 875-891.

[49] HA M M, WANG D, LIU D R. Generalized value iteration for discounted optimal control with stability analysis[J]. Systems & Control Letters, 2021, 147: 104847.

[50] HA M M, WANG D, LIU D R. Neural-network-based discounted optimal control via an integrated value iteration with accuracy guarantee[J]. Neural Networks, 2021, 144: 176-186.

[51] HEYDARI A. Theoretical and numerical analysis of approximate dynamic programming with approximation errors[J]. Journal of Guidance, Control, and Dynamics, 2016, 39(2): 301-311.

[52] LIU D R, LI H L, WANG D. Error bounds of adaptive dynamic programming algorithms for solving undiscounted optimal control problems[J]. IEEE Transactions on Neural Networks and Learning Systems, 2015, 26(6): 1323-1334.

[53] LIANG M M, WANG D, LIU D R. Neuro-optimal control for discrete stochastic processes via a novel policy iteration algorithm[J]. IEEE Transactions on Systems, Man, and Cybernetics: Systems, 2020, 50(11): 3972-3985.

[54] ZHU Y H, ZHAO D B, HE H B. Invariant adaptive dynamic programming for discrete-time optimal control[J]. IEEE Transactions on Systems, Man, and Cybernetics: Systems, 2020, 50(11): 3959-3971.

[55] WANG D, ZHAO M M, HA M M, et al. Stability and admissibility analysis for zero-sum games under general value iteration formulation[J]. IEEE Transactions on Neural Networks and Learning Systems, 2023, 34(11): 8707-8718.

[56] LUO B, YANG Y, WU H N, et al. Balancing value iteration and policy iteration for discrete-time control[J]. IEEE Transactions on Systems, Man, and Cybernetics: Systems, 2020, 50(11): 3948-3958.

[57] YU L Y, LIU W B, LIU Y R, et al. Learning-based T-sHDP(λ) for optimal control of a class of

nonlinear discrete-time systems[J]. International Journal of Robust and Nonlinear Control, 2022, 32(5): 2624-2643.

[58] ZHAO M M, WANG D, HA M M, et al. Evolving and incremental value iteration schemes for nonlinear discrete-time zero-sum games[J]. IEEE Transactions on Cybernetics, 2023, 53(7): 4487-4499.

[59] WANG D, WU J L, HU L Z, et al. Discounted near-optimal control of affine systems via a progressive cost evolution formulation[J]. IEEE Transactions on Circuits and Systems Ⅱ: Express Briefs, 2023, 70(4): 1535-1539.

[60] KIUMARSI B, LEWIS F L. Actor–critic-based optimal tracking for partially unknown nonlinear discrete-time systems[J]. IEEE Transactions on Neural Networks and Learning Systems, 2015, 26(1): 140-151.

[61] NA J, LV Y F, ZHANG K Q, et al. Adaptive identifier-critic-based optimal tracking control for nonlinear systems with experimental validation[J]. IEEE Transactions on Systems, Man, and Cybernetics: Systems, 2022, 52(1): 459-472.

[62] WANG D, HA M M, CHENG L. Neuro-optimal trajectory tracking with value iteration of discrete-time nonlinear dynamics[J]. IEEE Transactions on Neural Networks and Learning Systems, 2023, 34(8): 4237-4248.

[63] LI C, DING J, LEWIS F L, et al. A novel adaptive dynamic programming based on tracking error for nonlinear discrete-time systems[J]. Automatica, 2021, 129: 109687.

[64] XUE S, LUO B, LIU D R, et al. Event-triggered ADP for tracking control of partially unknown constrained uncertain systems[J]. IEEE Transactions on Cybernetics, 2022, 52(9): 9001-9012.

[65] DONG H Y, ZHAO X W, LUO B. Optimal tracking control for uncertain nonlinear systems with prescribed performance via critic-only ADP[J]. IEEE Transactions on Systems, Man, and Cybernetics: Systems, 2022, 52(1): 561-573.

[66] MODARES H, LEWIS F L. Linear quadratic tracking control of partially-unknown continuous-time systems using reinforcement learning[J]. IEEE Transactions on Automatic Control, 2014, 59(11): 3051-3056.

[67] HA M M, WANG D, LIU D R. Discounted iterative adaptive critic designs with novel stability analysis for tracking control[J]. IEEE/CAA Journal of Automatica Sinica, 2022, 9(7): 1262-1272.

[68] WANG D, LIU D R, WEI Q L. Finite-horizon neuro-optimal tracking control for a class of discrete-time nonlinear systems using adaptive dynamic programming approach[J]. Neurocomputing, 2012, 78(1): 14-22.

[69] ZHANG H G, WEI Q L, LUO Y H. A novel infinite-time optimal tracking control scheme for a class of discrete-time nonlinear systems via the greedy HDP iteration algorithm[J]. IEEE Transactions on Systems, Man, and Cybernetics, Part B (Cybernetics), 2008, 38(4): 937-942.

[70] SONG R Z, XIAO W, SUN C. Optimal tracking control for a class of unknown discrete-time systems with actuator saturation via data-based ADP algorithm[J]. Acta Automatica Sinica, 2013, 39(9): 1413-1420.

[71] SONG S J, ZHU M L, DAI X L, et al. Model-free optimal tracking control of nonlinear input-affine discrete-time systems via an iterative deterministic Q-learning algorithm[J]. IEEE Transactions on Neural Networks and Learning Systems, 2024, 35(1): 999-1012.

[72] WANG D, ZHAO M M, HA M M, et al. Adaptive-critic-based hybrid intelligent optimal tracking for a class of nonlinear discrete-time systems[J]. Engineering Applications of Artificial Intelligence, 2021, 105: 104443.

[73] WANG D, ZHAO M M, HA M M, et al. Neural optimal tracking control of constrained nonaffine systems with a wastewater treatment application[J]. Neural Networks, 2021, 143: 121-132.

[74] WANG D, ZHAO M M, QIAO J F. Intelligent optimal tracking with asymmetric constraints of a nonlinear wastewater treatment system[J]. International Journal of Robust and Nonlinear Control, 2021, 31(14): 6773-6787.

[75] 王鼎, 赵明明, 哈明鸣, 等. 基于折扣广义值迭代的智能最优跟踪及应用验证[J]. 自动化学报, 2022, 48(1): 182-193.

[76] ZHAO M M, WANG D, QIAO J F, et al. Optimal trajectory tracking control for a class of nonlinear nonaffine systems via generalized n-step value gradient learning[J]. International Journal of Robust and Nonlinear Control, 2023, 33(6): 3471-3490.

[77] WANG D, WU J L, REN J, et al. Online value iteration for intelligent discounted tracking design of constrained systems[J]. IEEE Transactions on Circuits and Systems II: Express Briefs, 2022, 69(9): 3829-3833.

[78] KIUMARSI B, LEWIS F L, MODARES H, et al. Reinforcement-learning for optimal tracking control of linear discrete-time systems with unknown dynamics[J]. Automatica, 2014, 50(4): 1167-1175.

[79] WANG D, ZHAO H L, ZHAO M M, et al. Novel optimal trajectory tracking for nonlinear affine systems with an advanced critic learning structure[J]. Neural Networks, 2022, 154: 131-140.

[80] WANG D, WU J L, HA M M, et al. Advanced optimal tracking control with stability guarantee via novel value learning formulation[J]. IEEE Transactions on Neural Networks and

Learning Systems, 2022. doi: 10.1109/TNNLS.2022.3226518.
[81] ABU-KHALAF M, LEWIS F L, HUANG J. Policy iterations on the Hamilton-Jacobi-Isaacs equation for H_∞ state feedback control with input saturation[J]. IEEE Transactions on Automatic Control, 2006, 51(12): 1989-1995.
[82] AL-TAMIMI A, ABU-KHALAF M, LEWIS F L. Adaptive critic designs for discrete-time zero-sum games with application to H_∞ control[J]. IEEE Transactions on Systems, Man, and Cybernetics, Part B (Cybernetics), 2007, 37(1): 240-247.
[83] FAN Q Y, WANG D S, XU B. H_∞ codesign for uncertain nonlinear control systems based on policy iteration method[J]. IEEE Transactions on Cybernetics, 2022, 52(10): 10101-10110.
[84] HOU J X, WANG D, LIU D R, et al. Model-free H_∞ optimal tracking control of constrained nonlinear systems via an iterative adaptive learning algorithm[J]. IEEE Transactions on Systems, Man, and Cybernetics: Systems, 2020, 50(11): 4097-4108.
[85] WANG D, HE H B, LIU D R. Improving the critic learning for event-based nonlinear H_∞ control design[J]. IEEE Transactions on Cybernetics, 2017, 47(10): 3417-3428.
[86] ZHANG H G, QIN C B, JIANG B, et al. Online adaptive policy learning algorithm for H_∞ state feedback control of unknown affine nonlinear discrete-time systems[J]. IEEE Transactions on Cybernetics, 2014, 44(12): 2706-2718.
[87] ZHANG L, FAN J L, XUE W Q, et al. Data-driven H_∞ optimal output feedback control for linear discrete-time systems based on off-policy Q-learning[J]. IEEE Transactions on Neural Networks and Learning Systems, 2023, 34(7): 3553-3567.
[88] LIU D R, LI H L, WANG D. Neural-network-based zero-sum game for discrete-time nonlinear systems via iterative adaptive dynamic programming algorithm[J]. Neurocomputing, 2013, 110: 92-100.
[89] LIU Y, ZHANG H G, YU R, et al. H_∞ tracking control of discrete-time system with delays via data-based adaptive dynamic programming[J]. IEEE Transactions on Systems, Man, and Cybernetics: Systems, 2020, 50(11): 4078-4085.
[90] LUO B, YANG Y, LIU D R. Policy iteration Q-learning for data-based two-player zero-sum game of linear discrete-time systems[J]. IEEE Transactions on Cybernetics, 2021, 51(7): 3630-3640.
[91] WEI Q L, LIU D R, LIN Q, et al. Adaptive dynamic programming for discrete-time zero-sum games[J]. IEEE Transactions on Neural Networks and Learning Systems, 2018, 29(4): 957-969.
[92] SONG R Z, LI J S, LEWIS F L. Robust optimal control for disturbed nonlinear zero-sum differential games based on single NN and least squares[J]. IEEE Transactions on Systems,

Man, and Cybernetics: Systems, 2020, 50(11): 4009-4019.

[93] ZHANG Y W, ZHAO B, LIU D R, et al. Event-triggered control of discrete-time zero-sum games via deterministic policy gradient adaptive dynamic programming[J]. IEEE Transactions on Systems, Man, and Cybernetics: Systems, 2022, 52(8): 4823-4835.

[94] ZHONG X N, HE H B, WANG D, et al. Model-free adaptive control for unknown nonlinear zero-sum differential game[J]. IEEE Transactions on Cybernetics, 2018, 48(5): 1633-1646.

[95] ZHANG X, BO Y C, CUI L L. Event-triggered optimal control scheme for discrete-time nonlinear zero-sum games[J]. Control Theory & Applications, 2018, 35(5): 619-626.

[96] WANG D, HU L Z, ZHAO M M, et al. Dual event-triggered constrained control through adaptive critic for discrete-time zero-sum games[J]. IEEE Transactions on Systems, Man, and Cybernetics: Systems, 2023, 53(3): 1584-1595.

[97] 王鼎, 胡凌治, 赵明明, 等. 未知非线性零和博弈最优跟踪的事件触发控制设计[J]. 自动化学报, 2023, 49(1): 91-101.

[98] WANG D, HA M M, QIAO J F. Data-driven iterative adaptive critic control toward an urban wastewater treatment plant[J]. IEEE Transactions on Industrial Electronics, 2021, 68(8): 7362-7369.

[99] YAN J, HE H B, ZHONG X N, et al. Q-learning-based vulnerability analysis of smart grid against sequential topology attacks[J]. IEEE Transactions on Information Forensics and Security, 2017, 12(1): 200-210.

[100] LUO B, LIU D R, WU H N, et al. Policy gradient adaptive dynamic programming for data-based optimal control[J]. IEEE Transactions on Cybernetics, 2017, 47(10): 3341-3354.

[101] LUO B, LIU D R, WU H N. Adaptive constrained optimal control design for data-based nonlinear discrete-time systems with critic-only structure[J]. IEEE Transactions on Neural Networks and Learning Systems, 2018, 29(6): 2099-2111.

[102] WEI Q L, LEWIS F L, SUN Q Y, et al. Discrete-time deterministic Q-learning: a novel convergence analysis[J]. IEEE Transactions on Cybernetics, 2017, 47(5): 1224-1237.

[103] WEI Q L, LIU D R. A novel policy iteration based deterministic Q-learning for discrete-time nonlinear systems[J]. Science China Information Sciences, 2015, 58: 122203: 1-122203: 15.

[104] LIN M D, ZHAO B, LIU D R. Policy gradient adaptive critic designs for model-free optimal tracking control with experience replay[J]. IEEE Transactions on Systems, Man, and Cybernetics: Systems, 2022, 52(6): 3692-3703.

[105] LUO B, LIU D R, HUANG T W, et al. Model-free optimal tracking control via critic-only Q-learning[J]. IEEE Transactions on Neural Networks and Learning Systems, 2016, 27(10): 2134-2144.

[106] WEI Q L, LIU D R, SHI G. A novel dual iterative Q-learning method for optimal battery management in smart residential environments[J]. IEEE Transactions on Industrial Electronics, 2015, 62(4): 2509-2518.

[107] ZHU Y H, ZHAO D B. Online minimax Q network learning for two-player zero-sum Markov games[J]. IEEE Transactions on Neural Networks and Learning Systems, 2022, 33(3): 1228-1241.

[108] WANG D, LIU D R, LI H L, et al. An approximate optimal control approach for robust stabilization of a class of discrete-time nonlinear systems with uncertainties[J]. IEEE Transactions on Systems, Man, and Cybernetics: Systems, 2016, 46(5): 713-717.

[109] HA M M, WANG D, LIU D R. Event-triggered adaptive critic control design for discrete-time constrained nonlinear systems[J]. IEEE Transactions on Systems, Man, and Cybernetics: Systems, 2020, 50(9): 3158-3168.

[110] ZHANG H G, ZHANG J L, YANG G H, et al. Leader-based optimal coordination control for the consensus problem of multiagent differential games via fuzzy adaptive dynamic programming[J]. IEEE Transactions on Fuzzy Systems, 2015, 23(1): 152-163.

[111] ZHANG H G, JIANG H, LUO Y H, et al. Data-driven optimal consensus control for discrete-time multi-agent systems with unknown dynamics using reinforcement learning method[J]. IEEE Transactions on Industrial Electronics, 2017, 64(5): 4091-4100.

[112] ZHANG H G, LIANG H J, WANG Z S, et al. Optimal output regulation for heterogeneous multiagent systems via adaptive dynamic programming[J]. IEEE Transactions on Neural Networks and Learning Systems, 2017, 28: 18-29.

[113] JIANG H, ZHANG H G. Iterative ADP learning algorithms for discrete-time multi-player games[J]. Artificial Intelligence Review, 2018, 50: 75-91.

[114] QIAO J F, LI M H, WANG D. Asymmetric constrained optimal tracking control with critic learning of nonlinear multiplayer zero-sum games[J]. IEEE Transactions on Neural Networks and Learning Systems, 2022, doi: 10.1109/TNNLS.2022.3208611.

[115] LU J W, WEI Q L, WANG F Y. Parallel control for optimal tracking via adaptive dynamic programming[J]. IEEE/CAA Journal of Automatica Sinica, 2020, 7(6): 1662-1674.

[116] LU J W, WEI Q L, LIU Y J, et al. Event-triggered optimal parallel tracking control for discrete-time nonlinear systems[J]. IEEE Transactions on Systems, Man, and Cybernetics: Systems, 2022, 52(6): 3772-3784.

[117] WEI Q L, WANG L X, LU J W, et al. Discrete-time self-learning parallel control[J]. IEEE Transactions on Systems, Man, and Cybernetics: Systems, 2022, 52(1): 192-204.

[118] YANG X, XU M M, WEI Q L. Approximate dynamic programming for event-driven H_∞

constrained control[J]. IEEE Transactions on Systems, Man, and Cybernetics: Systems, 2023, 53(9): 5922-5932.

[119] LI J N, DING J L, CHAI T, et al. Adaptive interleaved reinforcement learning: robust stability of affine nonlinear systems with unknown uncertainty[J]. IEEE Transactions on Neural Networks and Learning Systems, 2022, 33(1): 270-280.

[120] GAO W N, MYNUDDIN M, WUNSCH D C, et al. Reinforcement learning-based cooperative optimal output regulation via distributed adaptive internal model[J]. IEEE Transactions on Neural Networks and Learning Systems, 2022, 33(10): 5229-5240.

[121] YANG Y L, MODARES H, VAMVOUDAKIS K G, et al. Cooperative finitely excited learning for dynamical games[J]. IEEE Transactions on Cybernetics, 2024, 54(2): 797-810.

[122] ZHAO B, SHI G, LIU D R. Event-triggered local control for nonlinear interconnected systems through particle swarm optimization-based adaptive dynamic programming[J]. IEEE Transactions on Systems, Man, and Cybernetics: Systems, 2023, 53(12): 7342-7353.

[123] LI H Y, ZHANG Q C, ZHAO D B. Deep reinforcement learning-based automatic exploration for navigation in unknown environment[J]. IEEE Transactions on Neural Networks and Learning Systems, 2020, 31(6): 2064-2076.

[124] ZHAO M M, WANG D, QIAO J F, et al. Advanced value iteration for discrete-time intelligent critic control: a survey[J]. Artificial Intelligence Review, 2023, 56: 12315-12346.

[125] WANG D, GAO N, LIU D R, et al. Recent progress in reinforcement learning and adaptive dynamic programming for advanced control applications[J]. IEEE/CAA Journal of Automatica Sinica, 2024,11(1): 18-36.

第 2 章 基于折扣广义值迭代的线性最优调节与稳定性分析

2.1 引言

迭代 ADP 方法近年来得到了广泛的关注，其基本思想源于强化学习中的执行–评判结构，越来越多的研究人员将其应用于解决最优调节问题[1-5]。对于非线性最优控制问题，一般通过求解离散时间 HJB 方程获得最优反馈控制策略，而对于线性最优控制问题，则通常需要求解 ARE 来获得最优控制策略。折扣最优调节是最优控制领域的常见问题，Wang 等[3]对含有折扣因子的传统 VI 算法的收敛性、单调非减性、有界性进行了详细的分析，并基于 GDHP 架构获得了折扣最优控制策略。Ha 等[4]针对折扣最优控制问题，提出了一种基于数据的双向逼近的广义 VI 算法，有效保证了最优代价函数的逼近精度。对于折扣最优控制问题，代价函数中的折扣因子对被控系统的稳定性有着重要影响。因此，折扣因子的选择是解决折扣最优控制问题的关键因素。同时，基于传统 VI 的 ADP 算法得到的控制策略，其稳定性是未知的。如何利用 VI 算法生成稳定的控制策略也是一个值得考虑的问题。目前大多数方法都需要初始容许控制律来保证被控系统的稳定性[6-8]。在实际的迭代过程中，即使初始控制策略不是容许的或不稳定时，迭代控制策略也能随着迭代次数的增加而镇定被控系统，但这些结果缺乏理论支撑。现有文献对折扣最优调节问题的理论研究主要集中在学习算法的收敛性证明，针对折扣因子影响系统稳定性的讨论较少。

针对离散时间非线性系统，在第一章中已详细讨论了无折扣广义 VI 算法的单调性、收敛性及容许性[9-12]。考虑具有折扣因子的离散时间线性二次调节（Linear Quadratic Regulator，LQR）问题，本章重点研究折扣广义 VI 框架下控制策略的稳定性，并给出了相应的稳定性判据。当满足一定稳定性条件时，如果在某一迭代步可以保证被控系统是渐近稳定的，那么在该迭代步之后的每一迭代控制策略均可使得系统渐近稳定。结合无折扣因子的情况，进一步扩展稳定性准则，用以选择合适的折扣因子。同时，在不考虑代价函数单调性的情况下，给出了系统稳定的临界条件。本章的主要内容来源于作者的研究成果[13]并对其进行了修改、补充和完善。

2.2　问题描述

设 $k \in \mathbf{N} = \{0,1,2,\cdots\}$ 并考虑如下的离散时间线性系统

$$x_{k+1} = \boldsymbol{A}x_k + \boldsymbol{B}u_k \tag{2-1}$$

其中，$x_k \in \mathbf{R}^n$ 和 $u_k \in \mathbf{R}^m$ 分别为系统状态和控制输入，x_0 是初始状态，$\boldsymbol{A} \in \mathbf{R}^{n\times n}$ 和 $\boldsymbol{B} \in \mathbf{R}^{n\times m}$ 均为常数矩阵。假设系统是可控的。

对于无折扣 LQR 问题，其目标是设计一个最优状态反馈控制器 $u(x_k)$ 使得闭环系统渐近稳定且使如下的性能指标函数最小化

$$J(x_k) = \sum_{j=k}^{\infty} U\left(x_j, u(x_j)\right) \tag{2-2}$$

其中，$U\left(x_j, u(x_j)\right)$ 为效用函数并表达为 $U\left(x_j, u(x_j)\right) = \frac{1}{2}x_j^{\mathsf{T}}\boldsymbol{Q}x_j + \frac{1}{2}u^{\mathsf{T}}(x_j)\boldsymbol{R}u(x_j)$，且 $\boldsymbol{Q} \succeq 0$，$\boldsymbol{R} \succ 0$，即 $\boldsymbol{Q}$ 为一个半正定矩阵而 $\boldsymbol{R}$ 为一个正定矩阵。

通过引入折扣因子，可以得到如下对应的折扣性能指标函数

$$\begin{aligned} J_\gamma(x_k) = \sum_{j=k}^{\infty} \gamma^{j-k} U\left(x_j, u(x_j)\right) = \\ \frac{1}{2}\sum_{j=k}^{\infty} \gamma^{j-k}\left(x_j^{\mathsf{T}}\boldsymbol{Q}x_j + u^{\mathsf{T}}(x_j)\boldsymbol{R}u(x_j)\right) \end{aligned} \tag{2-3}$$

其中，折扣因子满足 $0 < \gamma \leqslant 1$。

考虑式（2-3），可以将其写为

$$\begin{aligned}J_{\gamma}(x_k)=&\frac{1}{2}x_k^{\mathsf T}\boldsymbol{Q}x_k+\frac{1}{2}u^{\mathsf T}(x_k)\boldsymbol{R}u(x_k)+\\&\frac{1}{2}\gamma\sum_{j=k+1}^{\infty}\gamma^{j-k-1}\left(x_j^{\mathsf T}\boldsymbol{Q}x_j+u^{\mathsf T}(x_j)\boldsymbol{R}u(x_j)\right)=\\&\frac{1}{2}x_k^{\mathsf T}\boldsymbol{Q}x_k+\frac{1}{2}u^{\mathsf T}(x_k)\boldsymbol{R}u(x_k)+\gamma J_{\gamma}(x_{k+1})\end{aligned}\tag{2-4}$$

即为 LQR 问题的 Bellman 方程。

假设系统代价函数是关于状态的二次函数并将其表达为

$$\begin{aligned}V_{\gamma}(x_k)=&\frac{1}{2}x_k^{\mathsf T}\boldsymbol{P}_{\gamma}x_k=\\&\frac{1}{2}x_k^{\mathsf T}\boldsymbol{Q}x_k+\frac{1}{2}u^{\mathsf T}(x_k)\boldsymbol{R}u(x_k)+\frac{1}{2}\gamma x_{k+1}^{\mathsf T}\boldsymbol{P}_{\gamma}x_{k+1}\end{aligned}\tag{2-5}$$

其中，核矩阵[1] $\boldsymbol{P}_{\gamma}\succ 0$ 且 $\boldsymbol{P}_{\gamma}\in\mathbf{R}^{n\times n}$ 。

结合式（2-1）和式（2-5），可以得到

$$\begin{aligned}2V_{\gamma}(x_k)=&x_k^{\mathsf T}\boldsymbol{P}_{\gamma}x_k=\\&x_k^{\mathsf T}\boldsymbol{Q}x_k+u^{\mathsf T}(x_k)\boldsymbol{R}u(x_k)+\gamma\left(\boldsymbol{A}x_k+\boldsymbol{B}u(x_k)\right)^{\mathsf T}\boldsymbol{P}_{\gamma}\left(\boldsymbol{A}x_k+\boldsymbol{B}u(x_k)\right)\end{aligned}\tag{2-6}$$

假设恒定的状态反馈策略为

$$u(x_k)=-\boldsymbol{K}_{\gamma}x_k\tag{2-7}$$

其中，$\boldsymbol{K}_{\gamma}\in\mathbf{R}^{m\times n}$ 为控制策略的稳定增益。将式（2-7）代入式（2-6），可以得到

$$\begin{aligned}2V_{\gamma}(x_k)=&x_k^{\mathsf T}\boldsymbol{P}_{\gamma}x_k=\\&x_k^{\mathsf T}\boldsymbol{Q}x_k+x_k^{\mathsf T}\boldsymbol{K}_{\gamma}^{\mathsf T}\boldsymbol{R}\boldsymbol{K}_{\gamma}x_k+\gamma x_k^{\mathsf T}(\boldsymbol{A}-\boldsymbol{B}\boldsymbol{K}_{\gamma})^{\mathsf T}\boldsymbol{P}_{\gamma}(\boldsymbol{A}-\boldsymbol{B}\boldsymbol{K}_{\gamma})x_k\end{aligned}\tag{2-8}$$

如果式（2-8）对所有状态都成立，则可以得到

$$\boldsymbol{P}_{\gamma}=\boldsymbol{Q}+\boldsymbol{K}_{\gamma}^{\mathsf T}\boldsymbol{R}\boldsymbol{K}_{\gamma}+\gamma(\boldsymbol{A}-\boldsymbol{B}\boldsymbol{K}_{\gamma})^{\mathsf T}\boldsymbol{P}_{\gamma}(\boldsymbol{A}-\boldsymbol{B}\boldsymbol{K}_{\gamma})\tag{2-9}$$

即为系统（2-1）的 Lyapunov 方程。因此可得出结论，对于 LQR 问题，Bellman 方程等价于 Lyapunov 方程[1]。

定义离散时间 LQR 问题的 Hamiltonian 函数为

$$
\begin{aligned}
H_\gamma\left(x_k,u(x_k)\right) &= x_k^{\mathsf T}\boldsymbol{Q}x_k + u^{\mathsf T}(x_k)\boldsymbol{R}u(x_k) + \gamma x_{k+1}^{\mathsf T}\boldsymbol{P}_\gamma x_{k+1} - x_k^{\mathsf T}\boldsymbol{P}_\gamma x_k = \\
& x_k^{\mathsf T}\boldsymbol{Q}x_k + u^{\mathsf T}(x_k)\boldsymbol{R}u(x_k) + \gamma\left(\boldsymbol{A}x_k + \boldsymbol{B}u(x_k)\right)^{\mathsf T}\boldsymbol{P}_\gamma\left(\boldsymbol{A}x_k + \boldsymbol{B}u(x_k)\right) - x_k^{\mathsf T}\boldsymbol{P}_\gamma x_k
\end{aligned}
\tag{2-10}
$$

为保证最优性，需要满足稳定性条件 $\partial H_\gamma\left(x_k,u(x_k)\right)/\partial u(x_k)=0$ 。求解该方程可得到最优控制策略

$$
u^*(x_k) = -\gamma(\boldsymbol{R}+\gamma\boldsymbol{B}^{\mathsf T}\boldsymbol{P}_\gamma^*\boldsymbol{B})^{-1}\boldsymbol{B}^{\mathsf T}\boldsymbol{P}_\gamma^*\boldsymbol{A}x_k \tag{2-11}
$$

和相应的最优稳定增益

$$
\boldsymbol{K}_\gamma^* = \gamma(\boldsymbol{R}+\gamma\boldsymbol{B}^{\mathsf T}\boldsymbol{P}_\gamma^*\boldsymbol{B})^{-1}\boldsymbol{B}^{\mathsf T}\boldsymbol{P}_\gamma^*\boldsymbol{A} \tag{2-12}
$$

其中，$\boldsymbol{P}_\gamma^*$ 为折扣最优代价函数 V_γ^* 的核矩阵。通过将式（2-12）代入式（2-9），可以得到折扣 LQR 问题的 ARE 方程为

$$
\gamma\boldsymbol{A}^{\mathsf T}\boldsymbol{P}_\gamma^*\boldsymbol{A} - \gamma^2\boldsymbol{A}^{\mathsf T}\boldsymbol{P}_\gamma^*\boldsymbol{B}(\boldsymbol{R}+\gamma\boldsymbol{B}^{\mathsf T}\boldsymbol{P}_\gamma^*\boldsymbol{B})^{-1}\boldsymbol{B}^{\mathsf T}\boldsymbol{P}_\gamma^*\boldsymbol{A} - \boldsymbol{P}_\gamma^* + \boldsymbol{Q} = 0 \tag{2-13}
$$

2.3　线性系统的折扣广义值迭代算法

本节基于广义 VI 算法来解决折扣 LQR 问题。针对这一控制问题，需要保证最优控制策略（2-11）作用下的闭环系统稳定性；但折扣因子的引入可能会导致系统不稳定。因此，期望找到合适的折扣因子范围，保证选择合适大小的折扣因子，从而获得稳定的最优控制策略。此外，在折扣广义 VI 的基础上，本节针对闭环系统的稳定性进行讨论和分析。

2.3.1　折扣广义值迭代算法推导

由于 ARE 的解析解通常很难直接获得，因此采用广义 VI 算法来获得 ARE 的近似最优解。引入两个序列 $\{\boldsymbol{P}_\gamma^i\}$ 和 $\{\boldsymbol{K}_\gamma^i\}$，$i\in\mathbf{N}$ 为迭代指标。利用包含增益 $\boldsymbol{K}_\gamma^0$ 的控制策略进行初始化，且不要求其是稳定的或者容许的。根据式（2-9）和式（2-12），可以得到策略评估

$$
\boldsymbol{P}_\gamma^{i+1} = \boldsymbol{Q} + (\boldsymbol{K}_\gamma^i)^{\mathsf T}\boldsymbol{R}\boldsymbol{K}_\gamma^i + \gamma(\boldsymbol{A}-\boldsymbol{B}\boldsymbol{K}_\gamma^i)^{\mathsf T}\boldsymbol{P}_\gamma^i(\boldsymbol{A}-\boldsymbol{B}\boldsymbol{K}_\gamma^i) \tag{2-14}
$$

和策略提升

$$\boldsymbol{K}_{\gamma}^{i+1}=\gamma(\boldsymbol{R}+\gamma\boldsymbol{B}^{\mathsf{T}}\boldsymbol{P}_{\gamma}^{i+1}\boldsymbol{B})^{-1}\boldsymbol{B}^{\mathsf{T}}\boldsymbol{P}_{\gamma}^{i+1}\boldsymbol{A} \tag{2-15}$$

通过不断更新代价函数 $V_{\gamma}^{i+1}(x_k)=(1/2)x_k^{\mathsf{T}}\boldsymbol{P}_{\gamma}^{i+1}x_k$ 和控制策略 $u^{i+1}(x_k)=-\boldsymbol{K}_{\gamma}^{i+1}x_k$ 直至收敛到其最优值。

2.3.2 性能分析

本节针对折扣 VI 进行一系列的理论分析，首先证明了迭代代价函数的单调性，然后给出了被控系统的稳定性判据以及相应的折扣因子选取准则。

引理 2-1 定义代价函数序列 $\{V_{\gamma}^{i}\}$ 为

$$\begin{aligned}V_{\gamma}^{i}(x_k)&=\frac{1}{2}x_k^{\mathsf{T}}\boldsymbol{P}_{\gamma}^{i}x_k=\\U\left(x_k,u^{i-1}(x_k)\right)&+\frac{1}{2}\gamma x_{k+1}^{\mathsf{T}}\boldsymbol{P}_{\gamma}^{i-1}x_{k+1}=\\U\left(x_k,u^{i-1}(x_k)\right)&+\gamma V_{\gamma}^{i-1}(x_{k+1})\end{aligned} \tag{2-16}$$

且 $V_{\gamma}^{0}(x_k)=(1/2)x_k^{\mathsf{T}}\boldsymbol{P}_{\gamma}^{0}x_k$，控制策略函数序列 $\{u^i\}$ 为 $u^i(x_k)=-\boldsymbol{K}_{\gamma}^{i}x_k$，两者分别基于式（2-14）和式（2-15）进行迭代更新。如果 $\boldsymbol{P}_{\gamma}^{1}-\boldsymbol{P}_{\gamma}^{0}\succ 0$，则对于任意 $x_k\in\mathbf{R}^n$ 有 $V_{\gamma}^{i}(x_k)\leqslant V_{\gamma}^{i+1}(x_k)$。如果 $\boldsymbol{P}_{\gamma}^{1}-\boldsymbol{P}_{\gamma}^{0}\prec 0$，即矩阵 $\boldsymbol{P}_{\gamma}^{1}-\boldsymbol{P}_{\gamma}^{0}$ 为负定的，则对于任意 $x_k\in\mathbf{R}^n$ 有 $V_{\gamma}^{i+1}(x_k)\leqslant V_{\gamma}^{i}(x_k)$。

证明：（1）假设 $\boldsymbol{P}_{\gamma}^{1}-\boldsymbol{P}_{\gamma}^{0}\succ 0$ 并证明代价函数序列是单调非减的。定义一个新的序列 $\{\varPsi_{\gamma}^{i}(x_k)\}$ 且 $\varPsi_{\gamma}^{0}(x_k)=V_{\gamma}^{0}(x_k)=(1/2)x_k^{\mathsf{T}}\boldsymbol{P}_{\gamma}^{0}x_k$ 如下

$$\begin{aligned}\varPsi_{\gamma}^{i+1}(x_k)&=U\left(x_k,u^{i+1}(x_k)\right)+\frac{1}{2}\gamma x_{k+1}^{\mathsf{T}}\boldsymbol{P}_{\gamma}^{i}x_{k+1}=\\&U\left(x_k,u^{i+1}(x_k)\right)+\gamma\varPsi_{\gamma}^{i}(x_{k+1})\end{aligned} \tag{2-17}$$

其中，$x_{k+1}=\boldsymbol{A}x_k+\boldsymbol{B}u^i(x_k)$。可以通过证明 $V_{\gamma}^{i+1}(x_k)\geqslant\varPsi_{\gamma}^{i}(x_k)$ 获得结论。因为 $\boldsymbol{P}_{\gamma}^{1}-\boldsymbol{P}_{\gamma}^{0}\succ 0$，可得

$$x_k^{\mathsf{T}}(\boldsymbol{P}_{\gamma}^{1}-\boldsymbol{P}_{\gamma}^{0})x_k\geqslant 0,\forall x_k\in\mathbf{R}^n \tag{2-18}$$

基于 $\varPsi_{\gamma}^{0}(x_k)=V_{\gamma}^{0}(x_k)$ 可得

$$\begin{aligned}&V_{\gamma}^{1}(x_k)-\varPsi_{\gamma}^{0}(x_k)=V_{\gamma}^{1}(x_k)-V_{\gamma}^{0}(x_k)=\\&\frac{1}{2}x_k^{\mathsf{T}}\boldsymbol{P}_{\gamma}^{1}x_k-\frac{1}{2}x_k^{\mathsf{T}}\boldsymbol{P}_{\gamma}^{0}x_k=\frac{1}{2}x_k^{\mathsf{T}}(\boldsymbol{P}_{\gamma}^{1}-\boldsymbol{P}_{\gamma}^{0})x_k\geqslant 0\end{aligned} \tag{2-19}$$

这意味着

$$V_\gamma^1(x_k) \geqslant \Psi_\gamma^0(x_k) \tag{2-20}$$

假设对任意 $i \geqslant 1$ 均有 $V_\gamma^i(x_k) \geqslant \Psi_\gamma^{i-1}(x_k)$ 成立。于是可知 $V_\gamma^i(x_{k+1}) \geqslant \Psi_\gamma^{i-1}(x_{k+1})$。考虑

$$\begin{aligned} & V_\gamma^{i+1}(x_k) - \Psi_\gamma^i(x_k) = U\left(x_k, u^i(x_k)\right) + \\ & \gamma V_\gamma^i(x_{k+1}) - U\left(\boldsymbol{x}_k, u^i(x_k)\right) - \gamma \Psi_\gamma^{i-1}(x_{k+1}) = \\ & \gamma\left(V_\gamma^i(x_{k+1}) - \Psi_\gamma^{i-1}(x_{k+1})\right) \geqslant 0 \end{aligned} \tag{2-21}$$

进一步可得

$$V_\gamma^{i+1}(x_k) \geqslant \Psi_\gamma^i(x_k) \tag{2-22}$$

根据最优控制策略（2-11）可知 $V^i(x_k)$ 是最小值，而 $\Psi_\gamma^i(x_k)$ 是任意控制输入下得到的结果，由此可得

$$V_\gamma^{i+1}(x_k) \geqslant \Psi_\gamma^i(x_k) \geqslant V_\gamma^i(x_k) \tag{2-23}$$

这意味着

$$V_\gamma^{i+1}(x_k) \geqslant V_\gamma^i(x_k) \tag{2-24}$$

因此，通过数学归纳法完成了第一部分的证明。

（2）假设 $\boldsymbol{P}_\gamma^1 - \boldsymbol{P}_\gamma^0 \prec 0$ 并证明代价函数序列是单调非增的。定义一个新的序列 $\{\Pi_\gamma^i(x_k)\}$ 且 $\Pi_\gamma^1(x_k) = V_\gamma^1(x_k) = (1/2)x_k^{\mathsf{T}} \boldsymbol{P}_\gamma^1 x_k$ 如下

$$\begin{aligned} & \Pi_\gamma^{i+1}(x_k) = U\left(x_k, u^{i-1}(x_k)\right) + \frac{1}{2}\gamma x_{k+1}^{\mathsf{T}} \boldsymbol{P}_\gamma^i x_{k+1} = \\ & U\left(x_k, u^{i-1}(x_k)\right) + \gamma \Pi_\gamma^i(x_{k+1}) \end{aligned} \tag{2-25}$$

可以通过证明 $V_\gamma^i(x_k) \geqslant \Pi_\gamma^{i+1}(x_k)$ 得出结论。由于 $\boldsymbol{P}_\gamma^1 - \boldsymbol{P}_\gamma^0 \prec 0$，可得

$$x_k^{\mathsf{T}}(\boldsymbol{P}_\gamma^1 - \boldsymbol{P}_\gamma^0)x_k \leqslant 0 \tag{2-26}$$

考虑 $\Pi_\gamma^1(x_k) = V_\gamma^1(x_k)$，可知

$$\begin{aligned} & \Pi_\gamma^1(x_k) - V_\gamma^0(x_k) = V_\gamma^1(x_k) - V_\gamma^0(x_k) = \\ & \frac{1}{2}x_k^{\mathsf{T}} \boldsymbol{P}_\gamma^1 x_k - \frac{1}{2}x_k^{\mathsf{T}} \boldsymbol{P}_\gamma^0 x_k = \frac{1}{2}x_k^{\mathsf{T}}(\boldsymbol{P}_\gamma^1 - \boldsymbol{P}_\gamma^0)x_k \leqslant 0 \end{aligned} \tag{2-27}$$

即

$$V_\gamma^0(x_k) \geqslant \Pi_\gamma^1(x_k) \tag{2-28}$$

假设对任意$i \geqslant 1$均有$\Pi_\gamma^i(x_k) \leqslant V_\gamma^{i-1}(x_k)$成立。于是得到$\Pi_\gamma^i(x_{k+1}) \leqslant V_\gamma^{i-1}(x_{k+1})$。考虑

$$\begin{aligned} &\Pi_\gamma^{i+1}(x_k) - V_\gamma^i(x_k) = U\left(x_k, u^{i-1}(x_k)\right) + \\ &\gamma \Pi_\gamma^i(x_{k+1}) - U\left(x_k, u^{i-1}(x_k)\right) - \gamma V_\gamma^{i-1}(x_{k+1}) = \\ &\gamma\left(\Pi_\gamma^i(x_{k+1}) - V_\gamma^{i-1}(x_{k+1})\right) \leqslant 0 \end{aligned} \tag{2-29}$$

即可得到

$$V_\gamma^i(x_k) \geqslant \Pi_\gamma^{i+1}(x_k) \tag{2-30}$$

根据$\Pi_\gamma^{i+1}(x_k) \geqslant V_\gamma^{i+1}(x_k)$和式（2-30），可以得到

$$V_\gamma^i(x_k) \geqslant \Pi_\gamma^{i+1}(x_k) \geqslant V_\gamma^{i+1}(x_k) \tag{2-31}$$

因此，通过数学归纳法完成了第二部分的证明。

根据引理 2-1，可以得出代价函数的单调性取决于$\boldsymbol{P}_\gamma^0$和$\boldsymbol{P}_\gamma^1$之间的关系。一旦确定了其大小关系，则代价函数的单调性保持不变。接下来基于上述代价函数序列的单调性，讨论能够使被控系统渐近稳定的控制策略评判条件。

定理 2-1 令初始代价函数为$V_\gamma^0(x_k) = (1/2)x_k^{\mathsf{T}}\boldsymbol{P}_\gamma^0 x_k$。代价函数和控制策略根据式（2-14）和式（2-15）进行迭代更新。如果$\boldsymbol{P}_\gamma^1 - \boldsymbol{P}_\gamma^0 \prec 0$且$(1-\gamma)\boldsymbol{P}_\gamma^i - \boldsymbol{Q} - (\boldsymbol{K}_\gamma^i)^{\mathsf{T}}\boldsymbol{R}\boldsymbol{K}_\gamma^i \prec 0$，则代价函数$V_\gamma^i(x_k)$可看作 Lyapunov 函数且采用控制策略$u^i(x_k)$的闭环系统是渐近稳定的。

证明： 考虑$\boldsymbol{P}_\gamma^1 - \boldsymbol{P}_\gamma^0 \prec 0$和引理 2-1，可知代价函数序列为单调非增的，即对任意x_k均有$V_\gamma^i(x_k) \geqslant V_\gamma^{i+1}(x_k)$成立。于是可得

$$\begin{aligned} &V_\gamma^i(x_k) \geqslant V_\gamma^{i+1}(x_k) = \\ &\gamma V_\gamma^i(x_{k+1}) + U\left(x_k, u^i(x_k)\right) \end{aligned} \tag{2-32}$$

即

$$\gamma V_\gamma^i(x_{k+1}) - V_\gamma^i(x_k) \leqslant -U\left(x_k, u^i(x_k)\right) \tag{2-33}$$

式（2-33）等价于

$$\gamma\left[V_\gamma^i(x_{k+1}) - V_\gamma^i(x_k)\right] - (1-\gamma)V_\gamma^i(x_k) \leqslant -U\left(x_k, u^i(x_k)\right) \tag{2-34}$$

根据式（2-34），进一步可得

$$V_\gamma^i(x_{k+1}) - V_\gamma^i(x_k) \leqslant \frac{(1-\gamma)V_\gamma^i(x_k) - U\left(x_k, u^i(x_k)\right)}{\gamma} \tag{2-35}$$

考虑

$$\begin{aligned} &U\left(x_k, u^i(x_k)\right) = \frac{1}{2}x_k^{\mathsf{T}}\boldsymbol{Q}x_k + \frac{1}{2}\left(u^i(x_k)\right)^{\mathsf{T}}\boldsymbol{R}u^i(x_k) = \\ &\frac{1}{2}x_k^{\mathsf{T}}\boldsymbol{Q}x_k + \frac{1}{2}x_k^{\mathsf{T}}(\boldsymbol{K}_\gamma^i)^{\mathsf{T}}\boldsymbol{R}\boldsymbol{K}_\gamma^i x_k \end{aligned} \tag{2-36}$$

以及式（2-16），将式（2-35）写为

$$\begin{aligned} &V_\gamma^i(x_{k+1}) - V_\gamma^i(x_k) \leqslant \frac{\frac{1}{2}(1-\gamma)x_k^{\mathsf{T}}\boldsymbol{P}_\gamma^i x_k - \frac{1}{2}x_k^{\mathsf{T}}\boldsymbol{Q}x_k - \frac{1}{2}x_k^{\mathsf{T}}(\boldsymbol{K}_\gamma^i)^{\mathsf{T}}\boldsymbol{R}\boldsymbol{K}_\gamma^i x_k}{\gamma} \leqslant \\ &\frac{\frac{1}{2}x_k^{\mathsf{T}}\left((1-\gamma)\boldsymbol{P}_\gamma^i - \boldsymbol{Q} - (\boldsymbol{K}_\gamma^i)^{\mathsf{T}}\boldsymbol{R}\boldsymbol{K}_\gamma^i\right)x_k}{\gamma} \end{aligned} \tag{2-37}$$

由于 $(1-\gamma)\boldsymbol{P}_\gamma^i - \boldsymbol{Q} - (\boldsymbol{K}_\gamma^i)^{\mathsf{T}}\boldsymbol{R}\boldsymbol{K}_\gamma^i \prec 0$，则 $V_\gamma^i(x_{k+1})$ 和 $V_\gamma^i(x_k)$ 间的差值满足 $V_\gamma^i(x_{k+1}) - V_\gamma^i(x_k) \leqslant 0$。因此，基于 Lyapunov 稳定性理论，采用控制策略 $u^i(x_k)$ 的闭环系统是渐近稳定的。证毕。

根据定理 2-1，当 $\boldsymbol{P}_\gamma^1 - \boldsymbol{P}_\gamma^0 \prec 0$ 时，则可以保证代价函数为单调非增的。在第 i 次迭代步时，如果选择合适的折扣因子，满足 $(1-\gamma)\boldsymbol{P}_\gamma^i - \boldsymbol{Q} - (\boldsymbol{K}_\gamma^i)^{\mathsf{T}}\boldsymbol{R}\boldsymbol{K}_\gamma^i \prec 0$，则可以保证被控系统的渐近稳定性。接下来，将进一步扩展稳定性条件。

定理 2-2　代价函数和控制策略分别根据式（2-14）和式（2-15）进行迭代更新。如果 $\boldsymbol{P}_\gamma^1 - \boldsymbol{P}_\gamma^0 \prec 0$ 且 $(1-\gamma)\boldsymbol{P}_\gamma^i - \boldsymbol{Q} \prec 0$，则代价函数 $V_\gamma^i(x_k)$ 为 Lyapunov 函数且采用控制策略 $u^{i+j}(x_k), j \in \mathbf{N}$ 的被控系统是渐近稳定的。

证明： 基于引理 2-1 和条件 $\boldsymbol{P}_\gamma^1 - \boldsymbol{P}_\gamma^0 \prec 0$，可知代价函数序列 $\{V_\gamma^i(x_k)\}$ 单调非增，这意味着 $\{(1/2)x_k^{\mathsf{T}}\boldsymbol{P}_\gamma^i x_k\}$ 是单调非增的。由于折扣因子 γ 和矩阵 $\boldsymbol{Q}$ 是常量，因此可以得出序列 $\{x_k^{\mathsf{T}}((1-\gamma)\boldsymbol{P}_\gamma^i - \boldsymbol{Q})x_k\}$ 同样是单调非增的。于是，当式（2-38）成立

$$(1-\gamma)\boldsymbol{P}_\gamma^i - \boldsymbol{Q} \prec 0 \tag{2-38}$$

则在当前和之后的迭代步中可以保证

$$x_k^{\mathsf{T}}\left((1-\gamma)\boldsymbol{P}_\gamma^i - \boldsymbol{Q}\right)x_k < 0, x_k \neq 0 \tag{2-39}$$

此外，考虑到

$$(K_\gamma^i)^\mathsf{T} R K_\gamma^i \succ 0 \tag{2-40}$$

这保证了

$$(1-\gamma)P_\gamma^i - Q - (K_\gamma^i)^\mathsf{T} R K_\gamma^i \prec 0 \tag{2-41}$$

在当前迭代步之后依然成立。

在该条件下，基于定理 2-1 和式（2-37），可以得到$V_\gamma^i(x_{k+1}) - V_\gamma^i(x_k) \leqslant 0$，当且仅当$x_k = 0$时等号成立。因此，代价函数$V_\gamma^i(x_k)$为 Lyapunov 函数且采用控制策略$u^{i+j}(x_k), j \in \mathbf{N}$的被控系统是渐近稳定的。证毕。

如果折扣因子在第i次迭代时满足$(1-\gamma)P_\gamma^i - Q \prec 0$，基于代价函数的单调性，则对于任意$x_k \in \mathbf{R}^n$和$j \in \mathbf{N}$可以保证$(1/2)x_k^\mathsf{T}\left((1-\gamma)P_\gamma^{i+j} - Q\right)x_k \leqslant 0$。根据定理 2-1 的条件，仅可以确定当前迭代步下的控制策略的稳定性。不同于定理 2-1，对于定理 2-2，当满足一定稳定性条件时，如果在某一迭代步可以保证被控系统为渐近稳定的，那么可以保证在该迭代步之后的每一迭代控制策略均可使得系统渐近稳定。

以上定理研究了代价函数为单调非增情况下的系统稳定性条件。接下来讨论更一般的情况，即不考虑代价函数的单调性。

定理 2-3 基于式（2-14）和式（2-15），代价函数和控制策略进行迭代更新。如果矩阵$P_\gamma^{i+1} - \gamma P_\gamma^i - Q \prec 0$，则在当前控制策略$u^i(x_k)$下闭环系统是渐近稳定的。

证明： 基于$P_\gamma^{i+1} - \gamma P_\gamma^i - Q \prec 0$，可得

$$\frac{1}{2}x_k^\mathsf{T}(P_\gamma^{i+1} - \gamma P_\gamma^i)x_k \leqslant \frac{1}{2}x_k^\mathsf{T} Q x_k \tag{2-42}$$

即

$$V_\gamma^{i+1}(x_k) - \gamma V_\gamma^i(x_k) \leqslant \frac{1}{2}x_k^\mathsf{T} Q x_k \tag{2-43}$$

根据式（2-16），可推出

$$\begin{aligned} V_\gamma^{i+1}(x_k) = U\left(x_k, u^i(x_k)\right) + \frac{1}{2}\gamma x_{k+1}^\mathsf{T} P_\gamma^i x_{k+1} = \\ \frac{1}{2}x_k^\mathsf{T} Q x_k + \frac{1}{2}\left(u^i(x_k)\right)^\mathsf{T} R u^i(x_k) + \gamma V_\gamma^i(x_{k+1}) \end{aligned} \tag{2-44}$$

易知$(1/2)\left(u^i(x_k)\right)^\mathsf{T} R u^i(x_k) \geqslant 0$，于是可得

$$V_\gamma^{i+1}(x_k) - \gamma V_\gamma^i(x_{k+1}) \geqslant \frac{1}{2}x_k^\mathsf{T} Q x_k \tag{2-45}$$

结合式（2-43）和式（2-45），可以得到

$$V_\gamma^{i+1}(x_k)-\gamma V_\gamma^i(x_k)\leqslant V_\gamma^{i+1}(x_k)-\gamma V_\gamma^i(x_{k+1}) \tag{2-46}$$

即

$$V_\gamma^i(x_{k+1})-V_\gamma^i(x_k)\leqslant 0 \tag{2-47}$$

当且仅当 $x_k=0$ 时等于零成立。因此，当该条件满足时，采用控制策略 $u^i(x_k)$ 的闭环系统是渐近稳定的。证毕。

不同于定理 2-1 和定理 2-2，定理 2-3 不需要代价函数具有特定的单调性，对于代价函数单调非减或单调非增的情况均适用。只要 $\boldsymbol{P}_\gamma^{i+1}-\gamma\boldsymbol{P}_\gamma^i-\boldsymbol{Q}$ 是负定的，即可保证控制策略 $u^i(x_k)$ 下的被控系统是渐近稳定的。

接下来，结合无折扣最优控制，给出折扣因子的选取准则，满足该准则的折扣因子可以保证迭代过程中的控制策略是稳定的。

定义 2-1　定义从 k 到无穷的任意控制输入序列 $\underline{u}(x_k)=\big(u(x_k),u(x_{k+1}),u(x_{k+2}),\cdots\big)$ 并设控制序列集合 $\underline{\mathfrak{U}}(x_k)=\big\{\underline{u}(x_k):\underline{u}(x_k)=\big(u(x_k),u(x_{k+1}),u(x_{k+2}),\cdots\big),\forall u(x_{k+l})\in\mathbf{R}^m,l\in\mathbf{N}\big\}$。基于式（2-2）和式（2-3），将无折扣最优代价函数和折扣最优代价函数表示为

$$J^*(x_k)=\inf_{\underline{u}(x_k)}\big\{J\big(x_k,\underline{u}(x_k)\big):\underline{u}(x_k)\in\underline{\mathfrak{U}}(x_k)\big\} \tag{2-48}$$

和

$$J_\gamma^*(x_k)=\inf_{\underline{u}(x_k)}\big\{J_\gamma\big(x_k,\underline{u}(x_k)\big):\underline{u}(x_k)\in\underline{\mathfrak{U}}(x_k)\big\} \tag{2-49}$$

定理 2-4　令 $\boldsymbol{P}^*$ 为无折扣最优代价函数 V^* 的核矩阵，即 $V^*(x_k)=(1/2)x_k^{\mathsf{T}}\boldsymbol{P}^*x_k$。如果 $\boldsymbol{P}_\gamma^1-\boldsymbol{P}_\gamma^0\prec 0$ 且选择的折扣因子使得 $(1-\gamma)\boldsymbol{P}^*-\boldsymbol{Q}\prec 0$，那么必定存在某一迭代步，保证在其之后的控制策略 $u^{i+j}(x_k)$，$j\in\mathbf{N}$ 均为稳定的。

证明：因为 $0<\gamma<1$，易得 $J_\gamma^*(x_k)\leqslant J^*(x_k)$，即 $V_\gamma^*(x_k)\leqslant V^*(x_k)$。因此，可以得到

$$\begin{aligned}&V_\gamma^*(x_k)-V^*(x_k)=\frac{1}{2}x_k^{\mathsf{T}}\boldsymbol{P}_\gamma^*x_k-\frac{1}{2}x_k^{\mathsf{T}}\boldsymbol{P}^*x_k=\\&\frac{1}{2}x_k^{\mathsf{T}}(\boldsymbol{P}_\gamma^*-\boldsymbol{P}^*)x_k<0,x_k\neq 0\end{aligned} \tag{2-50}$$

于是得到 $\boldsymbol{P}_\gamma^* - \boldsymbol{P}^* \prec 0$。折扣因子 γ 和矩阵 $\boldsymbol{Q}$ 均为常数，因此有

$$\frac{1}{2}x_k^{\mathsf{T}}\left((1-\gamma)\boldsymbol{P}_\gamma^* - \boldsymbol{Q}\right)x_k < \frac{1}{2}\boldsymbol{x}_k^{\mathsf{T}}\left((1-\gamma)\boldsymbol{P}^* - \boldsymbol{Q}\right)x_k, x_k \neq 0 \tag{2-51}$$

选择折扣因子使得 $(1-\gamma)\boldsymbol{P}^* - \boldsymbol{Q} \prec 0$，即

$$\frac{1}{2}x_k^{\mathsf{T}}\left((1-\gamma)\boldsymbol{P}^* - \boldsymbol{Q}\right)x_k < 0, x_k \neq 0 \tag{2-52}$$

根据式（2-51），则式（2-53）成立

$$\frac{1}{2}x_k^{\mathsf{T}}\left((1-\gamma)\boldsymbol{P}_\gamma^* - \boldsymbol{Q}\right)x_k < 0, x_k \neq 0 \tag{2-53}$$

其中，$(1-\gamma)\boldsymbol{P}_\gamma^* - \boldsymbol{Q} \prec 0$。基于定理 2-2，当 $\boldsymbol{P}_\gamma^1 - \boldsymbol{P}_\gamma^0 \prec 0$，可以得到代价函数序列 $\{V_\gamma^i\}$ 是单调非增的且其核矩阵 $\boldsymbol{P}_\gamma^i$ 迭代收敛于最优值 $\boldsymbol{P}_\gamma^*$。因此，必存在某一迭代步 $i \in \mathbf{N}$ 保证 $(1-\gamma)\boldsymbol{P}_\gamma^i - \boldsymbol{Q} \prec 0$，且对于该迭代步后的控制策略 $u^{i+j}(x_k)$ 均可以保证被控系统的渐近稳定性。证毕。于是通过定理 2-4，根据给出的折扣因子选取准则，可以保证迭代过程中控制策略的稳定性。

2.4 仿真实验

在本节中，通过对 3 个不同阶数的具有实际应用背景的系统进行仿真实验，验证提出的理论结果。

例 2.1 考虑如下的质量–弹簧–阻尼系统[14]

$$\begin{aligned} \dot{\mathcal{P}} &= \mathcal{V} \\ \dot{\mathcal{V}} &= -\frac{\mathcal{K}}{\mathcal{M}}\mathcal{P} - \frac{\mathcal{C}}{\mathcal{M}}\mathcal{V} + \frac{1}{\mathcal{M}}\mathcal{F} \end{aligned} \tag{2-54}$$

其中，$\mathcal{M}$ 为物体质量，$\mathcal{K}$ 为弹簧的刚度常数，$\mathcal{C}$ 为阻尼。$\mathcal{P}$、$\mathcal{V}$ 和 $\mathcal{F}$ 分别代表位置、速度和作用在物体上的力。这些参数分别取值为 $\mathcal{M}=1\,\text{kg}$，$\mathcal{K}=3\ \text{N/m}$，$\mathcal{C}=0.5\ \text{N·s/m}$。定义 $x_1=\mathcal{P}$，$x_2=\mathcal{V}$，$u_k=\mathcal{F}$。选取采样间隔为 $\Delta t=0.1\,\text{s}$。因此，离散时间系统状态表达式可以写为

$$x_{k+1} = \begin{bmatrix} 0.9853 & 0.0971 \\ -0.2912 & 0.9368 \end{bmatrix} x_k + \begin{bmatrix} 0.0049 \\ 0.0971 \end{bmatrix} u_k \tag{2-55}$$

首先，选取折扣因子为 $\gamma = 0.97$，选取效用函数中的权值矩阵为 $\boldsymbol{Q} = \mathbf{I}_2$ 和 $\boldsymbol{R} = 1$。可以通过 MATLAB 中的函数 dare$(\boldsymbol{A},\boldsymbol{B},\boldsymbol{Q},\boldsymbol{R})$ 求解无折扣最优代价函数的核矩阵 $\boldsymbol{P}^*$。根据定理 2-4，当 $\gamma = 0.97$ 时，可以得到相应折扣因子选取准则的值为

$$(1-\gamma)\boldsymbol{P}^* - \boldsymbol{Q} = \begin{bmatrix} -0.2439 & 0.0494 \\ 0.0494 & -0.7578 \end{bmatrix} \tag{2-56}$$

式（2-56）中的矩阵是负定的。因此，由定理 2-4 可知，该折扣因子满足了选取准则。代价函数的初始核矩阵选取为 $\boldsymbol{P}_\gamma^0 = 160\mathbf{I}_2$。从操作域 $\Omega_x = \{x \in \mathbf{R}^2, -1 \leqslant x_1 \leqslant 1, -1 \leqslant x_2 \leqslant 1\}$ 中均匀选取 441 个初始状态向量构建输入矩阵。选取最大迭代指标和迭代精度误差为 $i_{\max} = 150$ 和 $\varepsilon = 10^{-5}$。迭代代价函数的三维示意图如图 2-1 所示，可以看到在第 88 次迭代步后代价函数间的差值小于迭代精度误差且代价函数序列 $\{V_\gamma^i(x_k)\}$ 是单调非增的，即验证了引理 2-1。

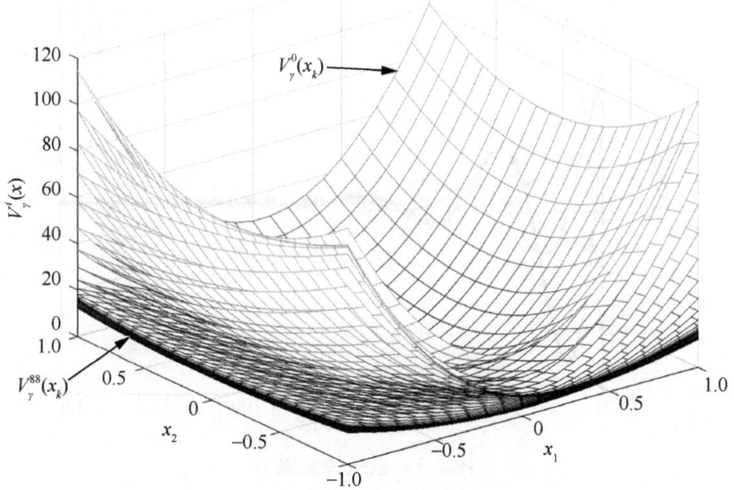

图 2-1　迭代代价函数的三维示意图

为了验证理论的有效性，随机选取 5 个初始状态 $x_0^{[1]} = [0.7818, 0.9186]^\mathsf{T}$、$x_0^{[2]} = [0.5025, -0.4898]^\mathsf{T}$、$x_0^{[3]} = [0.0944, -0.7228]^\mathsf{T}$、$x_0^{[4]} = [-0.7014, -0.4850]^\mathsf{T}$ 和 $x_0^{[5]} = [0.0119, 0.3982]^\mathsf{T}$。基于设计的控制器，得到相应的系统状态轨迹如图 2-2 所示，系统控制输入如图 2-3 所示。

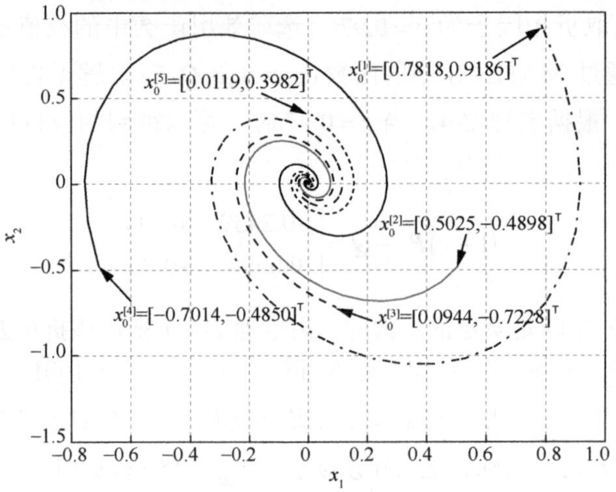

图 2-2　不同初始状态下的系统状态轨迹

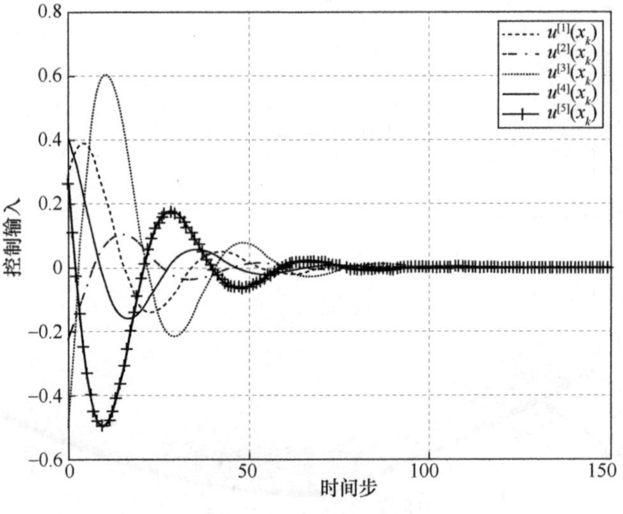

图 2-3　系统控制输入

此外，通过设置一个标志位来检测是否满足稳定性条件。一旦满足条件，标志位即置为 1，否则保持为 0。标志位的变化情况和系统状态的稳定性条件分别如图 2-4 和图 2-5 所示。可以看出，标志位在第 12 次迭代时被置为 1 并在该迭代步后一直保持为 1，这意味着在第 12 次迭代步及以后均满足稳定性条件，且 $x_k^{\mathsf T}\left((1-\gamma)\boldsymbol{P}_\gamma^i-\boldsymbol{Q}\right)x_k$ 从一个正的初始值逐渐减小并在第 12 次迭代步后变成负值。

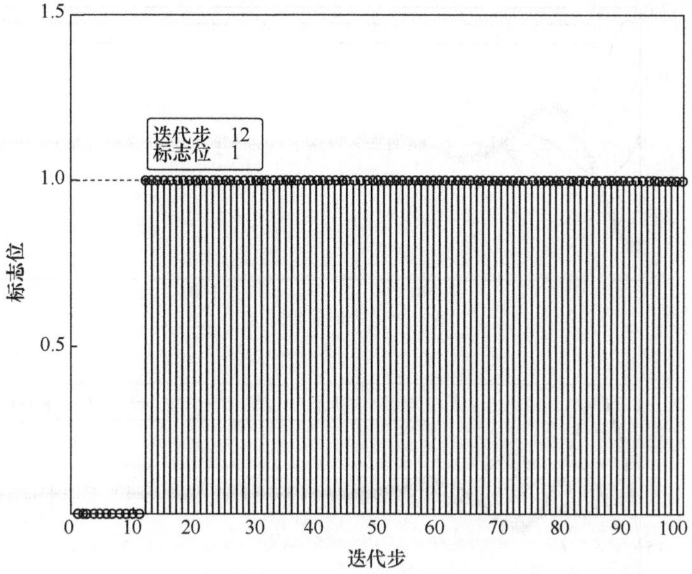

图 2-4　标志位的变化情况

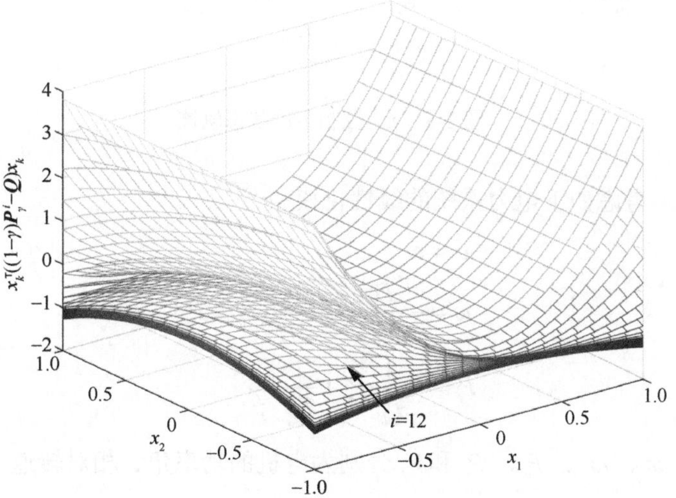

图 2-5　系统状态的稳定性条件

利用第 12 次迭代步的控制策略 u^{12} 控制系统并得到相应的状态轨迹如图 2-6 所示，证明了采用控制策略 u^{12} 的被控系统是渐近稳定的。因此可得，在第 12 次迭代步后的迭代控制策略也可保证系统的渐近稳定性，这验证了定理 2-2 的结论。

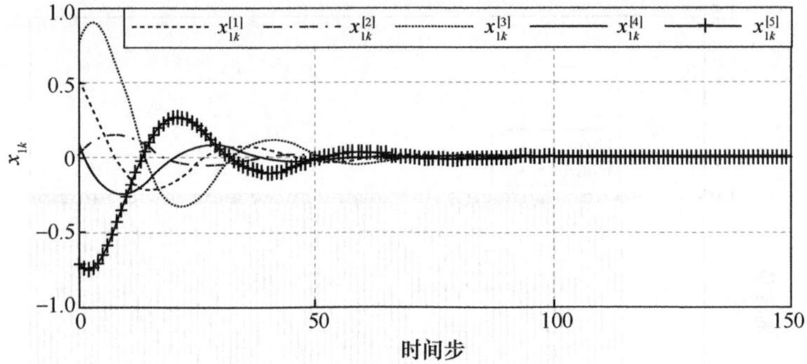

（a）x_{1k}

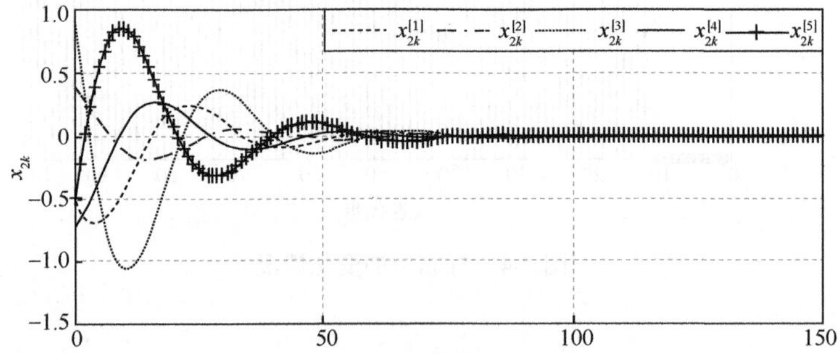

（b）x_{2k}

图 2-6　u^{12} 控制下的状态轨迹

例 2.2　考虑如下电力系统的线性化模型[15]

$$
\begin{aligned}
\dot{\delta} &= \omega \\
\dot{\omega} &= -\frac{D}{2H}\omega + \frac{\omega_0}{2H}(P_m - P_e) \\
\dot{P}_e &= -\frac{1}{T'_{d_0}}P_e + \frac{1}{T'_{d_0}}V_f
\end{aligned}
\tag{2-57}
$$

其中，δ、ω、ω_0、P_e、P_m 和 V_f 分别为电机的功率角、相对转速、同步转速、电机提供的有功功率、机械输入功率和新输入功率。设置 $\omega_0 = 314.159\,\text{rad/s}$，以及初始状态下的两个参数值 $\delta_0 = 47^\circ$ 和 $P_{m0} = 0.45\,\text{p.u.}$。定义系统状态为 $x_1 = \delta - \delta_0$、$x_2 = \omega$、$x_3 = P_e - P_{m0}$，定义系统控制输入为 $u_k = V_f - P_{m0}$。单位阻尼常数 D、单位惯性常数 H 和直轴暂态短路时间常数 T'_{d_0} 分别设置为 5、4 和 2.4232。采样时间间隔选取为 $\Delta t = 0.1\,\text{s}$。因此，可以获得相应的离散时间系统状

态表达式为

$$x_{k+1}=\begin{bmatrix}1 & 0.0969 & -0.1897\\ 0 & 0.9394 & -3.7285\\ 0 & 0 & 0.9596\end{bmatrix}x_k+\begin{bmatrix}-0.0026\\ -0.0783\\ 0.0404\end{bmatrix}u_k \tag{2-58}$$

选取折扣因子为 $\gamma=0.93$，代价函数中的参数选取为 $\boldsymbol{Q}=\mathrm{diag}\{5,0.1,3\}$，$\boldsymbol{R}=0.01$ 和 $\boldsymbol{P}_{\gamma}^{0}=6500\mathbf{I}_3$。基于定理 2-4，可以得出折扣因子选取准则的值为

$$(1-\gamma)\boldsymbol{P}^{*}-\boldsymbol{Q}=\begin{bmatrix}-3.5920 & 0.1706 & -0.4374\\ 0.1706 & -0.0504 & -0.1339\\ -0.4374 & -0.1339 & -2.1288\end{bmatrix} \tag{2-59}$$

其为负定的。因此，折扣因子的选取满足定理 2-4 中的准则。设置最大的迭代步为 $i_{\max}=100$。与例 2.1 的情形类似，随机选取 5 个初始系统状态，即 $x_0^{[1]}=[0.5103,0.4848,0.6623]^{\mathrm{T}}$、$x_0^{[2]}=[0.2498,0.4771,0.6102]^{\mathrm{T}}$、$x_0^{[3]}=[-0.1627,-0.6886,0.6380]^{\mathrm{T}}$、$x_0^{[4]}=[-0.6131,0.5088,-0.3075]^{\mathrm{T}}$ 和 $x_0^{[5]}=[-0.8656,0.9016,-0.0048]^{\mathrm{T}}$。相应的系统状态和控制输入分别如图 2-7 和图 2-8 所示。可以看到所有的轨迹都趋近于零，证明了设计的控制器具有良好的性能。

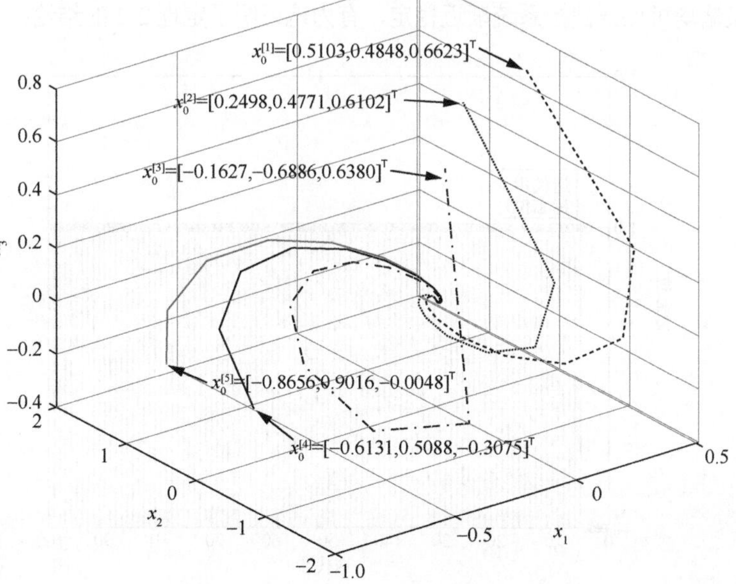

图 2-7　不同初始状态下的系统状态轨迹

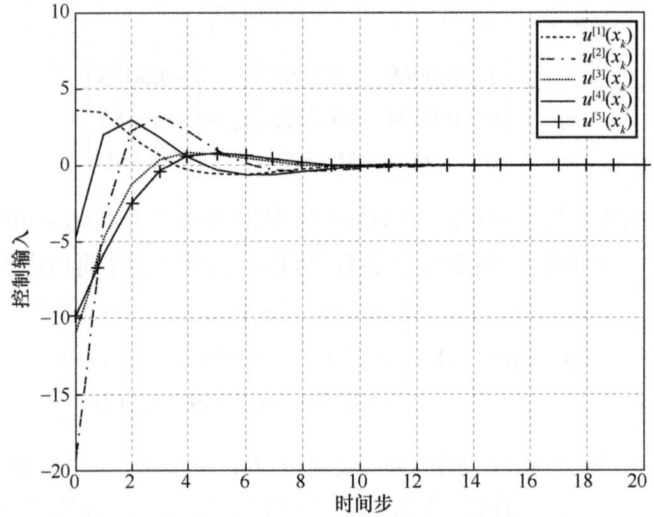

图 2-8　系统控制输入

在迭代过程中，稳定性条件的标志位如图 2-9 所示，可以观察到标志位在第 5 次迭代步后保持为 1，即意味着从第 5 次迭代步后均满足稳定性准则。此外，在控制策略 u^5 的作用下，得到的系统状态轨迹如图 2-10 所示。因此，在第 5 次迭代步后的迭代控制策略均可保证被控系统渐近稳定，有力地证明了定理 2-2 的结论。

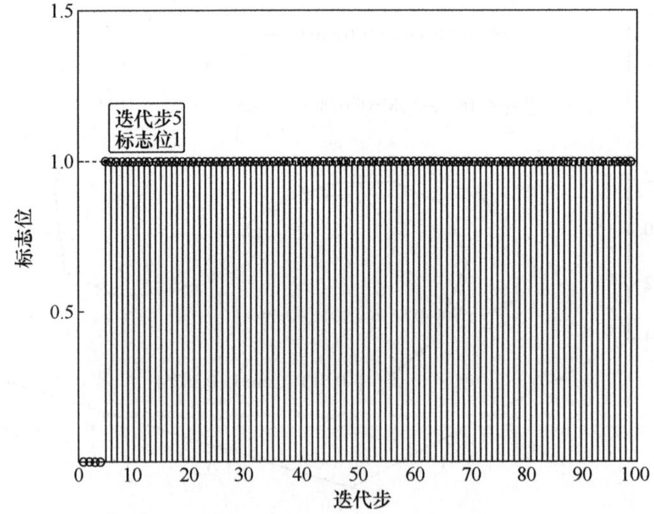

图 2-9　稳定性条件的标志位

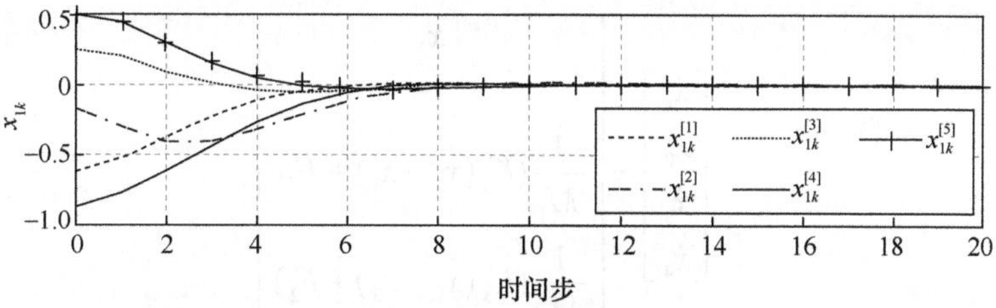

（a）x_{1k}

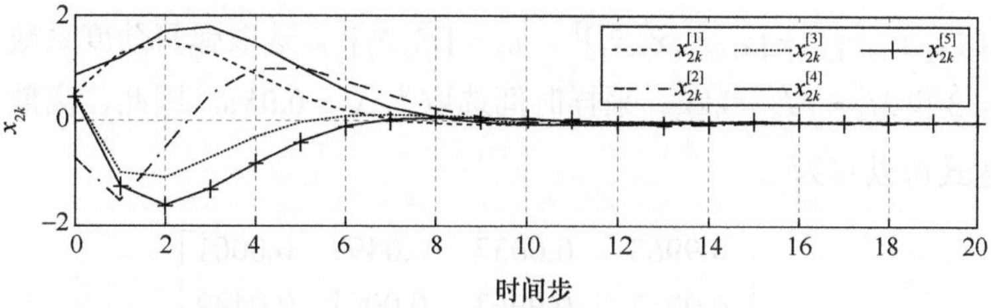

（b）x_{2k}

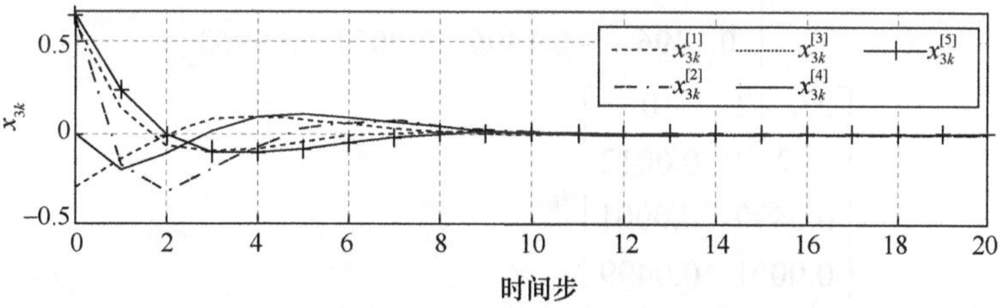

（c）x_{3k}

图 2-10　u^5 控制下的状态轨迹

例 2.3　考虑一个四阶的线性质量弹簧装置[16]，其原理如图 2-11 所示。

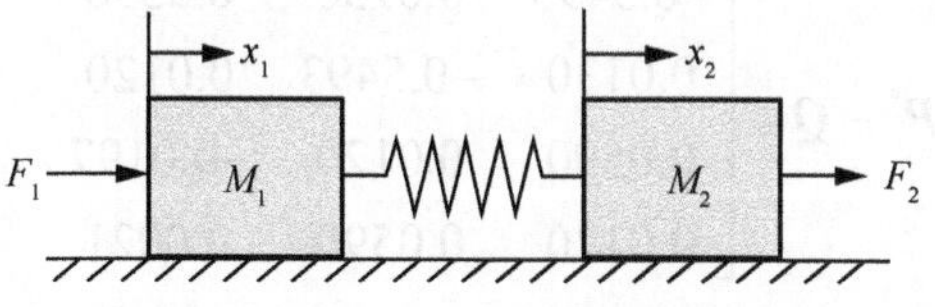

图 2-11　质量弹簧系统原理

假设弹簧产生的力为 $\mathcal{K}_x\Delta x$，其中，$\mathcal{K}_x$ 为弹簧常数，Δx 为弹簧的形变长度，x_1 和 x_2 表示两物体的绝对位置，F_1 和 F_2 表示施加在物体上的力，则动态系统可表示为

$$\begin{bmatrix}\dot{x}_1\\\dot{x}_2\\\dot{x}_3\\\dot{x}_4\end{bmatrix}=\begin{bmatrix}x_3\\x_4\\\dfrac{1}{M_1}(\mathcal{K}_x(x_2-x_1)+F_1)\\\dfrac{1}{M_2}(\mathcal{K}_x(x_1-x_2)+F_2)\end{bmatrix}\tag{2-60}$$

其中，$[x_1,x_2,x_3,x_4]^{\mathsf T}=[x_1,x_2,\dot{x}_1,\dot{x}_2]^{\mathsf T}$，$u_k=[F_1,F_2]^{\mathsf T}$。选取弹簧劲度系数和物体质量为$\mathcal{K}_x=3$和$M_1=M_2=1\,\text{kg}$。采样时间选取为$\Delta t=0.05\,\text{s}$。因此，离散时间系统状态表达式可以写为

$$\begin{aligned}x_{k+1}=&\begin{bmatrix}0.9963&0.0037&0.0499&0.0001\\0.0037&0.9963&0.0001&0.0499\\-0.1496&0.1496&0.9963&0.0037\\0.1496&-0.1496&0.0037&0.9963\end{bmatrix}x_k+\\&\begin{bmatrix}0.0012&0\\0&0.0012\\0.0499&0.0001\\0.0001&0.0499\end{bmatrix}u_k\end{aligned}\tag{2-61}$$

选取折扣因子为$\gamma=0.95$，效用函数中的权值矩阵为$\boldsymbol{Q}=\text{diag}\{1,1,0.05,0.05\}$和$\boldsymbol{R}=0.005\mathbf{I}_2$，代价函数的初始核矩阵为$\boldsymbol{P}_\gamma^0=50\mathbf{I}_4$。根据定理 2-4，可以得到相应折扣因子选择准则的值为

$$(1-\gamma)\boldsymbol{P}^*-\boldsymbol{Q}=\begin{bmatrix}-0.5493&0.0130&0.0590&0.0120\\0.0130&-0.5493&0.0120&0.0590\\0.0590&0.0120&-0.0197&0.0021\\0.0120&0.0590&0.0021&-0.0197\end{bmatrix}\tag{2-62}$$

式（2-62）中的矩阵为负定的。因此，折扣因子的选择满足定理 2-4 中的准则。设置最大迭代步和初始状态分别为$i_{\max}=100$和$x_0=[1,1,1,1]^{\mathsf T}$。相应的状态轨迹和控制输入分别如图 2-12 和图 2-13 所示，可以看出控制器能够使得系统状态逐渐收敛到零。

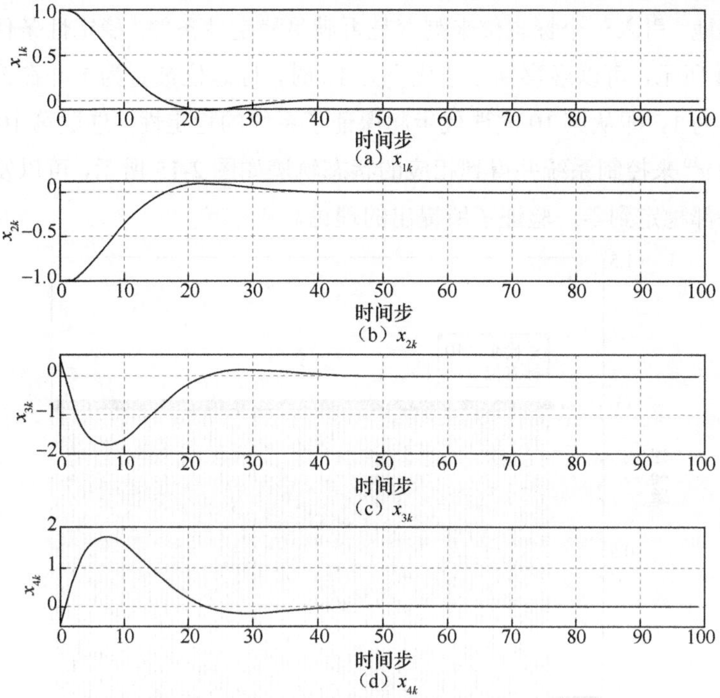

图 2-12　系统状态轨迹

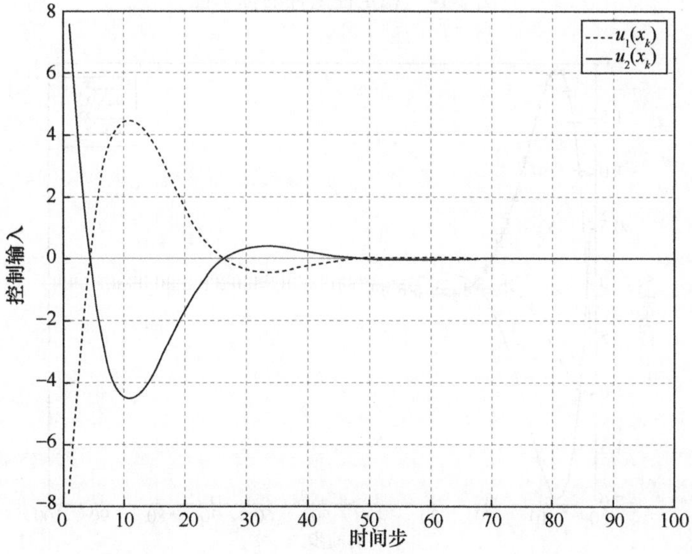

图 2-13　系统控制输入

同样地，引入一个标志位来测试是否满足稳定性条件。稳定性条件的标志位如图 2-14 所示，可以观察到当迭代步为 10 时，标志位被置为 1 并在该迭代步后一直保持为 1，即从第 10 次迭代步起保证了系统的稳定性。选取第 10 次迭代步的控制律 u^{10} 来控制系统并得到相应的状态轨迹如图 2-15 所示，可以发现系统的每一状态都稳定到零，验证了所提出的理论。

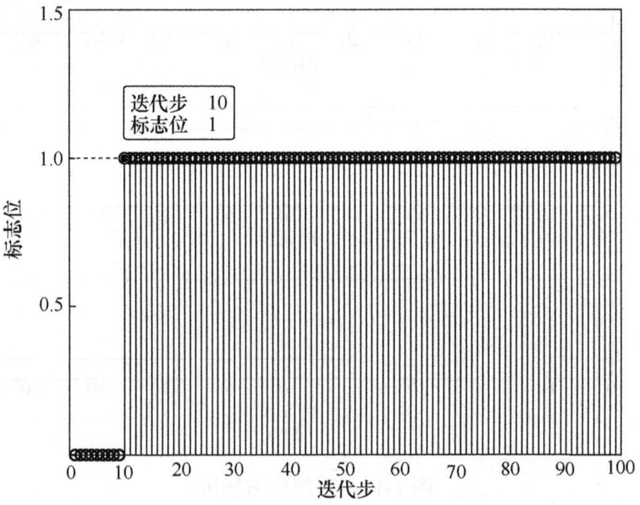

图 2-14　稳定性条件的标志位

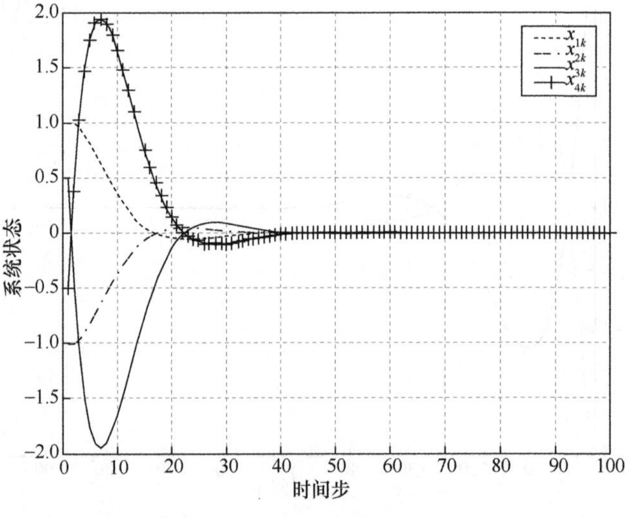

图 2-15　u^{10} 控制下的状态轨迹

2.5　小结

本章针对离散时间线性动态系统，基于折扣广义 VI 算法解决了 LQR 问题，实现了折扣最优调节器设计，并基于代价函数的单调性讨论了系统的稳定性条件。根据这些稳定性条件，可以确定能够使得被控系统渐近稳定的迭代控制策略。然后，结合无折扣最优控制问题，给出了折扣因子的选取准则并证明了迭代控制策略下系统的稳定性。此外，通过 3 个不同阶数的动态系统进行仿真实验，验证了所提理论的有效性。本章目前的研究侧重于线性系统的最优控制问题，在折扣广义 VI 框架下，面向非线性系统的最优控制设计及稳定性有待进一步讨论。

参考文献

[1] LEWIS F L, VRABIE D, VAMVOUDAKIS K G. Reinforcement learning and feedback control: using natural decision methods to design optimal adaptive controllers[J]. IEEE Control Systems Magazine, 2012, 32(6): 76-105

[2] KIUMARSI B, VAMVOUDAKIS K G, MODARES H, et al. Optimal and autonomous control using reinforcement learning: a survey[J]. IEEE Transactions on Neural Networks and Learning Systems, 2018, 29(6): 2042-2062.

[3] WANG D, LIU D R, WEI Q L, et al. Optimal control of unknown nonaffine nonlinear discrete time systems based on adaptive dynamic programming[J]. Automatica, 2012, 48(8): 1825-1832.

[4] HA M M, WANG D, LIU D R. Neural-network-based discounted optimal control via an integrated value iteration with accuracy guarantee[J]. Neural Networks, 2021, 144: 176-186.

[5] HA M M, WANG D, LIU D R. Generalized value iteration for discounted optimal control with stability analysis[J]. Systems & Control Letters, 2021, 147: 104847.

[6] LIU D R, WEI Q L. Policy iteration adaptive dynamic programming algorithm for discrete time nonlinear systems[J]. IEEE Transactions on Neural Networks and Learning Systems, 2014, 25(3): 621-634.

[7] WEI Q L, LIU D R, YANG X. Infinite horizon self-learning optimal control of nonaffine discrete-time nonlinear systems[J]. IEEE Transactions on Neural Networks and Learning Systems, 2015, 26(4): 866-879.

[8] HEYDARI A. Stability analysis of optimal adaptive control under value iteration using a stabilizing initial policy[J]. IEEE Transactions on Neural Networks and Learning Systems, 2018, 29(9): 4522-4527.

[9] LI H L, LIU D R. Optimal control for discrete-time affine non-linear systems using general value iteration[J]. IET Control Theory & Applications, 2012, 6(18): 2725-2736.

[10] WEI Q L, LIU D R, LIN H Q. Value iteration adaptive dynamic programming for optimal control of discrete-time nonlinear systems[J]. IEEE Transactions on Cybernetics, 2016, 46(3): 840-853.

[11] WEI Q L, LIU D R, LIN Q. Discrete-time local value iteration adaptive dynamic programming: admissibility and termination analysis[J]. IEEE Transactions on Neural Networks and Learning Systems, 2017, 28(11): 2490-2502.

[12] WEI Q L, LEWIS F L, LIU D R, et al. Discrete-time local value iteration adaptive dynamic programming: convergence analysis[J]. IEEE Transactions on Systems, Man, and Cybernetics: Systems, 2018, 48(6): 875-891.

[13] WANG D, REN J, HA M M, et al. System stability of learning-based linear optimal control with general discounted value iteration[J]. IEEE Transactions on Neural Networks and Learning Systems, 2023, 34(9): 6504-6514.

[14] MODARES H, LEWIS F L. Optimal tracking control of nonlinear partially-unknown constrained-input systems using integral reinforcement learning[J]. Automatica, 2014, 50(7): 1780-1792.

[15] WANG Y, HILL D J, MIDDLETON R H, et al. Transient stability enhancement and voltage regulation of power systems[J]. IEEE Transactions on Power Systems, 1993, 8(2): 620-627.

[16] HEYDARI A. Optimal codesign of control input and triggering instants for networked control systems using adaptive dynamic programming[J]. IEEE Transactions on Industrial Electronics, 2019, 66(1): 482-490.

第3章

基于折扣广义值迭代的非线性最优控制与稳定性分析

3.1 引言

根据迭代形式，基本的 ADP 方法通常分为 VI 算法[1-8]和 PI 算法[9-12]。针对一般离散非线性系统，文献[1]详尽地阐明了具有零初始代价函数的 VI 算法收敛性，文献[9]讨论了具有初始容许控制的 PI 算法的收敛性。值得一提的是，PI 算法需要一个初始容许控制律并且迭代过程中的控制律都能使得系统稳定，而执行 VI 算法过程中的迭代控制律可能是无效的，即不能保证系统的稳定性。然而，复杂非线性系统的初始容许控制律通常难以获取且 PI 策略评估过程中的计算量较大。因此，目前更关注如何改进 VI 算法过程中迭代控制律的实用性。传统 VI 算法要求零初始条件并且迭代指标增大到无穷才能保证控制律是容许的。但是在实际应用中，算法必须在有限迭代步内找到一个有效的控制律。因此，提出合适的停止准则对算法的实现至关重要。为了保证迭代控制律的可用性以及克服传统 VI 算法的不足，广义 VI 算法应运而生[3]。广义 VI 算法允许任意一个半正定函数作为初始代价函数，这使得迭代代价函数的单调性不唯一。针对非线性系统最优控制问题，文献[4]讨论了无折扣广义 VI 算法框架下迭代控制律的容许性，代价函数序列主要分为单调非减和单调非增两种情况，在单调非减情形下需要采用容许性判别准则来逐一确定迭代控制律的容许性，在单调非增情形下所有的迭代控制律都是容许的。然而，不同于无折扣的情况，随着折扣因子的引入，折扣广义VI算法框架下即使单调非增的代价函数序列也可能无法保证控制策略的容许性。

在迭代ADP算法中，代价函数中折扣因子的选择通常代表着策略的远视程度。折扣因子越大，得到的策略更看重未来的回报；折扣因子越小，得到的策略更加短视。而短视的策略通常会影响策略的性能，进而影响控制策略的稳定性。针对线性系统，第2章已经详细探讨了折扣广义VI算法的稳定性。对于非线性系统的最优控制问题，本章旨在进一步研究折扣广义VI算法的单调性、收敛性以及系统稳定性。首先，从理论层面给出单调非增代价函数下的稳定性条件。其次，进一步分析折扣因子对迭代控制策略的稳定性影响。在一定条件下，如果当前迭代步的迭代控制策略能够使得闭环系统稳定，则可以保证当前迭代步之后的迭代控制策略均是稳定的。最后，通过一个仿真实例验证了本章提出的折扣广义VI算法的控制性能。本章的主要内容来源于作者的研究成果[8]并对其进行了修改、补充和完善。

3.2 问题描述

考虑如下一类离散时间非线性系统

$$X_{k+1} = F(X_k) + G(X_k)\mu_k, \quad k \in \mathbf{N} \tag{3-1}$$

其中，$X_k \in \mathbf{R}^n$ 为 n 维状态向量，$\mu_k \in \mathbf{R}^m$ 为 m 维控制输入向量，$F(X_k) \in \mathbf{R}^n$ 和 $G(X_k) \in \mathbf{R}^{n\times m}$ 为系统函数，且在集合 $\Omega \subset \mathbf{R}^n$ 上是可微的。定义初始的系统状态为 X_0，具有折扣因子的代价函数为

$$\mathcal{V}_\gamma(X_0,\mu_0) = \sum_{k=0}^{\infty} \gamma^k \mathcal{U}(X_k,\mu_k) \tag{3-2}$$

其中，γ 为折扣因子且满足 $0<\gamma\leqslant 1$，$\mathcal{U}(\cdot,\cdot)$ 为连续正定的效用函数并定义为 $\mathcal{U}(X,\mu)=\mathcal{Q}(X)+\mathcal{R}(\mu)$。最优控制问题的目标是找到一个状态反馈控制策略 $\mu_k = \pi_\gamma(X_k)$ 既能镇定系统（3-1）又能最小化式（3-2）中的代价函数。

假设 3-1 系统动态（3-1）在 Ω 上是可控的，即存在一个控制输入序列能够使得系统（3-1）渐近稳定到原点。对于状态 X 和控制输入 μ，系统函数是

Lipschitz 连续的。当 $\mu=0$ 时，$X=0$ 是系统唯一的平衡点，即系统函数满足 $F(0)=0$。状态反馈控制策略满足 $\pi_\gamma(0)=0$。

根据式（3-2）中定义的代价函数，使用状态反馈控制策略的代价函数满足

$$\begin{aligned}\mathcal{V}_\gamma(X_k)&=\sum_{p=k}^{\infty}\gamma^{p-k}\mathcal{U}(X_p,\mu_p)=\\&\mathcal{U}\big(X_k,\pi_\gamma(X_k)\big)+\gamma\sum_{p=k+1}^{\infty}\gamma^{p-k-1}\mathcal{U}\big(X_p,\pi_\gamma(X_p)\big)=\\&\mathcal{U}\big(X_k,\pi_\gamma(X_k)\big)+\gamma\mathcal{V}_\gamma(X_{k+1})\end{aligned}\tag{3-3}$$

根据 Bellman 最优性原理，最优代价函数满足如下的 Bellman 方程

$$\begin{aligned}\mathcal{V}_\gamma^*(X_k)&=\min_{\mu_k}\{\mathcal{U}(X_k,\mu_k)+\gamma\mathcal{V}_\gamma^*(X_{k+1})\}=\\&\mathcal{U}\big(X_k,\pi_\gamma^*(X_k)\big)+\gamma\mathcal{V}_\gamma^*\big(F(X_k)+G(X_k)\pi_\gamma^*(X_k)\big)\end{aligned}\tag{3-4}$$

其中，最优控制策略满足

$$\pi_\gamma^*(X_k)=\arg\min_{\mu_k}\{\mathcal{U}(X_k,\mu_k)+\gamma\mathcal{V}_\gamma^*(X_{k+1})\}\tag{3-5}$$

面向非线性系统的最优控制设计，本章使用具有折扣因子的广义 VI 算法来数值逼近 Bellman 最优方程的解，并详细探讨折扣广义 VI 算法的相关性质，如算法序列单调性、系统稳定性等。

3.3 非线性系统的折扣广义值迭代算法

当代价函数中包含折扣因子时，第一章中无折扣广义 VI 算法的相关性质将不再适用。此外，因为折扣因子的引入，也使得最优控制策略的容许性得不到保证。针对折扣广义 VI 算法，本节详细探讨迭代代价函数序列的性质以及折扣因子对于闭环系统稳定性的影响，进一步给出关于折扣因子的稳定性判据。

3.3.1 折扣广义值迭代算法推导

初始化代价函数为 $\mathcal{V}_\gamma^{(0)}(X)\geqslant 0$。相应的初始控制策略可以通过 $\pi_\gamma^{(0)}(X)=\arg\min_{\mu}\{\mathcal{U}(X,\mu)+\gamma\mathcal{V}_\gamma^{(0)}\big(F(X)+G(X)\mu\big)\}$ 计算得到。对于所有的迭代指

标 $\ell=1,2,\cdots$，折扣广义 VI 算法在策略评估

$$\begin{aligned}\mathcal{V}_{\gamma}^{(\ell)}(X)&=\min_{\mu}\left\{\mathcal{U}(X,\mu)+\gamma\mathcal{V}_{\gamma}^{(\ell-1)}\left(F(X)+G(X)\mu\right)\right\}=\\&\mathcal{U}\left(X,\pi_{\gamma}^{(\ell-1)}(X)\right)+\gamma\mathcal{V}_{\gamma}^{(\ell-1)}\left(F(X)+G(X)\pi_{\gamma}^{(\ell-1)}(X)\right)\end{aligned}\tag{3-6}$$

和策略提升

$$\pi_{\gamma}^{(\ell)}(X)=\arg\min_{\mu}\left\{\mathcal{U}(X,\mu)+\gamma\mathcal{V}_{\gamma}^{(\ell)}\left(F(X)+G(X)\mu\right)\right\}\tag{3-7}$$

之间进行交替迭代，直至满足设置的迭代精度误差 $\varepsilon_{\mathcal{V}_{\gamma}}$。

3.3.2 性能分析

接下来，进一步分析代价函数序列的单调性、收敛性以及在迭代策略控制下的闭环系统稳定性，给出迭代控制策略稳定性的判据。

引理 3-1 令初始代价函数为 $\mathcal{V}_{\gamma}^{(0)}(X)\geqslant 0$。折扣代价函数 $\mathcal{V}_{\gamma}^{(\ell)}(X)$ 和控制策略 $\pi_{\gamma}^{(\ell)}(X)$ 分别通过式（3-6）和式（3-7）迭代更新。如果对于所有的 $X_k\in\Omega$，初始函数满足 $\mathcal{V}_{\gamma}^{(0)}(X_k)\leqslant\mathcal{V}_{\gamma}^{(1)}(X_k)$，则折扣代价函数序列 $\left\{\mathcal{V}_{\gamma}^{(\ell)}\right\}$ 单调非减，即 $\mathcal{V}_{\gamma}^{(\ell)}(X_k)\leqslant\mathcal{V}_{\gamma}^{(\ell+1)}(X_k)$，$\forall\ell\in\mathbf{N}$。如果对于 $\forall X_k\in\Omega$，有 $\mathcal{V}_{\gamma}^{(0)}(X_k)\geqslant\mathcal{V}_{\gamma}^{(1)}(X_k)$，则序列 $\left\{\mathcal{V}_{\gamma}^{(\ell)}\right\}$ 单调非增，即 $\mathcal{V}_{\gamma}^{(\ell)}(X_k)\geqslant\mathcal{V}_{\gamma}^{(\ell+1)}(X_k)$，$\forall\ell\in\mathbf{N}$。

证明：该证明分为两部分。对于所有的 $X_k\in\Omega$，首先考虑 $\mathcal{V}_{\gamma}^{(0)}(X_k)\leqslant\mathcal{V}_{\gamma}^{(1)}(X_k)$ 的情况。定义如下所示的新序列

$$\Xi^{(\ell)}(X_k)=\mathcal{U}\left(X_k,\pi_{\gamma}^{(\ell)}(X_k)\right)+\gamma\Xi^{(\ell-1)}(X_{k+1})\tag{3-8}$$

其中，$\Xi^{(0)}(X_k)=\mathcal{V}_{\gamma}^{(0)}(X_k)$。对于 $\mathcal{V}_{\gamma}^{(1)}$ 和 $\Xi^{(0)}$，满足

$$\mathcal{V}_{\gamma}^{(1)}(X_k)-\Xi^{(0)}(X_k)=\mathcal{V}_{\gamma}^{(1)}(X_k)-\mathcal{V}_{\gamma}^{(0)}(X_k)\geqslant 0\tag{3-9}$$

假设，对于所有的 $\ell\geqslant 1$ 和 $X_k\in\Omega$，$\mathcal{V}_{\gamma}^{(\ell)}(X_k)\geqslant\Xi^{(\ell-1)}(X_k)$ 成立。根据代价更新式（3-6）和式（3-8），$\mathcal{V}_{\gamma}^{(\ell+1)}(X_k)$ 和 $\Xi^{(\ell)}(X_k)$ 满足

$$\mathcal{V}_{\gamma}^{(\ell+1)}(X_k)-\Xi^{(\ell)}(X_k)=\gamma\left[\mathcal{V}_{\gamma}^{(\ell)}(X_{k+1})-\Xi^{(\ell-1)}(X_{k+1})\right]\geqslant 0\tag{3-10}$$

因此得出

$$\Xi^{(\ell)}(X_k)\leqslant\mathcal{V}_{\gamma}^{(\ell+1)}(X_k),\forall\ell\in\mathbf{N}\tag{3-11}$$

因为$\mathcal{V}_{\gamma}^{(\ell)}(X)=\min\limits_{\mu}\left\{\mathcal{U}(X,\mu)+\gamma\mathcal{V}_{\gamma}^{(\ell-1)}\left(F(X,\mu)\right)\right\}$，而$\varXi^{(\ell)}(X_k)$为任意控制策略的代价函数，那么有$\mathcal{V}_{\gamma}^{(\ell)}(X_k)\leqslant\varXi^{(\ell)}(X_k)$成立。因此，折扣代价函数满足

$$\mathcal{V}_{\gamma}^{(\ell)}(X_k)\leqslant\varXi^{(\ell)}(X_k)\leqslant\mathcal{V}_{\gamma}^{(\ell+1)}(X_k),\forall\ell\in\mathbf{N} \tag{3-12}$$

即折扣代价函数序列$\left\{\mathcal{V}_{\gamma}^{(\ell)}\right\}$单调非减。

考虑初始代价函数对于$\forall X_k\in\Omega$满足$\mathcal{V}_{\gamma}^{(0)}(X_k)\geqslant\mathcal{V}_{\gamma}^{(1)}(X_k)$的情况。定义如下序列

$$\begin{cases}\varUpsilon^{(\ell)}(X_k)=\mathcal{V}_{\gamma}^{(\ell)}(X_k), & \ell=0,1\\ \varUpsilon^{(\ell+1)}(X_k)=\mathcal{U}\left(X_k,\pi_{\gamma}^{(\ell-1)}(X_k)\right)+\gamma\varUpsilon^{(\ell)}(X_{k+1}), & \ell=2,3,4,\cdots\end{cases} \tag{3-13}$$

根据$\varUpsilon^{(1)}(X_k)=\mathcal{V}_{\gamma}^{(1)}(X_k)$和$\mathcal{V}_{\gamma}^{(0)}(X_k)-\varUpsilon^{(1)}(X_k)=\mathcal{V}_{\gamma}^{(0)}(X_k)-\mathcal{V}_{\gamma}^{(1)}(X_k)\geqslant 0$，可以得出

$$\varUpsilon^{(1)}(X_k)\leqslant\mathcal{V}_{\gamma}^{(0)}(X_k) \tag{3-14}$$

假设对于所有的$\ell\geqslant 1$和$X_k\in\Omega$，$\varUpsilon^{(\ell)}(X_k)\leqslant\mathcal{V}_{\gamma}^{(\ell-1)}(X_k)$成立，则$\varUpsilon^{(\ell+1)}(X_k)$和$\mathcal{V}_{\gamma}^{(\ell)}(X_k)$满足

$$\mathcal{V}_{\gamma}^{(\ell)}(X_k)-\varUpsilon^{(\ell+1)}(X_k)=\gamma\left[\mathcal{V}_{\gamma}^{(\ell-1)}(X_{k+1})-\varUpsilon^{(\ell)}(X_{k+1})\right]\geqslant 0 \tag{3-15}$$

结合式（3-14）和式（3-15），对于所有的$\ell\in\mathbf{N}$，$\mathcal{V}_{\gamma}^{(\ell)}(X_k)\geqslant\varUpsilon^{(\ell+1)}(X_k)$成立。根据策略评估式(3-6)可以得出$\mathcal{V}_{\gamma}^{(\ell+1)}(X_k)\leqslant\varUpsilon^{(\ell+1)}(X_k)$。因此，$\mathcal{V}_{\gamma}^{(\ell)}(X_k)$和$\mathcal{V}_{\gamma}^{(\ell+1)}(X_k)$满足$\mathcal{V}_{\gamma}^{(\ell)}(X_k)\geqslant\mathcal{V}_{\gamma}^{(\ell+1)}(X_k)$，序列$\left\{\mathcal{V}_{\gamma}^{(\ell)}\right\}$单调非增。证毕。

基于折扣代价函数序列的单调性，接下来，进一步探讨折扣因子对于控制策略稳定性的影响，给出相应的稳定性判据。

定理 3-1　令初始代价函数为$\mathcal{V}_{\gamma}^{(0)}(X)\geqslant 0$。折扣代价函数$\mathcal{V}_{\gamma}^{(\ell)}(X)$和迭代控制策略$\pi_{\gamma}^{(\ell)}(X)$分别通过式（3-6）和式（3-7）迭代更新。如果$\mathcal{V}_{\gamma}^{(0)}(X_k)\geqslant\mathcal{V}_{\gamma}^{(1)}(X_k)$且折扣因子满足如下不等式

$$\max\left\{0,1-\frac{\mathcal{U}\left(X_k,\pi_{\gamma}^{(l)}(X_k)\right)}{\mathcal{V}_{\gamma}^{(l)}(X_k)}\right\}<\gamma\leqslant 1,X_k\neq 0 \tag{3-16}$$

那么迭代代价函数可以看作为 Lyapunov 函数，在控制策略$\pi_{\gamma}^{(\ell)}(X_k)$作用下，闭环系统是渐近稳定的。

证明：考虑$\mathcal{V}_{\gamma}^{(0)}(X_k)\geqslant\mathcal{V}_{\gamma}^{(1)}(X_k)$和引理 3-1，得到的单调非增折扣代价函数满足

$$\mathcal{V}_{\gamma}^{(\ell+1)}(X_k)=\mathcal{U}\Big(X_k,\pi_{\gamma}^{(\ell)}(X_k)\Big)+\gamma\mathcal{V}_{\gamma}^{(\ell)}\Big(F\Big(X_k,\pi_{\gamma}^{(\ell)}(X_k)\Big)\Big)\leqslant\mathcal{V}_{\gamma}^{(\ell)}(X_k) \tag{3-17}$$

考虑折扣因子满足$0<\gamma\leqslant 1$，那么式（3-17）等价于

$$\begin{aligned}&\gamma\mathcal{V}_{\gamma}^{(\ell)}(X_{k+1})-\mathcal{V}_{\gamma}^{(\ell)}(X_k)=\gamma\Big[\mathcal{V}_{\gamma}^{(\ell)}(X_{k+1})-\mathcal{V}_{\gamma}^{(\ell)}(X_k)\Big]-(1-\gamma)\mathcal{V}_{\gamma}^{(\ell)}(X_k)\leqslant\\&-\mathcal{U}\Big(X_k,\pi_{\gamma}^{(\ell)}(X_k)\Big)\end{aligned} \tag{3-18}$$

式（3-18）进一步满足

$$\mathcal{V}_{\gamma}^{(\ell)}(X_{k+1})-\mathcal{V}_{\gamma}^{(\ell)}(X_k)\leqslant\frac{(1-\gamma)\mathcal{V}_{\gamma}^{(\ell)}(X_k)-\mathcal{U}\Big(X_k,\pi_{\gamma}^{(\ell)}(X_k)\Big)}{\gamma} \tag{3-19}$$

当$\mathcal{U}\Big(X_k,\pi_{\gamma}^{(\ell)}(X_k)\Big)\geqslant\mathcal{V}_{\gamma}^{(\ell)}(X_k)$时，Lyapunov 函数$\mathcal{V}_{\gamma}^{(\ell)}(X_k)$满足

$$\mathcal{V}_{\gamma}^{(\ell)}\Big(F\Big(X_k,\pi_{\gamma}^{(\ell)}(X_k)\Big)\Big)-\mathcal{V}_{\gamma}^{(\ell)}(X_k)\leqslant 0 \tag{3-20}$$

此外，当$\mathcal{U}\Big(X_k,\pi_{\gamma}^{(\ell)}(X_k)\Big)<\mathcal{V}_{\gamma}^{(\ell)}(X_k)$时，有

$$0<1-\frac{\mathcal{U}\Big(X_k,\pi_{\gamma}^{(\ell)}(X_k)\Big)}{\mathcal{V}_{\gamma}^{(\ell)}(X_k)}<1,\ X_k\neq 0 \tag{3-21}$$

根据式(3-21)，考虑稳定条件式(3-16)和不等式(3-19)，同样可以得出 Lyapunov 函数满足式(3-20)。因此，在稳定条件式(3-16)下，受控于迭代控制策略$\pi_{\gamma}^{(\ell)}(X_k)$的闭环系统是渐近稳定的。证毕。

考虑稳定条件（3-16），如果$\mathcal{U}\Big(X_k,\pi_{\gamma}^{(\ell)}(X_k)\Big)\geqslant\mathcal{V}_{\gamma}^{(\ell)}(X_k)$成立，那么折扣因子满足$0<\gamma\leqslant 1$即可使稳定条件满足，这意味着折扣因子不需要满足额外的约束。因此，$\mathcal{U}\Big(X_k,\pi_{\gamma}^{(\ell)}(X_k)\Big)<\mathcal{V}_{\gamma}^{(\ell)}(X_k)$的情况是接下来研究的重点，即折扣因子需要满足如下的稳定条件

$$\gamma>1-\frac{\mathcal{U}\Big(X_k,\pi_{\gamma}^{(\ell)}(X_k)\Big)}{\mathcal{V}_{\gamma}^{(\ell)}(X_k)},X_k\neq 0 \tag{3-22}$$

当$\mathcal{V}_{\gamma}^{(0)}(X_k)\geqslant\mathcal{V}_{\gamma}^{(1)}(X_k)$时，可以得到一个单调非增的代价函数序列。但是对于初始控制策略，使其满足$\gamma>1-\mathcal{U}\Big(X_k,\pi_{\gamma}^{(0)}(X_k)\Big)/\mathcal{V}_{\gamma}^{(0)}(X_k)$是个相对严格的条

件。因此，满足条件$\mathcal{V}_\gamma^{(0)}(X_k) \geqslant \mathcal{V}_\gamma^{(1)}(X_k)$是必要的，即构建一个单调非增的折扣代价函数序列是使用该定理的前提，但是对于初次迭代并不要求其满足$\gamma > 1 - \mathcal{U}\left(X_k, \pi_\gamma^{(0)}(X_k)\right) / \mathcal{V}_\gamma^{(0)}(X_k)$。

定理 3-2　折扣代价函数$\mathcal{V}_\gamma^{(\ell)}(X)$和迭代控制策略$\pi_\gamma^{(\ell)}(X)$分别通过式（3-6）和式（3-7）迭代更新。定义新序列为

$$\underline{\gamma}^{(\ell)}(X_k) = 1 - \frac{\mathcal{U}\left(X_k, \pi_\gamma^{(\ell)}(X_k)\right)}{\mathcal{V}_\gamma^{(\ell)}(X_k)} \tag{3-23}$$

如果$\mathcal{V}_\gamma^{(0)}(X_k) \geqslant \mathcal{V}_\gamma^{(1)}(X_k)$且$\mathcal{U}\left(X_k, \pi_\gamma^{(\ell)}(X_k)\right) < \mathcal{V}_\gamma^{(\ell)}(X_k)$，那么随着$\ell \to \infty$，$\left\{\underline{\gamma}^{(\ell)}(X_k)\right\}$是收敛的。

证明：根据文献[2]可知，随着迭代次数增加，折扣代价函数和迭代控制策略满足$\lim\limits_{\ell \to \infty} \mathcal{V}_\gamma^{(\ell)}(X_k) = \mathcal{V}_\gamma^{*}(X_k)$和$\lim\limits_{\ell \to \infty} \pi_\gamma^{(\ell)}(X_k) = \pi_\gamma^{*}(X_k)$。代价函数序列$\left\{\mathcal{V}_\gamma^{(\ell)}\right\}$和控制策略序列$\left\{\pi_\gamma^{(\ell)}\right\}$分别收敛到最优代价函数和最优控制策略。同样地，效用函数$\left\{\mathcal{U}\left(X_k, \pi_\gamma^{(\ell)}(X_k)\right)\right\}$也将收敛到$\mathcal{U}\left(X_k, \pi_\gamma^{*}(X_k)\right)$。考虑式（3-23）中$\underline{\gamma}^{(\ell)}(X_k)$的定义，可以得出随着$\ell \to \infty$，序列$\left\{\underline{\gamma}^{(\ell)}(X_k)\right\}$也是收敛的，即

$$\lim_{\ell \to \infty} \underline{\gamma}^{(\ell)}(X_k) = \underline{\gamma}^{*}(X_k) = 1 - \frac{\mathcal{U}\left(X_k, \pi_\gamma^{*}(X_k)\right)}{\mathcal{V}_\gamma^{*}(X_k)} \tag{3-24}$$

证毕。

定理 3-3　定义

$$\mathcal{E}_\gamma^{(\ell)}(X_k) = 1 - \frac{\mathcal{Q}(X_k)}{\mathcal{V}_\gamma^{(\ell)}(X_k)} \tag{3-25}$$

当$\mathcal{U}\left(X_k, \pi_\gamma^{(\ell)}(X_k)\right) < \mathcal{V}_\gamma^{(\ell)}(X_k)$时，如果$\mathcal{V}_\gamma^{(0)}(X_k) \geqslant \mathcal{V}_\gamma^{(1)}(X_k)$且折扣因子满足

$$\mathcal{E}_\gamma^{(\ell)}(X_k) < \gamma < 1, X_k \neq 0 \tag{3-26}$$

那么，迭代代价函数$\mathcal{V}_\gamma^{(\ell)}(X_k)$为 Lyapunov 函数且受控于控制策略$\pi_\gamma^{(\ell)}(X_k)$的闭环系统渐近稳定。

证明：当$\mathcal{U}\left(X_k, \pi_\gamma^{(\ell)}(X_k)\right) < \mathcal{V}_\gamma^{(\ell)}(X_k)$时，根据$\underline{\gamma}^{(l)}(X_k)$和$\mathcal{E}_\gamma^{(l)}(X_k)$的定义可以得出

$$1-\frac{\mathcal{U}\left(X_k,\pi_\gamma^{(\ell)}(X_k)\right)}{\mathcal{V}_\gamma^{(\ell)}(X_k)}<1-\frac{\mathcal{Q}(X_k)}{\mathcal{V}_\gamma^{(\ell)}(X_k)}<1 \tag{3-27}$$

如果满足条件式（3-26），那么一定满足定理 3-1 中的稳定条件（3-16）。因此，迭代代价函数$\mathcal{V}_\gamma^{(\ell)}(X_k)$为 Lyapunov 函数，且受控于控制策略$\pi_\gamma^{(\ell)}(X_k)$的闭环系统渐近稳定。证毕。

推论 3-1　令折扣代价函数序列$\left\{\mathcal{V}_\gamma^{(\ell)}\right\}$和迭代控制策略序列$\left\{\pi_\gamma^{(\ell)}\right\}$分别通过策略评估式（3-6）和策略提升式（3-7）迭代得到。如果初始代价函数满足$\mathcal{V}_\gamma^{(0)}(X_k)\geqslant\mathcal{V}_\gamma^{(1)}(X_k)$，那么序列$\left\{\mathcal{E}_\gamma^{(\ell)}(X_k)\right\}$是单调非增的。

证明：根据引理 3-1 和不等式$\mathcal{V}_\gamma^{(0)}(X_k)\geqslant\mathcal{V}_\gamma^{(1)}(X_k)$，可以得出代价函数序列$\left\{\mathcal{V}_\gamma^{(\ell)}\right\}$是单调非增的，即$\mathcal{V}_\gamma^{(\ell)}(X_k)\geqslant\mathcal{V}_\gamma^{(\ell+1)}(X_k), \forall\ell\geqslant 0$。考虑$\mathcal{E}_\gamma^{(\ell)}(X_k)$在式（3-25）中的定义，不等式$\mathcal{E}_\gamma^{(\ell)}(X_k)\geqslant\mathcal{E}_\gamma^{(\ell+1)}(X_k)$成立。因此，序列$\left\{\mathcal{E}_\gamma^{(\ell)}(X_k)\right\}$是单调非增的。证毕。

定理 3-2 只能用来判断当前迭代控制策略的稳定性，但是，对于当前迭代之后得到的控制策略的稳定性无法保证。定理 3-3 中定义的新序列$\left\{\mathcal{E}_\gamma^{(\ell)}(X_k)\right\}$具备单调非增的性质。和序列$\left\{\underline{\gamma}^{(\ell)}(X_k)\right\}$一样，随着$\ell\to\infty$，序列$\left\{\mathcal{E}_\gamma^{(\ell)}(X_k)\right\}$也是收敛的，即$\mathcal{E}_\gamma^{(\infty)}(X_k)=1-\mathcal{Q}(X_k)/\mathcal{V}_\gamma^{*}(X_k)=\mathcal{E}_\gamma^{*}(X_k)$。

定理 3-4　令折扣代价函数序列$\left\{\mathcal{V}_\gamma^{(\ell)}\right\}$和迭代控制策略序列$\left\{\pi_\gamma^{(\ell)}\right\}$分别通过代价更新式（3-6）和策略提升式（3-7）迭代得到。当$\mathcal{U}\left(X_k,\pi_\gamma^{(\ell)}(X_k)\right)<\mathcal{V}_\gamma^{(\ell)}(X_k)$时，如果初始代价函数满足$\mathcal{V}_\gamma^{(0)}(X_k)\geqslant\mathcal{V}_\gamma^{(1)}(X_k)$且折扣因子在第$\ell$次迭代时满足$\gamma>\mathcal{E}_\gamma^{(\ell)}(X_k)$，则第$\ell$次迭代后得到的迭代控制策略$\pi_\gamma^{(\ell+j)}(X_k)$，$j\in\mathbf{N}$均可以使闭环系统渐近稳定。

证明：考虑稳定性条件式（3-26）和单调非增序列$\{\mathcal{E}_\gamma^{(\ell)}\}$，可以得出

$$\mathcal{E}_\gamma^{(\ell+j)}(X_k)\leqslant\mathcal{E}_\gamma^{(\ell)}(X_k)<\gamma<1, j\in\mathbf{N} \tag{3-28}$$

因此，如果γ在第ℓ次迭代满足稳定条件式（3-26），那么γ在第$\ell+j$次迭代步一定满足稳定条件式（3-26）。所以，ℓ次迭代后得到的迭代控制策略$\pi_\gamma^{(\ell+j)}(X_k)$都可以使闭环系统渐近稳定。证毕。

根据定理 3-2 和定理 3-4，我们更倾向于选择较大的折扣因子以确保

$\underline{\gamma}^{*}<\gamma<1$成立，这样在迭代过程中，一定存在一个迭代指标使得在此之后得到的迭代控制策略都可以使闭环系统渐近稳定。在确定好折扣因子后，需要选择合适的初始代价函数确保$\mathcal{V}_{\gamma}^{(0)}(X_k)\geqslant\mathcal{V}_{\gamma}^{(1)}(X_k)$成立，因为有折扣因子的存在，单调非增代价函数序列的获得并不困难。

3.4 仿真实验

考虑如下非线性扭摆系统

$$\begin{aligned}\dot{\theta}&=\omega,\\ \dot{\omega}&=-\frac{\mathcal{M}g\mathcal{L}}{I_{\mathrm{roc}}}\sin\theta-\frac{\kappa}{I_{\mathrm{roc}}}\dot{\theta}+\mu\end{aligned}\tag{3-29}$$

其中，$\mathcal{M}$和$\mathcal{L}$分别为摆杆的质量和长度，θ和ω分别代表当前角度和角速度，根据$I_{\mathrm{roc}}=4/3\mathcal{M}\mathcal{L}^2$来计算摆杆的转动惯量。重力加速度为$g=9.8\ \mathrm{m/s^2}$，摩擦系数为$\kappa=0.2$，摆杆的质量和长度分别设定为$\mathcal{M}=1/3\ \mathrm{kg}$和$\mathcal{L}=3/2\ \mathrm{m}$。使用Euler 法对连续系统离散化，采样间隔选取为$\Delta t=0.1\ \mathrm{s}$，定义系统状态为$X=[\theta,\omega]^{\mathsf{T}}$，可以得到离散时间系统状态表达式为

$$\begin{aligned}X_{k+1}&=f(X_k)+g(X_k)\mu_k=\\ &\begin{bmatrix}X_{1k}+0.1X_{2k}\\ -0.49\sin(X_{1k})+0.98X_{2k}\end{bmatrix}+\begin{bmatrix}0\\ 0.1\end{bmatrix}\mu_k\end{aligned}\tag{3-30}$$

效用函数选择为$\mathcal{U}(X,\mu)=0.8X^{\mathsf{T}}X+0.05\mu^{\mathsf{T}}\mu$。非线性系统的操作域选择为$\Lambda_X=\{-1\leqslant X_1\leqslant1,-1\leqslant X_2\leqslant1\}$，将该区域划分为$21\times21$的网格进而产生 441 个状态点。初始代价函数和折扣因子分别选择为$\mathcal{V}_{\gamma}^{(0)}(X)=90X^{\mathsf{T}}X$和$\gamma=0.97$。选择如式（3-31）所示的函数逼近器来近似迭代代价函数

$$\mathcal{V}_{\gamma}^{(\ell)}(X)=W^{(\ell)\mathsf{T}}\left[X_1^2,X_2^2,X_1,X_2,X_1X_2\right]^{\mathsf{T}}\tag{3-31}$$

其中，$W^{(\ell)}$是逼近器的参数向量。迭代过程中，迭代指标的最大值和算法的迭代精度误差分别设定为$\ell_{\max}=100$和$\epsilon=10^{-4}$。这样的初始化可以保证得到一个单调非增的代价函数序列，折扣迭代代价函数的收敛曲面如图 3-1 所示。为了更清晰

地展示代价函数的收敛性，设置迭代代价函数的增量为$\Delta\mathcal{V}_{\gamma}^{(l)}(X)=\mathcal{V}_{\gamma}^{(l+1)}(X)-\mathcal{V}_{\gamma}^{(l)}(X)$，其收敛曲面如图 3-2 所示。

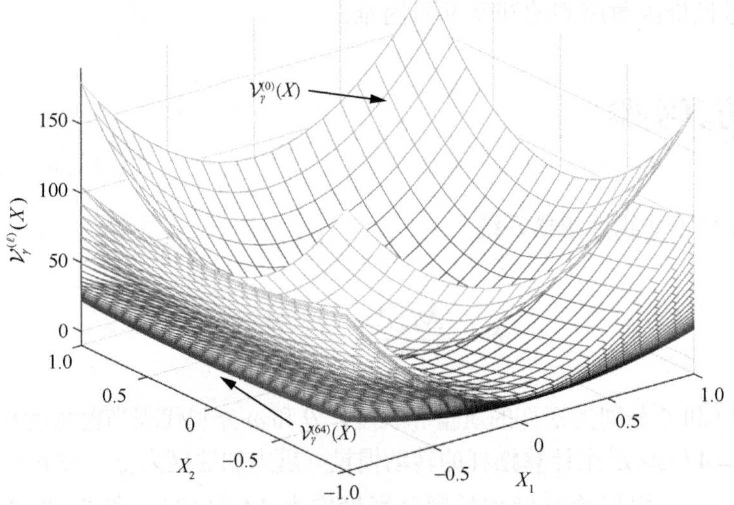

图 3-1　折扣迭代代价函数的收敛曲面

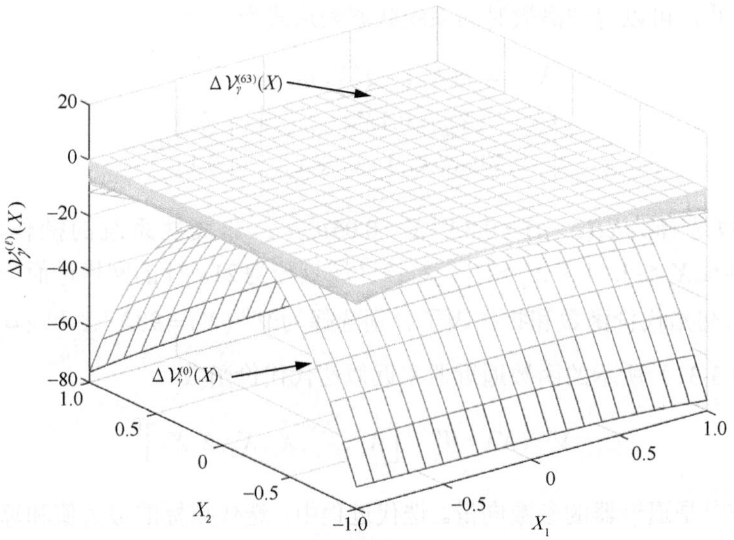

图 3-2　$\{\Delta\mathcal{V}_{\gamma}^{(\ell)}(X)\}$ 的收敛曲面

在 64 次迭代之后，$\left|\Delta\mathcal{V}_{\gamma}^{(63)}(X)\right|$ 小于算法的迭代精度误差 ϵ。从图 3-1 和图 3-2 可以观察到，代价函数序列确实是单调非增的，从而验证了引理 3-1 的正确性。在迭代过程中，定理 3-2 和定理 3-3 中定义的序列 $\left\{\underline{\gamma}^{(\ell)}\right\}$ 和 $\left\{\mathcal{E}_{\gamma}^{(\ell)}(X)\right\}$ 的收敛曲线由图 3-3 给出，可以看出，折扣因子分别从第 12 次迭代步后大于 $\underline{\gamma}^{(\ell)}$ 和从第 19 次迭代后大于 $\mathcal{E}_{\gamma}^{(\ell)}(X)$，仿真结果验证了定理 3-2 和推论 3-1 的正确性。

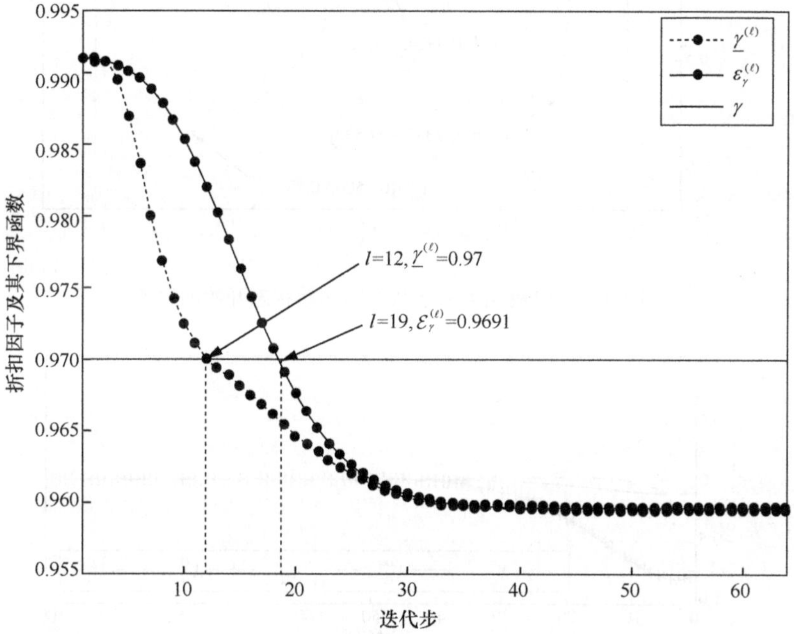

图 3-3　序列 $\left\{\underline{\gamma}^{(\ell)}(X_k)\right\}$ 和 $\left\{\mathcal{E}_{\gamma}^{(\ell)}(X_k)\right\}$ 的收敛曲线

在完成迭代学习之后，得到对应的参数向量 $W^{(64)}$ 如下所示

$$W^{(64)}=\left[19.78428,\quad 4.31898,\quad 0,\quad 0,\quad 1.91975\right]^{\mathrm{T}} \tag{3-32}$$

将得到的近似最优代价函数用于在系统响应中产生最优控制输入。然后，随机选择 5 个位于操作域中的初始系统状态来验证算法性能，其轨迹如图 3-4 所示，相应时间域上的系统响应和系统控制输入分别如图 3-5 和图 3-6 所示。

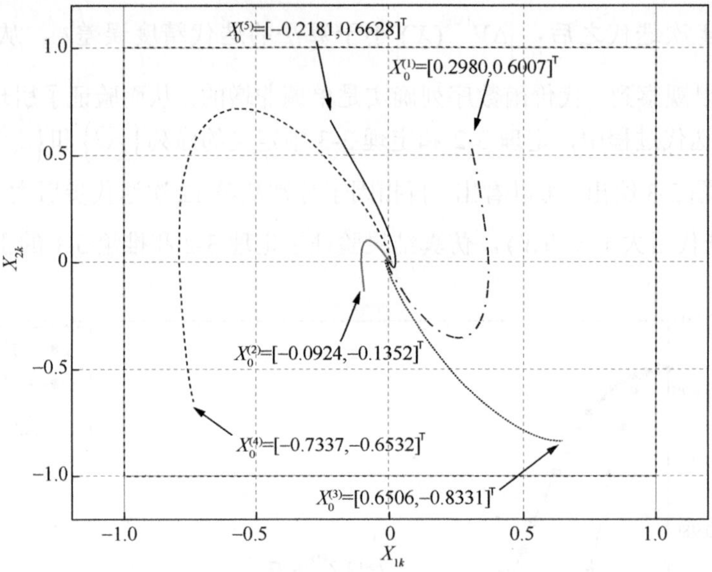

图 3-4　近似最优策略下从不同初始状态开始的轨迹

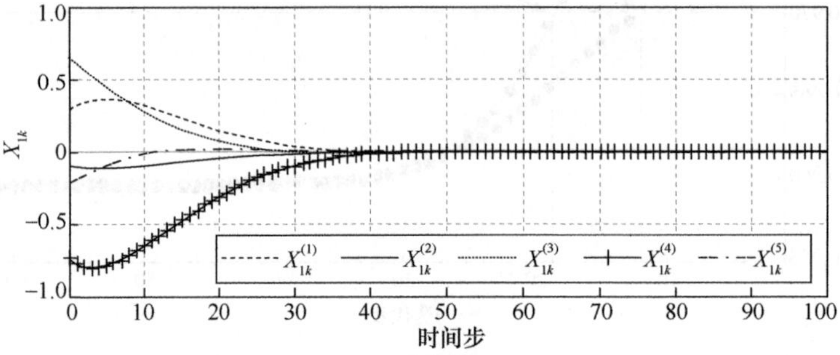

（a）X_{1k}

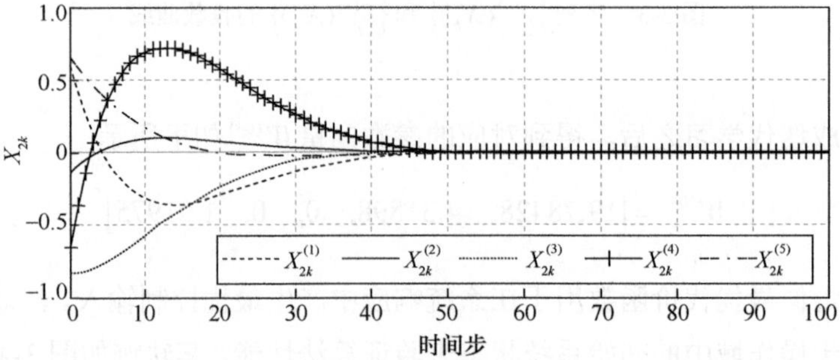

（b）X_{2k}

图 3-5　时间域上的系统响应

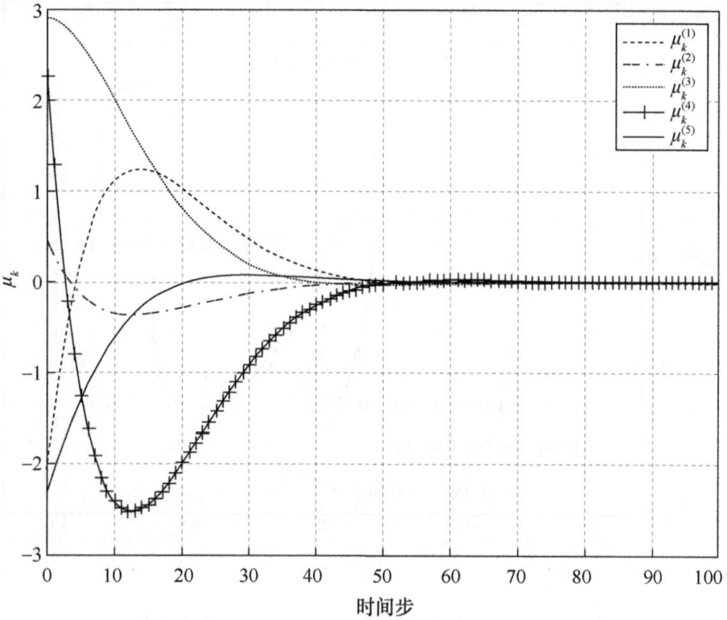

图 3-6　系统控制输入

根据图 3-3 和定理 3-4 可以得出结论，在第 19 次迭代后得到的所有控制策略都可使闭环系统渐近稳定。第 19 次迭代得到的参数向量如下所示

$$W^{(19)}=\left[24.38082,\quad 4.899925,\quad 0,\quad 0,\quad 5.320982\right]^{\mathrm{T}} \tag{3-33}$$

它可用来估计迭代代价函数 $\mathcal{V}_\gamma^{(19)}$，再使用该迭代代价函数产生相应的迭代控制策略 $\pi_\gamma^{(19)}$ 来控制系统。受控于策略 $\pi_\gamma^{(19)}(X)$ 的系统状态轨迹如图 3-7 所示，可以看到系统状态轨迹均收敛到平衡点，进一步验证了定理 3-3。

对于相同的折扣因子，选择不同的初始代价函数来观察序列 $\left\{\underline{\gamma}^{(\ell)}\right\}$ 和 $\left\{\mathcal{E}_\gamma^{(\ell)}(X)\right\}$ 的关系。初始代价函数分别选择为 $\mathcal{V}_{\gamma1}^{(0)}(X)=60X^{\mathrm{T}}X$、$\mathcal{V}_{\gamma2}^{(0)}(X)=70X^{\mathrm{T}}X$、$\mathcal{V}_{\gamma3}^{(0)}(X)=80X^{\mathrm{T}}X$、$\mathcal{V}_{\gamma4}^{(0)}(X)=90X^{\mathrm{T}}X$ 和 $\mathcal{V}_{\gamma5}^{(0)}(X)=100X^{\mathrm{T}}X$，得到相应序列 $\left\{\underline{\gamma}^{(\ell)}\right\}$ 和 $\left\{\mathcal{E}_\gamma^{(\ell)}(X)\right\}$ 的收敛曲线如图 3-8 所示，可以观察到序列 $\left\{\mathcal{E}_\gamma^{(\ell)}(X)\right\}$ 是单调非增的而序列 $\left\{\underline{\gamma}^{(\ell)}\right\}$ 并不是单调的，从而验证了提出的理论结果。

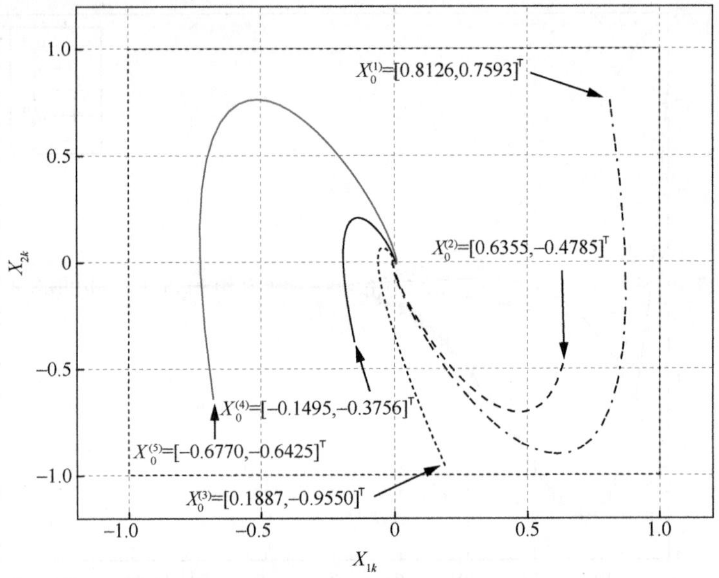

图 3-7　受控于控制策略 $\pi_{\gamma}^{(19)}(X)$ 的系统状态轨迹

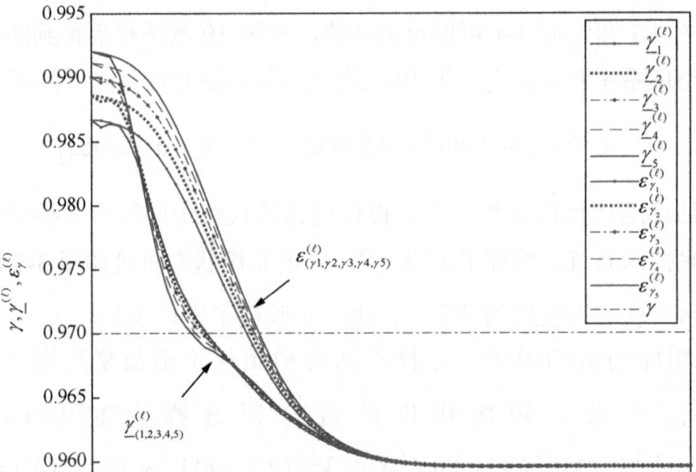

图 3-8　不同初始代价函数下序列 $\left\{\underline{\gamma}^{(\ell)}\right\}$ 和 $\left\{\mathcal{E}_{\gamma}^{(\ell)}(X)\right\}$ 的收敛曲线

3.5 小结

本章基于折扣广义 VI 算法研究了非线性系统的最优控制问题，对算法的单调性和收敛性进行了分析，并给出了一系列关于折扣因子的系统稳定性判据。通过给出的稳定性条件，可以准确判断出迭代控制策略能否保证被控系统渐近稳定。当折扣因子满足一定稳定性条件时，可以推断出自当前迭代步后的每一个迭代控制策略都能使闭环系统渐近稳定。通过仿真实验，验证了所得结论的准确性以及折扣广义 VI 算法的有效性和可行性。当前，折扣广义 VI 算法在最优调节问题上已得到了充分的研究，如何将其推广用于解决最优跟踪问题是值得研究的内容。

参考文献

[1] AL-TAMIMI A, LEWIS F L, ABU-KHALAF M. Discrete-time nonlinear HJB solution using approximate dynamic programming: Convergence proof[J]. IEEE Transactions on Systems, Man, and Cybernetics, Part B (Cybernetics), 2008, 38(4): 943-949.

[2] WANG D, LIU D R, WEI Q L, et al. Optimal control of unknown nonaffine nonlinear discrete-time systems based on adaptive dynamic programming[J]. Automatica, 2012, 48(8): 1825-1832.

[3] LI H L, LIU D R. Optimal control for discrete-time affine non-linear systems using general value iteration[J]. IET Control Theory & Applications, 2012, 6(18): 2725-2736.

[4] WEI Q L, LIU D R, LIN H Q. Value iteration adaptive dynamic programming for optimal control of discrete-time nonlinear systems[J]. IEEE Transactions on Cybernetics, 2016, 46(3): 840-853.

[5] HEYDARI A. Stability analysis of optimal adaptive control under value iteration using a stabilizing initial policy[J]. IEEE Transactions on Neural Networks and Learning Systems, 2018, 29(9): 4522-4527.

[6] WEI Q L, LIU D R. A novel iterative θ-adaptive dynamic programming for discrete-time nonlinear systems[J]. IEEE Transactions on Automation Science and Engineering, 2014, 11(4): 1176-1190.

[7] HEYDARI A. Stability analysis of optimal adaptive control using value iteration with ap-

proximation errors[J]. IEEE Transactions on Automatic Control, 2018, 63(9): 3119-3126.

[8] HA M M, WANG D, LIU D R. Generalized value iteration for discounted optimal control with stability analysis[J]. Systems & Control Letters, 2021, 147: 104847.

[9] LIU D R, WEI Q L. Policy iteration adaptive dynamic programming algorithm for discrete-time nonlinear systems[J]. IEEE Transactions on Neural Networks and Learning Systems, 2014, 25(3): 621-634.

[10] LIU D R, WEI Q L, YAN P F. Generalized policy iteration adaptive dynamic programming for discrete-time nonlinear systems[J]. IEEE Transactions on Systems, Man, and Cybernetics: Systems, 2015, 45(12): 1577-1591.

[11] GUO W T, SI J, LIU F, et al. Policy approximation in policy iteration approximate dynamic programming for discrete-time nonlinear systems[J]. IEEE Transactions on Neural Networks and Learning Systems, 2018, 29(7): 2794-2807.

[12] WANG D, WANG J Y, ZHAO M M, et al. Adaptive multi-step evaluation design with stability guarantee for discrete-time optimal learning control[J]. IEEE/CAA Journal of Automatica Sinica, 2023, 10(9): 1797-1809.

第4章

基于折扣广义值迭代的非线性智能最优跟踪

4.1 引言

非线性系统的轨迹跟踪设计一直是工程领域的热点之一。传统控制方法存在参数固定和自适应能力差的局限，难以应对复杂的外界干扰。ADP 方法具有显著的自适应能力，已广泛应用于求解复杂未知非线性系统的跟踪问题[1-5]。在运用 ADP 方法解决最优跟踪问题时，通常需要定义各种与跟踪误差相关的代价函数，基本上可分为基于稳态控制和不要求稳态控制的两大类代价函数形式。在稳态控制的基础上，可以将原系统的跟踪问题转换为误差系统的调节问题，进一步利用 ADP 强大的调节能力使得误差趋向于零。针对不同的系统形式，相关学者提出了直接数学推导和神经网络建模等方法来求解稳态控制。例如，针对模型已知的非线性仿射系统 $x_{k+1}=F(x_k)+G(x_k)u_k$，可以通过系统的数学表达式求解，即 $u(r_k)=G^{+}(r_k)\left(r_{k+1}-F(r_k)\right)$。基于得到的稳态控制，文献[2]使用贪婪迭代 HDP 算法解决了无限时域的最优跟踪控制问题，文献[3]提出了一种有限时域的神经最优跟踪控制策略。对于模型已知的非仿射系统或者模型未知的系统，则需要建立原系统的模型神经网络，然后通过将参考轨迹作为输入项从而逆向求解出稳态控制。例如，文献[6]使用了一种新的数值方法来逆向求解稳态控制并避免了对误差系统建模。基于这种逆向求解技术，文献[7]使用 HDP 技术实现了对污水处理过程中溶解氧和硝态氮浓度的跟踪控制，文献[8]和[9]运用 DHP 算法分别克服了对称和不对称约束情况下的复杂系统跟踪控制问题。总之，基于 ADP 的非线性系统最优跟踪控制研究已经取得了很大进展。然而，上述工作都是基于传统的VI算法，并没有讨论迭代过程中误差系统的稳定性和跟踪控制律的容许性。

基于此，针对离散时间未知非线性动态系统，本章提出一种基于折扣广义VI算法的近似最优跟踪控制方法。首先，在不同折扣因子的作用下，讨论了迭代跟踪控制律的容许性和误差系统的稳定性，给出了更一般化的容许性判别准则。其次，通过收集系统的输入输出样本数据来构造模型网络以评估下一时刻状态和求解稳态控制。再次，构建评判网络和执行网络分别用于近似代价函数和跟踪控制律。最后，通过两个仿真实例验证了本章提出算法的控制性能。本章从理论层面和应用层面都对第3章中的内容进行了扩充，主要内容来源于作者的研究成果[10]并对其进行了修改、补充和完善。

4.2 问题描述

考虑一类具有非仿射形式的动态系统

$$x_{k+1}=\mathcal{F}(x_k,u_k) \tag{4-1}$$

其中，$x_k\in\mathbf{R}^n$是状态向量，$u_k\in\mathbf{R}^m$是控制向量。系统函数$\mathcal{F}(\cdot)$相对于其参数在紧集$\Omega\subset\mathbf{R}^n$上是可微的。假设系统（4-1）是可控的，且其状态和控制量可观测。考虑跟踪问题，目标是设计一个反馈控制策略$u(x_k)$使得原始系统（4-1）跟踪上参考轨迹。这里，定义有界参考轨迹如下所示

$$r_{k+1}=D(r_k) \tag{4-2}$$

其中，$r_k\in\mathbf{R}^n$是k时刻的参考轨迹，$D(\cdot):\mathbf{R}^n\to\mathbf{R}^n$是一个可微函数。不失一般性，假设存在一个相对于参考轨迹的稳态控制$u(r_k)$满足方程$r_{k+1}=\mathcal{F}(r_k,u(r_k))$并且可以求解。对于诸如$x_{k+1}=F(x_k)+G(x_k)u_k$的仿射系统，其稳态控制可以通过状态矩阵和控制矩阵的构造形式来求解，即$u(r_k)=G^{+}(r_k)\big(r_{k+1}-F(r_k)\big)$。然而，对于非仿射系统，上述稳态控制的求解方法已不适用。因此，本章将在后续部分给出非仿射系统稳态控制的求解方法。为了建立误差系统，分别给出跟踪误差和跟踪控制律为

$$e_k=x_k-r_k \tag{4-3}$$

和

$$u(e_k) = u(x_k) - u(r_k) \tag{4-4}$$

基于式（4-1）～式（4-4），可以得到如下所示的误差系统动态

$$e_{k+1} = \mathcal{F}\big(e_k + r_k, u(e_k) + u(r_k)\big) - D(r_k) \tag{4-5}$$

最优跟踪控制的思想是通过调节跟踪误差系统（4-5）使得误差衰减到零向量，即 $e_k \to 0$。假设误差系统可控，那意味着存在至少一个连续的跟踪控制律 $u(e_k)$ 使得误差系统渐近稳定。针对含有折扣因子 $\gamma \in (0,1]$ 的误差系统最优调节问题，定义如下所示的代价函数

$$\mathcal{J}(e_k) = \sum_{l=k}^{\infty} \gamma^{l-k} \mathcal{U}\big(e_l, u(e_l)\big) \tag{4-6}$$

其中，$\mathcal{U}\big(e_l, u(e_l)\big) \geqslant 0$ 是效用函数。这里，定义效用函数为二次型形式，即 $\mathcal{U}\big(e_l, u(e_l)\big) = e_l^{\mathsf{T}} \boldsymbol{Q} e_l + u^{\mathsf{T}}(e_l) \boldsymbol{R} u(e_l)$，其中，$\boldsymbol{Q}$ 和 $\boldsymbol{R}$ 是正定矩阵。简洁起见，效用函数重写为 $\mathcal{U}\big(e_l, u(e_l)\big) = \mathcal{Q}(e_l) + \mathcal{R}\big(u(e_l)\big)$。待设计的跟踪控制律不仅需要在 Ω 上使得误差系统稳定，并且能够使得式（4-6）中的代价函数有界，即 $u(e_k)$ 是容许的跟踪控制律。对于误差系统（4-5），假设存在至少一个容许的跟踪控制律。接下来，式（4-6）中的代价函数可以进一步写为

$$\mathcal{J}(e_k) = \mathcal{U}\big(e_k, u(e_k)\big) + \gamma \mathcal{J}(e_{k+1}) \tag{4-7}$$

根据 Bellman 最优性原理，最优代价函数满足如下的 HJB 方程

$$\mathcal{J}^*(e_k) = \min_{u(e_k)} \big\{ \mathcal{U}\big(e_k, u(e_k)\big) + \gamma \mathcal{J}^*(e_{k+1}) \big\} \tag{4-8}$$

因此，相应的最优跟踪控制策略为

$$u^*(e_k) = \arg\min_{u(e_k)} \big\{ \mathcal{U}\big(e_k, u(e_k)\big) + \gamma \mathcal{J}^*(e_{k+1}) \big\} \tag{4-9}$$

对于本章中的一般非线性系统，由于不能够精确地求解最优代价函数和最优跟踪控制策略，因此引入折扣广义 VI 算法来获取其近似解。

4.3　面向智能最优跟踪的广义值迭代

接下来，重点关注面向最优跟踪问题的折扣广义 VI 算法性质，包括单调性、

有界性、收敛性和系统稳定性。此外，详细探讨折扣广义 VI 框架下迭代跟踪控制策略的容许性。

4.3.1 面向最优跟踪的折扣广义值迭代算法推导

基于迭代的思想，构建代价函数序列$\{V_i(e_k)\}$和跟踪控制律序列$\{v_i(e_k)\}$。在此，令初始代价函数为$V_0(e_k)=e_k^{\mathsf{T}}\boldsymbol{\Phi}e_k$，$\boldsymbol{\Phi}$是一个半正定矩阵。对于$i\in\mathbf{N}$，在算法学习过程中，以迭代方式计算跟踪控制律

$$v_i(e_k)=\arg\min_{u(e_k)}\left\{\mathcal{U}\left(e_k,u(e_k)\right)+\gamma V_i(e_{k+1})\right\} \tag{4-10}$$

和代价函数

$$V_{i+1}(e_k)=\min_{u(e_k)}\left\{\mathcal{U}\left(e_k,u(e_k)\right)+\gamma V_i(e_{k+1})\right\} \tag{4-11}$$

为了最小化迭代过程中的代价函数，迭代跟踪控制律的形式为

$$v_i(e_k)=-\frac{\gamma}{2}\boldsymbol{R}^{-1}\left[\frac{\partial e_{k+1}}{\partial u(e_k)}\right]^{\mathsf{T}}\frac{\partial V_i(e_{k+1})}{\partial e_{k+1}} \tag{4-12}$$

值得一提的是，本章没有对误差动态系统（4-5）进行建模。对误差系统进行建模会增大计算量并且引入新的逼近误差。因此，为了克服求解$\partial e_{k+1}/\partial u(e_k)$的困难，引入如下的转换计算式[6]

$$\begin{aligned}&\frac{\partial e_{k+1}}{\partial u(e_k)}=\frac{\partial(x_{k+1}-r_{k+1})}{\partial u(e_k)}=\\&\frac{\partial(x_{k+1}-r_{k+1})}{\partial\left(u(e_k)+u(r_k)\right)}\cdot\frac{\partial\left(u(e_k)+u(r_k)\right)}{\partial u(e_k)}=\\&\frac{\partial x_{k+1}}{\partial u(x_k)}-\frac{\partial r_{k+1}}{\partial u(x_k)}=\frac{\partial x_{k+1}}{\partial u(x_k)}\end{aligned} \tag{4-13}$$

进而，式（4-12）中e_{k+1}相对于$u(e_k)$的偏导数可转换为$\partial x_{k+1}/\partial u(x_k)$，后者的获取可通过对原系统建立模型网络来实现，这样既减少了计算量，又能避免误差系统建模过程中逼近误差对控制器设计产生的不利影响。

4.3.2 面向最优跟踪的折扣广义值迭代算法性质

引理 4-1 定义跟踪控制律序列$\{v_i\}$和代价函数序列$\{V_i\}$如式（4-10）和

式（4-11）所示，$V_0(e_k)=e_k^{\mathsf T}\boldsymbol{\Phi}e_k$。对于所有的 $e_k\in\Omega$，如果条件 $V_0(e_k)\leqslant V_1(e_k)$ 成立，则 $V_i(e_k)\leqslant V_{i+1}(e_k)$，$\forall i\in\mathbf{N}$；如果 $V_0(e_k)\geqslant V_1(e_k)$，则 $V_i(e_k)\geqslant V_{i+1}(e_k)$，$\forall i\in\mathbf{N}$。

引理 4-2　令 $\pi(e_k)$ 是一个任意的控制策略且 $\pi(0)=0$。定义一个新的迭代代价函数为

$$\mathcal{Z}_{i+1}(e_k)=\mathcal{U}\big(e_k,\pi(e_k)\big)+\gamma\mathcal{Z}_i(e_{k+1}) \tag{4-14}$$

如果 $\pi(e_k)$ 是容许控制律，则 $\lim\limits_{i\to\infty}\mathcal{Z}_i(e_k)$ 有界。

引理 4-1 和引理 4-2 的证明可通过与第 3 章中的最优调节问题类似的方法给出，只需注意将状态换为误差来考虑。引理 4-1 中的单调性至关重要，这也是广义 VI 算法和传统 VI 算法的最大区别。传统 VI 中的 $\{V_i\}$ 是一个单调非减序列，而广义 VI 中代价函数序列单调性不唯一。事实上，单调非增的代价函数序列有利于判断系统的稳定性和控制律的容许性。针对最优调节问题的无折扣广义 VI 算法收敛性已得到了广泛研究[11-13]。接下来，考虑最优跟踪问题，本节将阐明具有折扣因子的广义 VI 算法收敛性。

定理 4-1　假设条件 $0\leqslant\gamma\mathcal{J}^*(e_{k+1})\leqslant\delta\mathcal{U}\big(e_k,u(e_k)\big)$，$0<\delta<\infty$，一致成立且初始代价函数满足 $0\leqslant\underline{\delta}\mathcal{J}^*(e_k)\leqslant V_0(e_k)\leqslant\overline{\delta}\mathcal{J}^*(e_k)$，其中 $0\leqslant\underline{\delta}\leqslant1\leqslant\overline{\delta}<\infty$。如果跟踪控制序列 $\{v_i\}$ 和代价函数序列 $\{V_i\}$ 按照式（4-10）和式（4-11）进行迭代更新，且 $V_0(e_k)=e_k^{\mathsf T}\boldsymbol{\Phi}e_k$，则代价函数序列通过以下不等式一致收敛到最优代价函数

$$\left[1+\frac{\underline{\delta}-1}{(1+\delta^{-1})^i}\right]\mathcal{J}^*(e_k)\leqslant V_i(e_k)\leqslant\left[1+\frac{\overline{\delta}-1}{(1+\delta^{-1})^i}\right]\mathcal{J}^*(e_k) \tag{4-15}$$

证明：首先，用数学归纳法来证明式（4-15）中的左边部分。当 $i=0$ 时，$\underline{\delta}\mathcal{J}^*(e_k)\leqslant V_0(e_k)$ 成立。当 $i=1$ 时，可以得到

$$\begin{aligned}
&V_1(e_k)=\min_{u(e_k)}\big\{\mathcal{U}\big(e_k,u(e_k)\big)+\gamma V_0(e_{k+1})\big\}\geqslant\\
&\min_{u(e_k)}\big\{\mathcal{U}\big(e_k,u(e_k)\big)+\gamma\underline{\delta}\mathcal{J}^*(e_{k+1})\big\}\geqslant\\
&\min_{u(e_k)}\left\{\left[1-\delta\frac{1-\underline{\delta}}{1+\delta}\right]\mathcal{U}\big(e_k,u(e_k)\big)+\left[\underline{\delta}+\frac{1-\underline{\delta}}{1+\delta}\right]\gamma\mathcal{J}^*(e_{k+1})\right\}=\\
&\left[1+\frac{\underline{\delta}-1}{1+\delta^{-1}}\right]\mathcal{J}^*(e_k)
\end{aligned} \tag{4-16}$$

假设不等式（4-15）的左边部分对于 $i-1$ 成立。对于 i，可以进一步得到

$$
\begin{aligned}
V_i(e_k) \geqslant & \min_{u(e_k)}\left\{\mathcal{U}\big(e_k,u(e_k)\big)+\left[1+\frac{\underline{\delta}-1}{(1+\delta^{-1})^{i-1}}\right]\gamma\mathcal{J}^*(e_{k+1})+\right.\\
&\left.\frac{\delta^{i-1}(\underline{\delta}-1)}{(1+\delta)^i}\Big(\delta\mathcal{U}\big(e_k,u(e_k)\big)-\gamma\mathcal{J}^*(e_{k+1})\Big)\right\}=\\
&\left[1+\frac{\underline{\delta}-1}{(1+\delta^{-1})^i}\right]\min_{u(e_k)}\left\{\mathcal{U}\big(e_k,u(e_k)\big)+\gamma\mathcal{J}^*(e_{k+1})\right\}=\\
&\left[1+\frac{\underline{\delta}-1}{(1+\delta^{-1})^i}\right]\mathcal{J}^*(e_k)
\end{aligned}
\tag{4-17}
$$

不等式（4-15）右边的证明过程与之类似，这里不再详细展开。接下来，将证明随着迭代指标增加到无穷时代价函数的一致收敛性。当$i\to\infty$时，对于$0<\delta<\infty$，可以推导出

$$
\lim_{i\to\infty}\left\{\left[1+\frac{\underline{\delta}-1}{(1+\delta^{-1})^i}\right]\mathcal{J}^*(e_k)\right\}=\mathcal{J}^*(e_k) \tag{4-18}
$$

$$
\lim_{i\to\infty}\left\{\left[1+\frac{\overline{\delta}-1}{(1+\delta^{-1})^i}\right]\mathcal{J}^*(e_k)\right\}=\mathcal{J}^*(e_k) \tag{4-19}
$$

定义$V_\infty(e_k)=\lim\limits_{i\to\infty}V_i(e_k)$，进一步可以得到$V_\infty(e_k)=\mathcal{J}^*(e_k)$。$\Omega$是紧集，因此可以得到代价函数序列一致收敛。证毕。

实际中 VI 算法的迭代指标不可能增大到无穷，算法必须在有限的迭代步内停止。通常 VI 过程的停止准则为$|V_{i+1}(e_k)-V_i(e_k)|<\varsigma$，其中$\varsigma$是一个小的正数，此时跟踪控制律$v_i(e_k)$可作用于受控系统。然而，满足条件$|V_{i+1}(e_k)-V_i(e_k)|<\varsigma$的$v_i(e_k)$可能不是容许的跟踪控制律，而只是一致最终有界的跟踪控制律。因此，在有限的迭代次数内提出更合理的准则来判断系统稳定性和跟踪控制律的容许性是必要的。

定理 4-2　定义迭代跟踪控制律$v_i(e_k)$和迭代代价函数$V_i(e_k)$如式（4-10）和式（4-11）所示，且$V_0(e_k)=e_k^{\mathsf{T}}\boldsymbol{\Phi}e_k$。对于任意的$e_k\neq 0$，如果跟踪控制律$v_i(e_k)$使得式（4-20）成立

$$
V_{i+1}(e_k)-\gamma V_i(e_k)<\varrho\mathcal{U}\big(e_k,v_i(e_k)\big),\ \varrho\in(0,1) \tag{4-20}
$$

则迭代指标为i时的跟踪控制律是容许的。

证明：将式（4-11）代入式（4-20）可得

$$\mathcal{U}\big(e_k,v_i(e_k)\big)+\gamma V_i(e_{k+1})-\gamma V_i(e_k)<\varrho\mathcal{U}\big(e_k,v_i(e_k)\big) \tag{4-21}$$

进一步可得

$$V_i(e_{k+1})-V_i(e_k)<\frac{1}{\gamma}(\varrho-1)\mathcal{U}\big(e_k,v_i(e_k)\big) \tag{4-22}$$

不等式（4-22）的右半部分是一个负数，于是可得$V_i(e_{k+1})-V_i(e_k)<0$，这意味着$v_i(e_k)$是一个稳定的控制律。此外，通过扩展不等式（4-22）可以得到

$$\begin{aligned}
&V_i(e_{k+1})-V_i(e_k)<\frac{1}{\gamma}(\varrho-1)\mathcal{U}\big(e_k,v_i(e_k)\big)\\
&V_i(e_{k+2})-V_i(e_{k+1})<\frac{1}{\gamma}(\varrho-1)\mathcal{U}\big(e_{k+1},v_i(e_{k+1})\big)\\
&\qquad\vdots\\
&V_i(e_{k+N})-V_i(e_{k+N-1})<\frac{1}{\gamma}(\varrho-1)\mathcal{U}\big(e_{k+N-1},v_i(e_{k+N-1})\big)
\end{aligned} \tag{4-23}$$

$v_i(e_k)$是一个稳定的控制律，当$N\to\infty$，可得到$\lim\limits_{N\to\infty}V_i(e_{k+N})=0$。于是，式（4-23）可进一步归纳为

$$\frac{1}{\gamma}(1-\varrho)\sum_{j=0}^{\infty}\mathcal{U}\big(e_{k+j},v_i(e_{k+j})\big)<V_i(e_k) \tag{4-24}$$

由于代价函数$V_i(e_k)$有界，对于常数$0<\varrho<1$和有界的e_k而言，可以得到$\sum_{j=0}^{\infty}\mathcal{U}\big(e_{k+j},v_i(e_{k+j})\big)$有界。由于折扣因子的取值范围为$0<\gamma\leqslant 1$，进一步地，可以得到$\sum_{j=0}^{\infty}\gamma^j\mathcal{U}\big(e_{k+j},v_i(e_{k+j})\big)$是有界的，这满足了容许性条件。证毕。

定理 4-2 给出了与折扣因子相关的迭代跟踪控制律的更一般化容许性判别条件。需要注意的是，当$\eta\in\mathbf{N}^+$时，容许的$v_i(e_k)$并不能保证跟踪控制律$v_{i+\eta}(e_k)$也是容许的。此外，$v_i(e_k)$也不一定是近似最优控制律。期望得到这样的结论：如果当前迭代步的跟踪控制律$v_i(e_k)$为稳定的控制律，则该迭代步之后的所有跟踪控制律$v_{i+\eta}(e_k)$都是稳定的。在无折扣广义 VI 算法框架下，当$V_0(e_k)>V_1(e_k)$时，迭代代价函数将以单调递减的形式收敛，即

$$V_{i+1}(e_k)=\mathcal{U}\big(e_k,v_i(e_k)\big)+V_i(e_{k+1})<V_i(e_k),i\in\mathbf{N} \tag{4-25}$$

根据式（4-25），可以得到

$$V_i(e_{k+1})-V_i(e_k)<0 \tag{4-26}$$

这表明每一个迭代步的跟踪控制律都能够镇定被控系统，不仅克服了传统 VI 中控制律无法确保系统稳定的困难，也避免了在 PI 中求取初始容许控制律。值得一提的是，代价函数单调递减的条件 $V_0(e_k)>V_1(e_k)$ 是容易实现的，例如增大初始代价函数中矩阵 $\boldsymbol{\Phi}$ 的元素值。然而，式（4-25）中引入折扣因子后，$V_{i+1}(e_k)<V_i(e_k)$ 成立并不能保证 $V_i(e_{k+1})-V_i(e_k)<0$ 成立。接下来，利用单调递减代价函数序列具有的显著优势，进一步将上述结论推广到具有折扣因子的广义 VI 算法。因此，后续的学习和分析过程都是在 $V_0(e_k)>V_1(e_k)$ 的前提下进行。

定理 4-3 定义迭代跟踪控制律 $v_i(e_k)$ 和迭代代价函数 $V_i(e_k)$ 如式（4-10）和式（4-11）所示，且 $V_0(e_k)=e_k^{\mathrm{T}}\boldsymbol{\Phi}e_k$。对于任意的 $e_k\neq 0$，如果折扣因子 γ 满足

$$\gamma>1-\frac{\mathcal{Q}(e_k)}{V_0(e_k)},0<\gamma\leqslant 1 \tag{4-27}$$

则 $v_i(e_k)$ 是稳定的跟踪控制律，$i\in\mathbf{N}$。

证明：当 $V_0(e_k)>V_1(e_k)$ 时，可以得到

$$V_{i+1}(e_k)-V_i(e_k)=\mathcal{U}\big(e_k,v_i(e_k)\big)+\gamma V_i(e_{k+1})-V_i(e_k)<0 \tag{4-28}$$

根据式（4-28），可以得到

$$\gamma V_i(e_{k+1})-\gamma V_i(e_k)<-\mathcal{U}\big(e_k,v_i(e_k)\big)+(1-\gamma)V_i(e_k) \tag{4-29}$$

为了实现 $V_i(e_{k+1})-V_i(e_k)<0$，折扣因子需要满足

$$0<1-\frac{\mathcal{U}\big(e_k,v_i(e_k)\big)}{V_i(e_k)}<\gamma\leqslant 1,e_k\neq 0 \tag{4-30}$$

也就是说式（4-30）成立时，$v_i(e_k)$ 是一个稳定的跟踪控制律。由于 $\mathcal{U}\big(e_k,v_i(e_k)\big)$ 不具备单调特性，因此式（4-30）的成立只能表明 $v_i(e_k)$ 可以使得误差系统稳定，不能作为通用的判别准则。考虑 $\mathcal{Q}(e_k)\leqslant\mathcal{U}\big(e_k,v_i(e_k)\big)$，可以得到

$$1-\frac{\mathcal{U}\big(e_k,v_i(e_k)\big)}{V_i(e_k)}<1-\frac{\mathcal{Q}(e_k)}{V_i(e_k)},e_k\neq 0 \tag{4-31}$$

也就是说，当折扣因子大于式（4-31）右边部分时，即可保证跟踪控制律 $v_i(e_k)$ 的稳定性。式（4-31）右侧的条件比左侧更加严格，但其优点显著，能够保证此后

所有迭代跟踪控制律的稳定性。为了方便，定义$\varPsi_i(e_k)=1-\mathcal{Q}(e_k)/V_i(e_k)$。由于$\{V_i(e_k)\}$是一个单调递减的序列，可以得到$\{\varPsi_i(e_k)\}$也是一个单调递减的序列。当条件$\gamma>\varPsi_i(e_k)$成立时，可以得到$\gamma>\varPsi_{i+\eta}(e_k)$，$\eta\in\mathbf{N}^+$，这意味着$v_i(e_k)$及以后所有的迭代跟踪控制律$v_{i+j}(e_k)$都是稳定的。也就是说，条件$\gamma>\varPsi_i(e_k)$能保证$V_{i+\eta}(e_{k+1})-V_{i+\eta}(e_k)<0$。根据代价函数的单调性，有$V_{i+\eta}(e_k)<V_i(e_k)<\cdots<V_0(e_k)$，$\eta\in\mathbf{N}^+$。由此可以推出

$$\varPsi_{i+\eta}(e_k)<\varPsi_i(e_k)<\cdots<\varPsi_0(e_k),\ \eta\in\mathbf{N}^+ \tag{4-32}$$

最终可以得到，当$\gamma>\varPsi_0(e_k)=1-\mathcal{Q}(e_k)/V_0(e_k)$时，每一个迭代步的跟踪控制律都是稳定的。证毕。

接下来，为了验证一般折扣因子的作用，折扣因子不再取 1。式（4-27）中提出的稳定性判别准则相对比较严格，要求接近于 1 的折扣因子。于是，为了更易实现算法，这里使用$\gamma>\varPsi_i(e_k)$作为实际的判别准则。总而言之，本章提出的迭代算法的停止准则为$|V_{i+1}(e_k)-V_i(e_k)|<\varsigma$和$\gamma>\varPsi_i(e_k)$，其中第一项用于保证跟踪控制律的近似最优性，第二项用于保证跟踪控制律的容许性。值得一提的是，本章提出的稳定性条件是一个充分条件。

4.4　基于神经网络的算法实现

由于系统（4-1）是非仿射的，稳态控制以及x_{k+1}相对于$u(x_k)$的偏导数难以求解。本节建立了一个模型网络来辨识系统以求解稳态控制和上述偏导数。此外，构造评判和执行网络来逼近代价函数和跟踪控制。接下来，给出基于折扣广义 VI 算法的神经网络实现方案。

构造一个模型网络以学习非线性系统动态，从而避免对系统精确数学模型的要求。通过输入系统状态和控制律，模型网络的输出表达式为

$$\hat{x}_{k+1}=\omega_{m2}^{\mathsf{T}}\varTheta_m\left(\omega_{m1}^{\mathsf{T}}x_{mk}+b_{m1}\right)+b_{m2} \tag{4-33}$$

其中，$x_{mk}=\left[x_k^{\mathsf{T}},u^{\mathsf{T}}(x_k)\right]^{\mathsf{T}}$，$\omega_{m1}$和$\omega_{m2}$是权值矩阵，$b_{m1}$和$b_{m2}$是阈值向量，$\varTheta_m$是激活函数。定义模型网络训练的目标函数为$E_m=0.5(\hat{x}_{k+1}-x_{k+1})^{\mathsf{T}}(\hat{x}_{k+1}-x_{k+1})$，并

使用 MATLAB 神经网络工具箱来训练模型网络。

值得一提的是，模型网络在算法的迭代过程开始前已经完成训练。由于原始系统函数是非仿射的，使稳态控制的求解变得困难。因此，这里使用训练好的模型网络表达式来求解稳态控制，即

$$r_{k+1}=\omega_{m2}^{\mathsf{T}}\Theta_m\left(\omega_{m1}^{\mathsf{T}}r_{mk}+b_{m1}\right)+b_{m2} \tag{4-34}$$

其中，$r_{mk}=\left[r_k^{\mathsf{T}},u^{\mathsf{T}}(r_k)\right]^{\mathsf{T}}$。由于式（4-34）中除了 $u(r_k)$ 以外都是已知变量，可以通过数值方法来逆向计算稳态控制 $u(r_k)$。

接下来，建立评判网络来评估代价函数 $V_i(e_k)$。对于输入 e_k，评判网络的近似值为

$$\hat{V}_i(e_k)=\omega_{c2}^{\mathsf{T}}\Theta_c\left(\omega_{c1}^{\mathsf{T}}e_k\right) \tag{4-35}$$

其中，ω_{c2} 和 ω_{c1} 是相应的权值矩阵，Θ_c 是激活函数。结合式（4-11）和式（4-35），定义评判网络的训练性能指标为 $E_i^c=0.5\left(\hat{V}_i(e_k)-V_i(e_k)\right)^{\mathsf{T}}\left(\hat{V}_i(e_k)-V_i(e_k)\right)$，性能指标 E_i^c 随着迭代指标 i 不断变化。

通过权值矩阵 ω_{a2} 和 ω_{a1}，使用执行网络来近似迭代跟踪控制律

$$\hat{v}_i(e_k)=\omega_{a2}^{\mathsf{T}}\Theta_a\left(\omega_{a1}^{\mathsf{T}}e_k\right) \tag{4-36}$$

其中，Θ_a 是激活函数。类似地，执行网络的训练性能指标定义为 $E_i^a=0.5\left(\hat{v}_i(e_k)-v_i(e_k)\right)^{\mathsf{T}}\left(\hat{v}_i(e_k)-v_i(e_k)\right)$，其中 $v_i(e_k)$ 可根据式（4-37）获得

$$v_i(e_k)=-\frac{\gamma}{2}\boldsymbol{R}^{-1}\left[\frac{\partial x_{k+1}}{\partial u(x_k)}\right]^{\mathsf{T}}\frac{\partial \hat{V}_i(e_{k+1})}{\partial e_{k+1}} \tag{4-37}$$

运用梯度下降算法，给出评判和执行网络的权值矩阵调整规则

$$\begin{aligned}\omega_{c\tau}&=:\omega_{c\tau}-\alpha_c\frac{\partial E_i^c}{\partial \omega_{c\tau}}\\ \omega_{a\tau}&=:\omega_{a\tau}-\alpha_a\frac{\partial E_i^a}{\partial \omega_{a\tau}},\tau=1,2\end{aligned} \tag{4-38}$$

其中，α_c、$\alpha_a\in(0,1)$ 为评判与执行网络的学习率，符号=:表示赋值操作。

4.5 仿真实验

例 4.1 考虑一个非线性的倒立摆装置，离散化后的状态空间表达式[14]如下所示

$$x_{k+1}=\begin{bmatrix} x_k^{[1]}+0.1x_k^{[2]} \\ -0.6125\sin(x_k^{[1]})+0.975x_k^{[2]} \end{bmatrix}+\begin{bmatrix} 0 \\ 0.125\big(\tanh\big(u(x_k)\big)+u(x_k)\big) \end{bmatrix} \tag{4-39}$$

其中，$x_k=[x_k^{[1]},x_k^{[2]}]^{\mathsf{T}}$ 是状态变量，$u(x_k)$ 是控制律，$x_0=[-0.2,0.8]^{\mathsf{T}}$。令代价函数如式（4-6）所示。根据自适应评判设计的常用准则，为了保证算法收敛，学习参数设为 $\boldsymbol{Q}=\mathbf{I}_2$、$\boldsymbol{R}=0.5\mathbf{I}$、$\boldsymbol{\Phi}=40\mathbf{I}_2$ 以及 γ=0.97。在开展迭代算法之前，需要提前对三层结构的模型网络进行训练。选取 1000 组输入输出样本数据，并设定学习率 $\alpha_m=0.02$，然后使用 MATLAB 神经网络工具箱来训练模型网络，其中训练误差为 10^{-8}，训练步数为 500。训练结束后，模型网络的权值和阈值保持不变。根据设定的训练性能指标 E_m，模型网络的训练误差如图 4-1 所示。

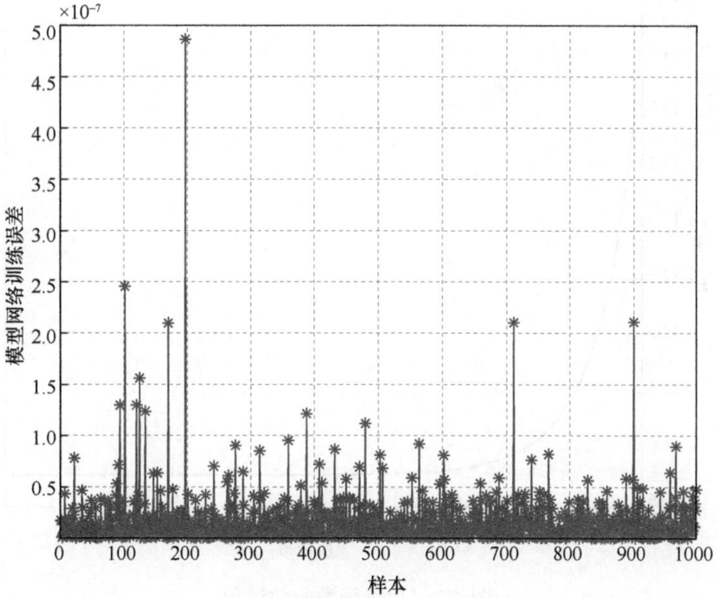

图 4-1 模型网络的训练误差

接下来，给出需要跟踪的参考轨迹方程为

$$r_{k+1}=\begin{bmatrix} r_k^{[1]}+0.1r_k^{[2]} \\ -0.2492r_k^{[1]}+0.9888r_k^{[2]} \end{bmatrix} \tag{4-40}$$

其中，$r_k=[r_k^{[1]},r_k^{[2]}]^{\mathsf{T}}$，$r_0=[-0.1,0.2]^{\mathsf{T}}$。根据式(4-34)，使用 MATLAB 中的“fsolve”函数来求解稳态控制。

为了执行迭代算法，建立结构同为 2-8-1 的评判网络和执行网络，其中 2、8 和 1 分别代表输入层、隐藏层和输出层的神经元个数。在神经网络的更新中，两个网络的初始权值范围为 $[-0.2,0.2]$，激活函数选为 $\tanh(\cdot)$，学习率为 $\alpha_c=\alpha_a=0.05$。基于选定的参数，开始执行具有折扣因子的广义 VI 算法，停止准则中两个条件为 $|V_{i+1}(e_k)-V_i(e_k)|<\varsigma$ 和 $\gamma>\varPsi_i$，其中 $\varsigma=10^{-5}$。在每一次迭代中，训练评判网络和执行网络直到性能指标 E_i^c 和 E_i^a 小于 10^{-8} 或者达到最大训练步 500。执行迭代算法后，迭代代价函数收敛过程如图 4-2 所示。可以看到，代价函数以单调非增的形式收敛到最优值。此外，折扣因子和 $\varPsi_i$ 的曲线如图 4-3 所示，评判网络和执行网络的权值矩阵范数收敛过程如图 4-4 所示。

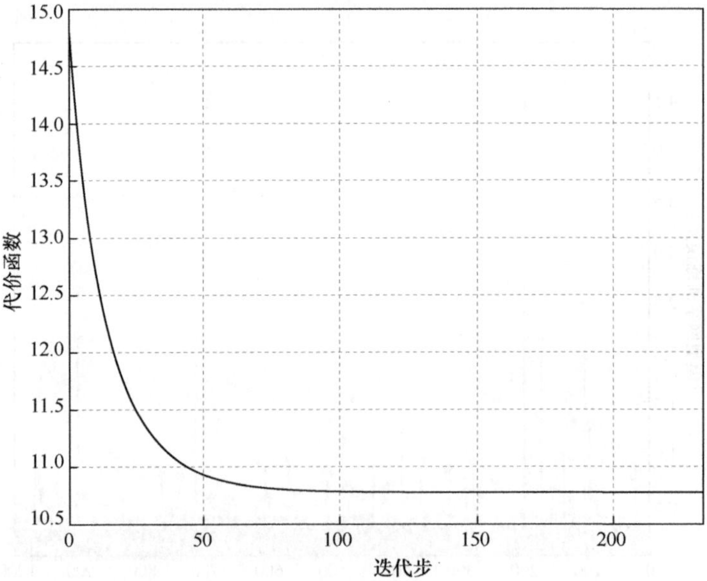

图 4-2　代价函数收敛过程

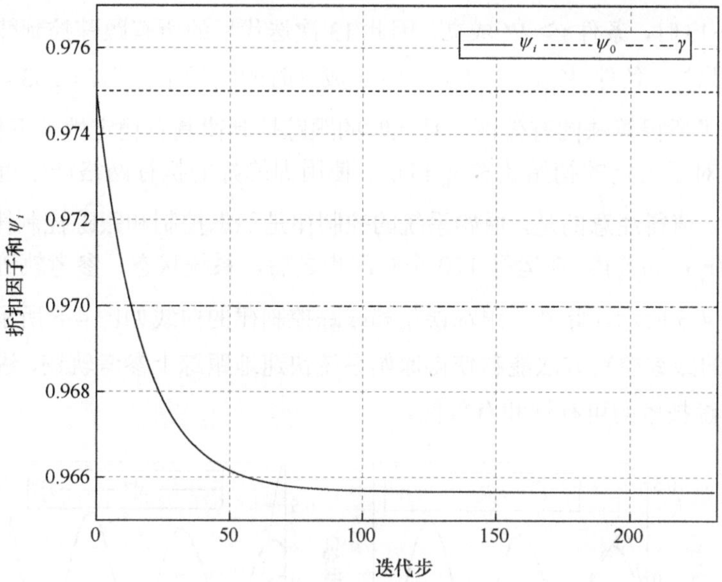

图 4-3　折扣因子和 Ψ_i 的曲线

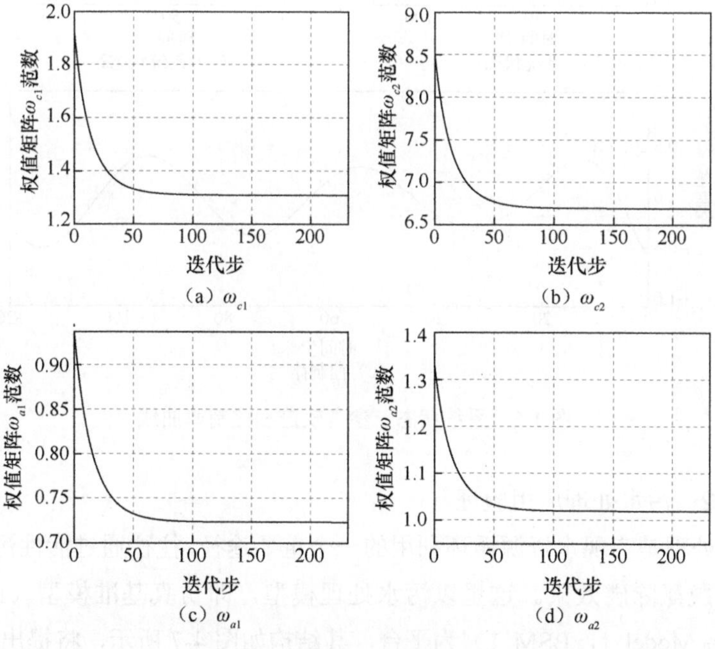

图 4-4　权值矩阵范数收敛过程

当$i=13$时，条件$\gamma>\Psi_i$成立，因此 13 次迭代后的所有跟踪控制律都为稳定控制律。此外，条件$|V_{i+1}(e_k)-V_i(e_k)|<\varsigma$成立时的迭代指标为$i=233$。上述收敛效果验证了所提算法的有效性，且此时的跟踪控制律具有稳定性和近似最优性。接下来，对于给定的初始状态x_0和r_0，使用训练好的执行网络产生近似最优跟踪控制律。值得注意的是，原始系统的控制律是稳态控制和跟踪控制律的和，即$u(x_k)=u(r_k)+u(e_k)$。在运行 120 个时间步之后，系统状态、参考轨迹和控制律曲线如图 4-5 所示。此外，跟踪误差和跟踪控制律的曲线如图 4-6 所示。可以看到，本章的跟踪控制方法能够使得原始系统快速地跟踪上参考轨迹，进一步验证了所提跟踪技术的可行性和有效性。

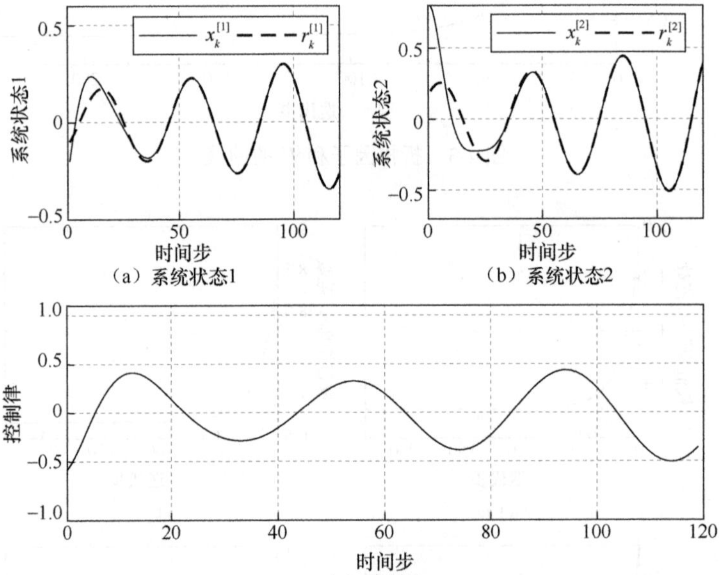

（a）系统状态1　（b）系统状态2　（c）控制律

图 4-5　系统状态、参考轨迹和控制律曲线

例 4.2　污水处理应用验证

污水处理是实现水资源循环利用的一个重要途径，往往通过活性污泥工艺达到污水的脱氮除磷效果。这里以污水处理模型，即仿真基准模型（Benchmark Simulation Model 1，BSM 1）为平台，其结构如图 4-7 所示，将提出的广义 VI 跟踪算法应用于污水处理中关键变量的控制设计。

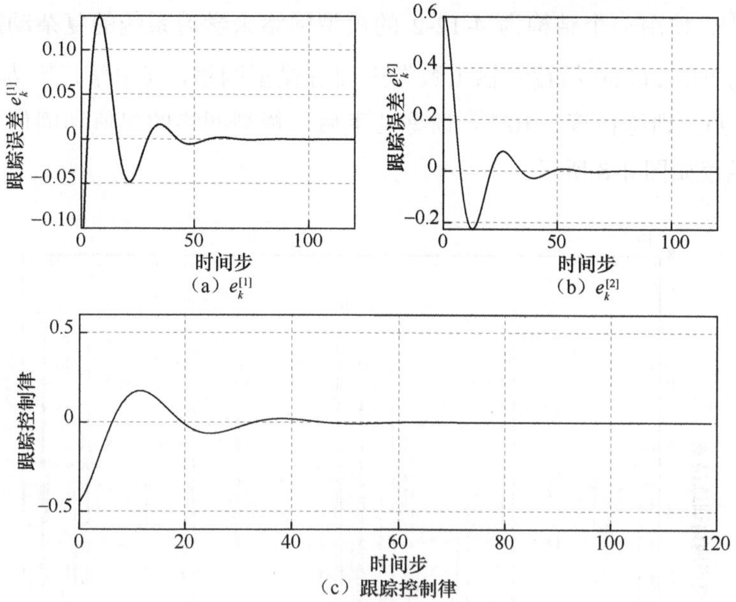

（c）跟踪控制律

图 4-6　跟踪误差和跟踪控制律曲线

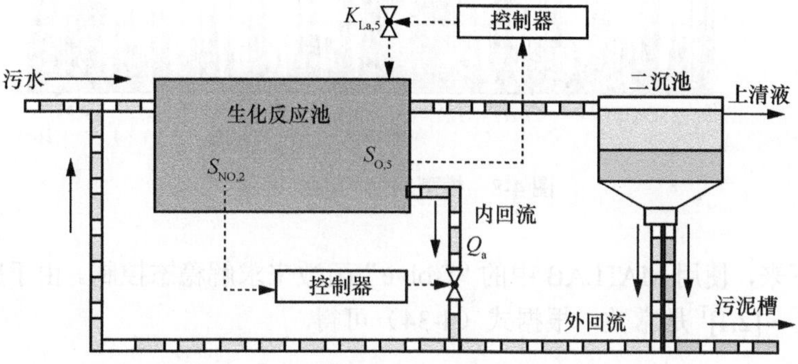

图 4-7　BSM1 仿真模型结构：反馈控制器、生化反应池和二沉池

BSM1 主要由生化反应池和二沉池组成。在污水处理过程中，生化反应池第五分区的溶解氧浓度 $S_{O,5}$ 和第二分区的硝态氮浓度 $S_{NO,2}$ 影响着出水质量，需要通过调节氧传递系数 $K_{La,5}$ 和内回流量 Q_a 的值，保证两个关键状态变量维持在理想值，即 2mg/L 和 1mg/L[15-16]。为了实现这一污水处理系统跟踪问题，定义系统状态 $x_k=[S_{O,5},S_{NO,2}]^{\mathsf{T}}$，控制变量为 $u(x_k)=[K_{La,5},Q_a]^{\mathsf{T}}$，参考轨迹为

$r_k=[2,1]^{\mathrm{T}}$。使用一个结构为 4-12-2 的模型网络来学习系统的复杂动态。利用晴天情况下的 26880 组输入输出数据来训练模型网络，其中学习率为 0.02，训练步为 800，训练精度为10^{-4}。训练结束后，模型网络的权值和阈值不再变化且训练误差如图 4-8 所示。

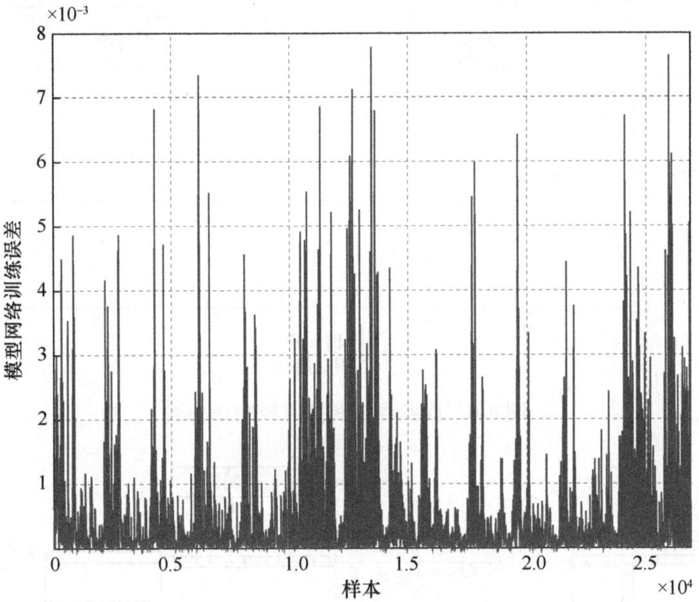

图 4-8　模型网络的训练误差

接下来，使用 MATLAB 中的“fsolve”函数来求解稳态控制。由于跟踪的参考轨迹$r_k=[2,1]^{\mathrm{T}}$是常数，根据式（4-34）可得

$$[2,1]^{\mathrm{T}}=\omega_{m2}^{\mathrm{T}}\Theta_m\left(\omega_{m1}^{\mathrm{T}}\left([2,1],u^{\mathrm{T}}(r_k)\right)^{\mathrm{T}}+b_{m1}\right)+b_{m2} \tag{4-41}$$

由此得到的稳态控制也为常数，即$u(r_k)=[206,29166]^{\mathrm{T}}$。

为了实施数据驱动的折扣广义 VI 算法，效用函数中的矩阵和参数设为$\boldsymbol{Q}=0.01\mathbf{I}_2$、$\boldsymbol{R}=0.01\mathbf{I}_2$、$\boldsymbol{\Phi}=\mathbf{I}_2$，以及$\gamma=0.98$。从实际平台中，可以观测到溶解氧浓度和硝态氮浓度的初始值为$x_0=[0.5,3.7]^{\mathrm{T}}$。接下来，分别构造结构 2-20-1 的评判网络和 2-20-2 的执行网络来近似代价函数和跟踪控制律。在每个迭代步内，设置神经网络学习率为$\alpha_c=\alpha_a=0.05$，并执行 1000 个训练步，直到评判网络和执行网络的性能误差小于10^{-8}。在 771 次迭代后代价函数收敛，其曲线如图 4-9 所示，折扣因子和$\varPsi_i$的曲线如图 4-10 所示，两个神经网络的权值矩阵范数收敛过程如图 4-11 所示。可以看出，代价函数具有单调递减的特性。此外，在第 124 次迭代时跟踪控制律的容许条件得到满足。

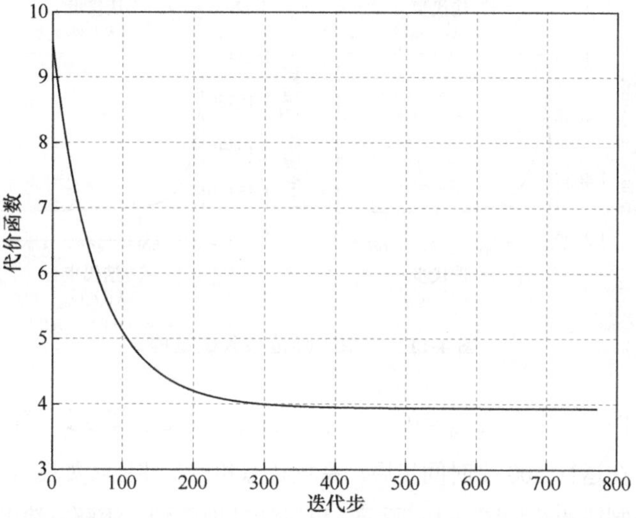

图 4-9　代价函数收敛过程

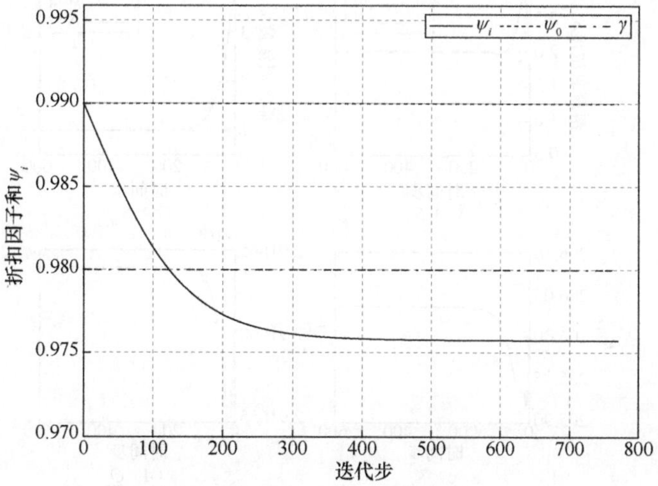

图 4-10　折扣因子和$\varPsi_i$曲线

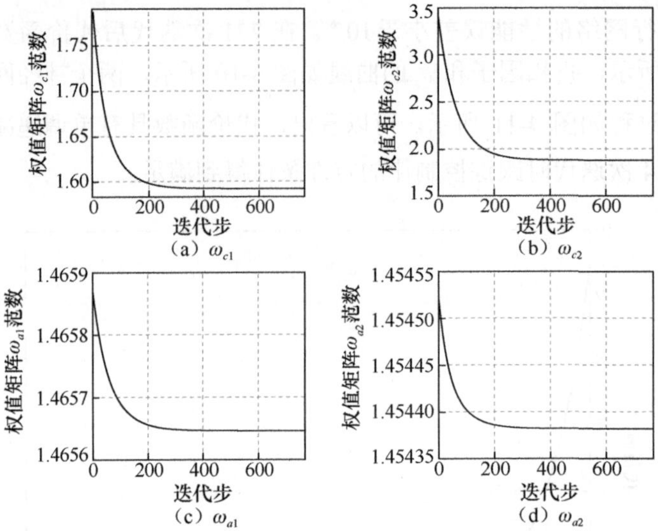

图 4-11 权值矩阵范数收敛过程

对于给定的零初始状态 $x_0=[0.5,3.7]^{\mathrm{T}}$，将得到的近似最优跟踪控制律作用于污水处理系统。在运行 600 个时间步后，系统状态和控制律曲线如图 4-12 所示，跟踪误差和跟踪控制律曲线如图 4-13 所示。可以清楚地看到，溶解氧浓度和硝态氮浓度较快地维持在理想值 $r_k=[2,1]^{\mathrm{T}}$，进一步验证了所提折扣广义 VI 算法的有效性。

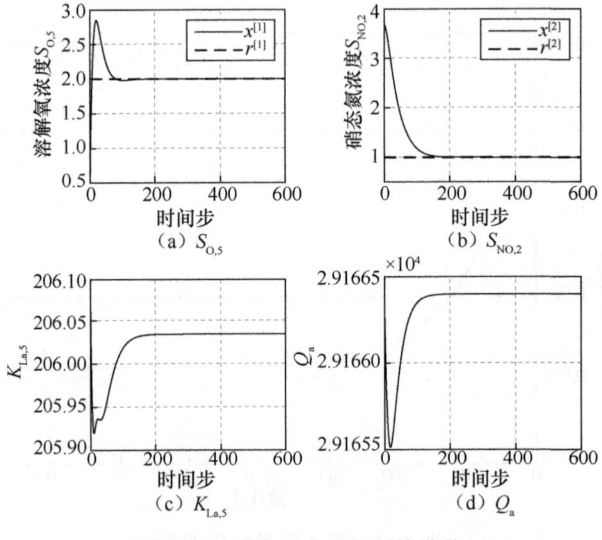

图 4-12 系统状态和控制律曲线

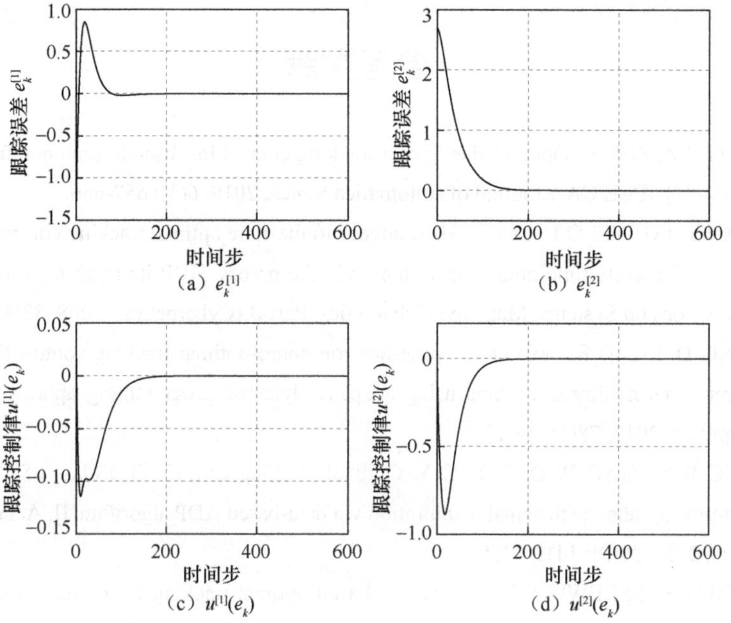

图 4-13　跟踪误差和跟踪控制律曲线

4.6　小结

针对非仿射系统的最优跟踪问题，本章提出了一种基于折扣广义 VI 的自适应跟踪控制方法。首先，构造模型网络来获得稳态控制并提供下一时刻状态相对于控制律的偏导数，这个过程不要求精确的数学模型。然后，基于折扣广义 VI 算法的性质，通过使迭代过程中的代价函数单调非增从而给出迭代跟踪控制律的容许性判别准则。基于两个停止条件，本章获得的跟踪控制律具有容许性和近似最优性。最后，通过两个仿真实例验证了所提轨迹跟踪方法的有效性。相比于第 3 章，本章将折扣广义 VI 算法推广到了基于稳态控制的最优跟踪问题上，在应用对象和理论性质方面上都进行了拓展。需要指出的是，已有一些新的代价函数形式不需要求解稳态控制，如何设计无稳态控制的跟踪问题 VI 算法需要进一步的研究。

参考文献

[1] SONG R Z, ZHU L. Optimal fixed-point tracking control for discrete-time nonlinear systems via ADP[J]. IEEE/CAA Journal of Automatica Sinica, 2019, 6(3): 657-666.

[2] ZHANG H G, WEI Q L, LUO Y H. A novel infinite-time optimal tracking control scheme for a class of discrete-time nonlinear systems via the greedy HDP iteration algorithm[J]. IEEE Transactions on Systems, Man, and Cybernetics, Part B (Cybernetics), 2008, 38(4): 937-942.

[3] WANG D, LIU D R, WEI Q L. Finite-horizon neuro-optimal tracking control for a class of discrete-time nonlinear systems using adaptive dynamic programming approach[J]. Neurocomputing, 2012, 78(1): 14-22.

[4] SONG R Z, XIAO W D, SUN C Y. Optimal tracking control for a class of unknown discrete-time systems with actuator saturation via data-based ADP algorithm[J]. Acta Automatica Sinica, 2013, 39(9): 1413-1420.

[5] KIUMARSI B, LEWIS F L. Actor-critic-based optimal tracking for partially unknown nonlinear discrete-time systems[J]. IEEE Transactions on Neural Networks and Learning Systems, 2015, 26(1): 140-151.

[6] HA M M, WANG D, LIU D R. Data-based nonaffine optimal tracking control using iterative DHP approach[C]//Proceedings of 21th IFAC World Congress, [S.l: s.n.], 2020, 53(2): 4246-4251.

[7] WANG D, HA M M, QIAO J F. Data-driven iterative adaptive critic control toward an urban wastewater treatment plant[J]. IEEE Transactions on Industrial Electronics, 2021, 68(8): 7362-7369.

[8] WANG D, ZHAO M M, HA M M, et al. Neural optimal tracking control of constrained nonaffine systems with a wastewater treatment application[J]. Neural Networks, 2021, 143: 121-132.

[9] WANG D, ZHAO M M, QIAO J F. Intelligent optimal tracking with asymmetric constraints of a nonlinear wastewater treatment system[J]. International Journal of Robust and Nonlinear Control, 2021, 31(14): 6773-6787.

[10] 王鼎, 赵明明, 哈明鸣, 等. 基于折扣广义值迭代的智能最优跟踪及应用验证[J]. 自动化学报, 2022, 48(1): 182-193.

[11] LI H L, LIU D R. Optimal control for discrete-time affine non-linear systems using general value iteration[J]. IET Control Theory & Applications, 2012, 6(18): 2725-2736.

[12] WEI Q L, LIU D R, LIN H Q. Value iteration adaptive dynamic programming for optimal

control of discrete-time nonlinear systems[J]. IEEE Transactions on Cybernetics, 2016, 46(3): 840-853.

[13] HEYDARI A. Stability analysis of optimal adaptive control under value iteration using a stabilizing initial policy[J]. IEEE Transactions on Neural Networks and Learning Systems, 2018, 29(9): 4522-4527.

[14] WANG D, QIAO J F. Approximate neural optimal control with reinforcement learning for a torsional pendulum device[J]. Neural Networks, 2019, 117: 1-7.

[15] BO Y C, QIAO J F. Heuristic dynamic programming using echo state network for multivariable tracking control of wastewater treatment process[J]. Asian Journal of Control, 2015, 17(5): 1654-1666.

[16] 韩红桂, 张琳琳, 伍小龙, 等. 数据和知识驱动的城市污水处理过程多目标优化控制[J]. 自动化学报, 2021, 47(11): 2538-2546.

第5章 基于广义值迭代的新型事件触发最优跟踪控制

5.1 引言

随着非线性系统的日益复杂化，在稳定性得到保证的前提下，研究人员对计算成本的要求也变得愈加严格。近年来，学者们已经成功将事件触发机制与多种类型的系统进行融合，包括线性、非线性、离散、连续、无源、网络控制等系统，并且都取得了良好的控制效果，充分展示了事件触发机制在控制领域的巨大潜力[1-9]。事件触发机制与传统时间触发机制的不同之处在于对控制律的更新方式上。时间触发机制采用的是一种周期且连续的更新方式，而事件触发机制通过预先设定一个合理的触发条件，只有当这个触发条件不成立时才对系统状态进行采样并更新该时刻的控制律，进而形成一种非周期的更新方式。因此，相比于传统的时间触发控制方法，事件触发控制方法可以有效地降低算法计算量。针对离散时间系统，Eqtami 等[10]基于输入-状态稳定性（Input-to-State Stability，ISS）技术设计了一种新型事件触发控制方法，并对事件触发间隔进行了计算。Liu 等[11]针对非线性系统输出反馈控制问题设计了一种事件触发机制，用于将控制系统转换为两个具有 ISS 的子系统。Sahoo 等[12]针对一类仿射离散时间非线性系统，设计了一种次优的事件触发条件。近年来，随着对 ADP 的深入研究及拓展，基于事件触发的 ADP 方法也逐渐成为了控制领域的研究热点。Ha 等[13]针对离散时间约束仿射系统，通过构造合理的非二次型效用函数，设计了一种基于事件的评判学习近似最优控制器。文献[14]针对未知非线性系统设计了一种基于事件的迭代自学习控制器，并从 ISS 的角度分析了闭环系统的稳定性。文献[15]采用基于 HDP 结构的事件触发控制方法解决了离散时间系统的最优调节问题。Luo 等[16]设计了一种新型事件触发控制方案用于解决连续时间系统的最优控制问题，并且根据设计出的触发条件，证明了代价函数存在一个预定的上界，同时交互时间存在下界。

近几十年来，非线性系统的最优跟踪问题一直是控制工程领域的研究热点[17]。然而，多数跟踪方法未将事件触发机制考虑在内，不可避免地浪费了通信资源。基于此，本章提出了一种新型事件触发控制方案用于解决离散时间非仿射系统的最优跟踪问题。首先，基于稳态控制，采用了广义 VI 算法以获得时间触发机制下的最优跟踪控制律。然后，引入合适的可调参数搭建了一个新型的触发条件，在保证原系统状态跟踪上预设参考轨迹的同时降低了计算成本。其次，根据设计的触发条件证明了被控系统的渐近稳定性，并且根据引入的可调参数证明了真实代价函数存在一个预定的上界。在算法实现过程中，构建执行–评判框架，在考虑神经网络近似误差的情况下证明了跟踪误差的一致最终有界性。本章的主要内容来源于作者的研究成果[18]并对其进行了修改、补充和完善。

5.2　问题描述

考虑一类离散时间非线性动态系统

$$x_{k+1} = \mathcal{F}(x_k, \mu_k), k \in \mathbf{N} \tag{5-1}$$

其中，$x_k \in \mathbf{R}^n$ 是系统状态变量，$\mu_k \in \mathbf{R}^m$ 是控制输入，$\mathcal{F}: \mathbf{R}^n \times \mathbf{R}^m \to \mathbf{R}^n$ 是一个连续函数，且 $\mathcal{F}(0,0)=0$ 。考虑最优跟踪控制问题，目的是设计一个最优反馈控制策略 $\mu(x_k)$ ，使得系统状态 x_k 跟踪上预设的参考轨迹。定义参考轨迹为

$$\xi_{k+1} = \mathcal{T}(\xi_k) \tag{5-2}$$

其中，$\mathcal{T}(\cdot)$ 是关于 $\xi_k \in \mathbf{R}^n$ 的可微函数。对于轨迹跟踪问题，需要找到参考轨迹的稳态控制向量 $\mu(\xi_k)$，使得 $\xi_{k+1} = \mathcal{F}\left(\xi_k, \mu(\xi_k)\right)$。众所周知，对于模型已知的仿射系统，可以很容易获得相应参考轨迹的稳态控制。然而，对于模型未知的非仿射系统，需要构建模型网络来得到参考轨迹的稳态控制 $\mu(\xi_k)$ 。

为了便于研究最优跟踪控制问题，定义跟踪误差为

$$e_k = x_k - \xi_k \tag{5-3}$$

对应的跟踪控制为

$$\mu(e_k) = \mu(x_k) - \mu(\xi_k) \tag{5-4}$$

结合式（5-1）～式（5-4），建立误差动态系统如下所示

$$e_{k+1} = \mathcal{F}\left(e_k + \xi_k, \mu(e_k) + \mu(\xi_k)\right) - \mathcal{T}(\xi_k) \tag{5-5}$$

针对误差系统（5-5），目标是找到一个最优跟踪控制，使得跟踪误差 e_k 最终趋于零，即当 $k \to \infty$ 时，$e_k \to 0$，同时最小化如下的无限时域代价函数

$$\mathcal{J}(e_k) = \sum_{l=k}^{\infty} \mathcal{U}\left(e_l, \mu(e_l)\right) \tag{5-6}$$

其中，$\mathcal{U}(\cdot,\cdot) \geqslant 0$ 是效用函数，这里定义为

$$\mathcal{U}\left(e_k, \mu(e_k)\right) = e_k^{\mathsf{T}} \boldsymbol{Q} e_k + \mu^{\mathsf{T}}(e_k) \boldsymbol{R} \mu(e_k) \tag{5-7}$$

其中，$\boldsymbol{Q} \in \mathbf{R}^{n\times n}$ 和 $\boldsymbol{R} \in \mathbf{R}^{m\times m}$ 是正定矩阵。简便起见，令 $\mathcal{Q}(e_k) = e_k^{\mathsf{T}} \boldsymbol{Q} e_k$ 和 $\mathcal{R}\left(\mu(e_k)\right) = \mu^{\mathsf{T}}(e_k) \boldsymbol{R} \mu(e_k)$。

根据 Bellman 最优性原理，在不考虑事件触发机制的情况下最优代价函数满足如下 Bellman 方程

$$\begin{aligned} \mathcal{J}^*(e_k) = \min_{\mu} \sum_{l=k}^{\infty} \mathcal{U}\left(e_l, \mu(e_l)\right) = \\ \min_{\mu(e_k)} \left\{ \mathcal{U}\left(e_k, \mu(e_k)\right) + \mathcal{J}^*(e_{k+1}) \right\} \end{aligned} \tag{5-8}$$

相应的最优跟踪控制 $\mu^*(e_k)$ 为

$$\mu^*(e_k) = \arg\min_{\mu(e_k)} \left\{ \mathcal{Q}(e_k) + \mathcal{R}\left(\mu(e_k)\right) + \mathcal{J}^*(e_{k+1}) \right\} \tag{5-9}$$

实际上，通过求解式（5-8）右侧的梯度可以计算出最优反馈跟踪控制 $\mu^*(e_k)$，即

$$\frac{\partial \mathcal{U}\left(e_k, \mu(e_k)\right)}{\partial \mu(e_k)} + \left[\frac{\partial e_{k+1}}{\partial \mu(e_k)}\right]^{\mathsf{T}} \frac{\partial \mathcal{J}^*(e_{k+1})}{\partial e_{k+1}} = 0 \tag{5-10}$$

进而可得

$$\mu^*(e_k) = -\frac{1}{2} \boldsymbol{R}^{-1} \left[\frac{\partial e_{k+1}}{\partial \mu(e_k)}\right]^{\mathsf{T}} \frac{\partial \mathcal{J}^*(e_{k+1})}{\partial e_{k+1}} \tag{5-11}$$

不难发现在 $\mathcal{J}^*(e_{k+1})$ 已知的情况下，通过式（5-11）可以很容易得到最优跟踪控制 $\mu^*(e_k)$。然而，对于未知非线性动态系统而言，采用传统的控制方法很难得到 $\mathcal{J}^*(e_{k+1})$ 的值。因此，考虑引入广义 VI 算法以获得时间触发机制下的近似最优跟踪控制并保证其容许性。此外，在传统的时间触发控制过程中，控制器需要在每一个时间步上进行更新，为了降低计算负担，引入事件触发机制就显得尤为重要。

5.3　基于事件的近似最优跟踪控制设计

考虑传统 VI 算法需要零初始代价函数，以及不能保证跟踪控制律容许性，本节设计了一种新型事件触发控制方法。这种控制方法需要获得时间触发机制下的最优跟踪控制，为此引入了一种广义 VI 算法并分析了该算法的收敛性。此外，根据设计的事件触发条件证明了被控系统的渐近稳定性，且真实代价函数存在一个预定的上界。

5.3.1　广义值迭代算法推导

广义 VI 算法的实质是通过连续迭代的方式获得 HJB 方程的近似最优解，并保证跟踪控制律的容许性。通过引入一个迭代指标 $i \in \mathbf{N}$，进而获得每个时间步 k 上的近似最优跟踪控制。定义初始迭代代价函数为 $\mathcal{J}^{(0)}(e_k)=e_k^{\mathsf{T}}\boldsymbol{\Phi}e_k$，其中 $\boldsymbol{\Phi}$ 是一个半正定矩阵。然后，相应的跟踪控制 $\mu^{(0)}(e_k)$ 可以表示为

$$\mu^{(0)}(e_k)=\arg\min_{\mu(e_k)}\left\{\mathcal{Q}(e_k)+\mathcal{R}\big(\mu(e_k)\big)+\mathcal{J}^{(0)}(e_{k+1})\right\} \tag{5-12}$$

紧接着，$\mathcal{J}^{(1)}(e_k)$ 的更新过程为

$$\mathcal{J}^{(1)}(e_k)=\mathcal{Q}(e_k)+\mathcal{R}\big(\mu^{(0)}(e_k)\big)+\mathcal{J}^{(0)}(e_{k+1}) \tag{5-13}$$

因此，整个迭代过程可以总结为交替地更新迭代跟踪控制

$$\mu^{(i)}(e_k)=\arg\min_{\mu(e_k)}\left\{\mathcal{Q}(e_k)+\mathcal{R}\big(\mu(e_k)\big)+\mathcal{J}^{(i)}(e_{k+1})\right\} \tag{5-14}$$

和迭代代价函数

$$\mathcal{J}^{(i+1)}(e_k)=\mathcal{Q}(e_k)+\mathcal{R}\big(\mu^{(i)}(e_k)\big)+\mathcal{J}^{(i)}(e_{k+1}) \tag{5-15}$$

引理 5-1 假设存在常数 $\vartheta<\infty$ 和 $0\leqslant\delta_1\leqslant1\leqslant\delta_2<\infty$，使得不等式条件 $0\leqslant\mathcal{J}^*(e_{k+1})\leqslant\vartheta\mathcal{U}\big(e_k,\mu(e_k)\big)$ 和 $\delta_1\mathcal{J}^*(e_k)\leqslant\mathcal{J}^{(0)}(e_k)\leqslant\delta_2\mathcal{J}^*(e_k)$ 成立。根据式（5-14）和式（5-15）中的迭代更新过程，则迭代代价函数通过式（5-16）逼近最优代价函数

$$\left[1+\frac{\delta_1-1}{(1+\vartheta^{-1})^i}\right]\mathcal{J}^*(e_k)\leqslant\mathcal{J}^{(i)}(e_k)\leqslant\left[1+\frac{\delta_2-1}{(1+\vartheta^{-1})^i}\right]\mathcal{J}^*(e_k) \tag{5-16}$$

证明：根据给定的条件 $\delta_1\mathcal{J}^*(e_k)\leqslant\mathcal{J}^{(0)}(e_k)\leqslant\delta_2\mathcal{J}^*(e_k)$，采用数学归纳法证明不等式（5-16）的左边。当 $i=1$ 时，可得

$$\begin{aligned}
&\mathcal{J}^{(1)}(e_k)=\min_{\mu(e_k)}\left\{\mathcal{U}\big(e_k,\mu(e_k)\big)+\mathcal{J}^{(0)}(e_{k+1})\right\}\geqslant\\
&\min_{\mu(e_k)}\left\{\mathcal{U}\big(e_k,\mu(e_k)\big)+\delta_1\mathcal{J}^*(e_{k+1})\right\}\geqslant\\
&\min_{\mu(e_k)}\left\{\left(1+\vartheta\frac{\delta_1-1}{1+\vartheta}\right)\mathcal{U}\big(e_k,\mu(e_k)\big)+\left(\delta_1+\frac{1-\delta_1}{1+\vartheta}\right)\mathcal{J}^*(e_{k+1})\right\}=\\
&\left(1+\frac{\delta_1-1}{1+\vartheta^{-1}}\right)\mathcal{J}^*(e_k)
\end{aligned} \tag{5-17}$$

假设不等式（5-16）的左边部分对于 $i-1$ 成立。对于 i，可以进一步得到

$$\begin{aligned}
&\mathcal{J}^{(i)}(e_k)=\min_{\mu(e_k)}\left\{\mathcal{U}\big(e_k,\mu(e_k)\big)+\mathcal{J}^{(i-1)}(e_{k+1})\right\}\geqslant\\
&\min_{\mu(e_k)}\left\{\mathcal{U}\big(e_k,\mu(e_k)\big)+\left(1+\frac{\delta_1-1}{(1+\vartheta^{-1})^{i-1}}\right)\mathcal{J}^*(e_{k+1})+\right.\\
&\left.\frac{\vartheta^{i-1}(\delta_1-1)}{(1+\vartheta)^i}\Big(\vartheta\mathcal{U}\big(e_k,\mu(e_k)\big)-\mathcal{J}^*(e_{k+1})\Big)\right\}=\\
&\left(1+\frac{\delta_1-1}{(1+\vartheta^{-1})^i}\right)\min_{\mu(e_k)}\left\{\mathcal{U}\big(e_k,\mu(e_k)\big)+\mathcal{J}^*(e_{k+1})\right\}=\\
&\left(1+\frac{\delta_1-1}{(1+\vartheta^{-1})^i}\right)\mathcal{J}^*(e_k)
\end{aligned} \tag{5-18}$$

类似地，不等式（5-16）的右边也可以用同样的方法得到。同时，观察式（5-16）可得

$$\lim_{i\to\infty}\left\{\left(1+\frac{\delta_1-1}{(1+\vartheta^{-1})^i}\right)\mathcal{J}^*(e_k)\right\}=\lim_{i\to\infty}\left\{\left(1+\frac{\delta_2-1}{(1+\vartheta^{-1})^i}\right)\mathcal{J}^*(e_k)\right\}=\mathcal{J}^*(e_k) \quad (5\text{-}19)$$

因此，当迭代指标趋向于无穷大时，可以得出$\lim\limits_{i\to\infty}\mathcal{J}^{(i)}(e_k)=\mathcal{J}^*(e_k)$，进而实现代价函数的一致收敛性[17]。证毕。

5.3.2 事件触发最优控制设计

考虑传统时间触发机制存在计算量大的问题，而事件触发机制的本质是通过减少采样次数，进而减少控制器的更新次数。因此，本部分结合时间触发机制下的迭代关系设计了一种新型的触发条件。在此之前，定义一个单调递增的触发时间序列$\{k_j\}_{j=0}^{\infty}$，$j\in\mathbf{N}$，对应的跟踪控制只在k_j处更新，直到下一个事件发生。采用零阶保持器使得跟踪控制在事件未触发时保持不变，即$k\in[k_j,k_{j+1})$。然后，在事件触发机制下的最优跟踪控制可表示为

$$\mu^*(e_{k_j})=-\frac{1}{2}\boldsymbol{R}^{-1}\left[\frac{\partial e_{k+1}}{\partial\mu(e_{k_j})}\right]^{\mathrm{T}}\frac{\partial\mathcal{J}^*(e_{k+1})}{\partial e_{k+1}} \quad (5\text{-}20)$$

为了便于研究，将事件触发机制引入误差动态系统（5-5）中，可表示为

$$e_{k+1}=\mathcal{S}\left(e_k,\mu(e_{k_j})\right) \quad (5\text{-}21)$$

其中，$\mathcal{S}:\mathbf{R}^n\times\mathbf{R}^m\to\mathbf{R}^n$是一个连续函数，且满足$\mathcal{S}(0,0)=0$。

接下来，为了证明基于事件的误差系统（5-21）的稳定性，受文献[16]启发，定义一个新型触发条件为

$$C_\eta(e_{k+1},e_k,e_{k_j})<0 \quad (5\text{-}22)$$

其中，不等式（5-22）的左边部分为

$$C_\eta(e_{k+1},e_k,e_{k_j})=\eta\Delta\mathcal{J}^*(e_k)+\mathcal{Q}(e_k)+\mathcal{R}\left(\mu(e_{k_j})\right) \quad (5\text{-}23)$$

在式（5-23）中，$\eta>1$是一个常数，$\Delta\mathcal{J}^*(e_k)=\mathcal{J}^*(e_{k+1})-\mathcal{J}^*(e_k)$是最优代价函数的一阶差分。根据式（5-22）中给定的触发条件，可以得到下一个采样时间

$$k_{j+1}=\inf\left\{k\mid C_\eta(e_{k+1},e_k,e_{k_j})\geqslant 0,k>k_j\right\} \quad (5\text{-}24)$$

根据事件触发机制的本质，可以通过判断触发条件得到基于事件的采样时刻。只

有当触发条件不成立时，即 $C_\eta(e_{k+1},e_k,e_{k_j})\geqslant 0$，才会对跟踪控制进行更新。

下面根据设计的事件触发条件，证明基于事件的误差系统（5-21）的渐近稳定性。此外，通过给定参数 η，可以预先确定真实代价函数的上界。

定理 5-1 假设最优代价函数 $\mathcal{J}^*(e_k)$ 是一个 Lyapunov 函数。根据设计的触发条件（5-22），基于事件的误差系统（5-21）是渐近稳定的。

证明：这里，将分别针对触发条件成立和触发条件不成立两种情况进行分析。

情况 1：假设触发条件（5-22）成立，即 $C_\eta(e_{k+1},e_k,e_{k_j})<0$。根据式（5-22）和式（5-23），$\Delta\mathcal{J}^*(e_k)$ 满足

$$
\begin{aligned}
\Delta\mathcal{J}^*(e_k)&=\frac{1}{\eta}C_\eta(e_{k+1},e_k,e_{k_j})-\frac{1}{\eta}\Big(\mathcal{Q}(e_k)+\mathcal{R}\Big(\mu(e_{k_j})\Big)\Big)\leqslant\\
&-\frac{1}{\eta}\Big(\mathcal{Q}(e_k)+\mathcal{R}\Big(\mu(e_{k_j})\Big)\Big)\leqslant 0
\end{aligned}
\tag{5-25}
$$

因此，在这种情况下，误差系统（5-21）满足渐近稳定条件。

情况 2：假设触发条件（5-22）不成立，即 $C_\eta(e_{k+1},e_k,e_{k_j})\geqslant 0$。根据式（5-8），可得

$$
\Delta\mathcal{J}^*(e_k)=-\mathcal{Q}(e_k)-\mathcal{R}(\mu^*(e_k))\leqslant 0 \tag{5-26}
$$

在这种情况下，误差系统（5-21）也是渐近稳定的。

考虑上述两种情况的稳定性分析，可以推导出基于事件的误差系统的渐近稳定性。证毕。

定理 5-2 根据定理 5-1 和设计的触发条件（5-22），可以推断出真实代价函数 $\mathcal{J}(e_0,\mu)$ 存在一个上界，即使得 $\mathcal{J}(e_0,\mu)\leqslant\eta\mathcal{J}^*(e_0)$ 成立。

证明：根据不等式（5-25）和式（5-26），$k\in[k_j,k_{j+1})$ 时，可得

$$
\mathcal{Q}(e_k)+\mathcal{R}\Big(\mu(e_{k_j})\Big)\leqslant-\eta\Delta\mathcal{J}^*(e_k) \tag{5-27}
$$

然后，通过定理 5-1 可知基于事件的误差系统（5-21）是渐近稳定的，进而可得 $\lim\limits_{k\to\infty}e_k=0$ 和 $\lim\limits_{k\to\infty}\mathcal{J}^*(e_k)=0$。因此，系统真实代价函数满足不等式

$$
\begin{aligned}
\mathcal{J}(e_0,\mu)&=\sum_{l=0}^{\infty}\Big\{\mathcal{Q}(e_l)+\mathcal{R}\Big(\mu(e_{k_j})\Big)\Big\}\leqslant\sum_{l=0}^{\infty}\Big\{-\eta\Delta\mathcal{J}^*(e_l)\Big\}=\\
&\eta\Big(\mathcal{J}^*(e_0)-\lim_{k\to\infty}\mathcal{J}^*(e_k)\Big)=\eta\mathcal{J}^*(e_0)
\end{aligned}
\tag{5-28}
$$

证毕。

下面，将通过两个推论来分析给定参数η的值对系统性能的影响。

推论 5-1 假设所设计触发条件（5-22）中的参数$\eta=1$。那么这种情况下的事件触发机制就等价于传统的时间触发机制，即触发条件没有起到应有的作用。也就是说，触发条件在每个时间指标k处都不成立，并且真实代价函数满足$\mathcal{J}(e_0,\mu)=\mathcal{J}^*(e_0)$。

证明：根据等式（5-8），可得

$$\Delta\mathcal{J}^*(e_k)=-\mathcal{Q}(e_k)-\mathcal{R}\left(\mu^*(e_k)\right) \tag{5-29}$$

当$\eta=1$时，将式（5-29）代入式（5-23），然后对于所有的时间指标k，可得

$$C_\eta(e_{k+1},e_k,e_{k_j})=\mathcal{R}\left(\mu(e_{k_j})\right)-\mathcal{R}\left(\mu^*(e_k)\right)\geqslant 0 \tag{5-30}$$

然后，根据设计的触发条件（5-22），可知式（5-30）在每个时刻k，触发条件都不成立。这就意味着事件触发机制在控制过程中没有发挥作用。另外，根据定理 5-2，可得$\mathcal{J}(e_0,\mu)\leqslant\eta\mathcal{J}^*(e_0)=\mathcal{J}^*(e_0)$。同时，最优代价函数满足$\mathcal{J}^*(e_0)\leqslant\mathcal{J}(e_0,\mu)$。综上所述，可以得到$\mathcal{J}(e_0,\mu)=\mathcal{J}^*(e_0)$。证毕。

接下来，讨论参数η对事件触发交互时间的影响。定义t_{η_1}为$\eta=\eta_1$时触发间隔的交互时间。

推论 5-2 假设存在两个常数η_1和η_2满足$1<\eta_1\leqslant\eta_2$。然后，根据设计的触发条件（5-22）可以得到相应的交互时间t_{η_1}和t_{η_2}满足$t_{\eta_2}\geqslant t_{\eta_1}>0$。

证明：考虑$k\in[0,t_{\eta_1}]$，然后根据式（5-23）和式（5-24），可以得到不等式

$$C_{\eta_2}(e_{k+1},e_k,e_{k_j})-C_{\eta_1}(e_{k+1},e_k,e_{k_j})=(\eta_2-\eta_1)\left(\mathcal{J}^*(e_{k+1})-\mathcal{J}^*(e_k)\right)\leqslant 0 \tag{5-31}$$

然后，进一步分析式（5-31）可得，在$\eta=\eta_2$时的事件触发交互时间要比在$\eta=\eta_1$时长，即$t_{\eta_1}\leqslant t_{\eta_2}$。证毕。

根据上述分析的结果，可以得出可调参数η对本章设计的事件触发控制方案起着重要作用。如果主要考虑更有效地提高资源利用率和减少计算负担，在系统稳定的前提下，η的选择应该尽可能大。相反，如果主要考虑系统的优化问题，在$\eta>1$的前提下，η的选择应该尽可能小。

5.4 基于神经网络的算法实现

本节构建了模型网络、评判网络和执行网络，目的是通过连续逼近的方法获得近似最优跟踪控制。首先，通过构建模型网络得到近似系统状态 $\hat{x}_{k+1}$ 并计算出参考轨迹的稳态控制 $\mu(\xi_k)$。然后，根据式（5-2）可以得到参考轨迹 ξ_{k+1} 并进一步计算出近似跟踪误差 $\hat{e}_{k+1}$。最后，通过训练评判网络和执行网络得到近似最优代价函数和近似最优跟踪控制。

5.4.1 模型网络

由于原系统是未知的，因此需要构建一个模型网络来辨识系统动态，用于得到近似状态 $\hat{x}_{k+1}$，其神经网络表达式为

$$\hat{x}_{k+1}=\hat{w}_{m2}^{\mathsf{T}}\beta(\hat{w}_{m1}^{\mathsf{T}}x_{mk}+\hat{b}_{m2})+\hat{b}_{m1} \tag{5-32}$$

其中，$x_{mk}=[x_k^{\mathsf{T}},\mu^{\mathsf{T}}(x_k)]^{\mathsf{T}}\in\mathbf{R}^{n+m}$ 是输入变量，$\beta(\cdot)=\tanh(\cdot)$ 为有界激活函数，$\hat{w}_{m1}\in\mathbf{R}^{(n+m)\times N}$ 和 $\hat{w}_{m2}\in\mathbf{R}^{N\times n}$ 是随机初始化的权重矩阵，$\hat{b}_{m1}$ 和 $\hat{b}_{m2}$ 是随机初始化的阈值向量。令最优权值为 w_{m1}^* 和 w_{m2}^*，最优阈值为 b_{m1}^* 和 b_{m2}^*，此时系统状态 x_{k+1} 可以表示为

$$x_{k+1}=w_{m2}^{*\mathsf{T}}\beta\left(w_{m1}^{*\mathsf{T}}x_{mk}+b_{m2}^*\right)+b_{m1}^*+\epsilon_{mk} \tag{5-33}$$

其中，ϵ_{mk} 是模型网络的重构误差。然后，定义辨识误差为 $\tilde{x}_{k+1}=\hat{x}_{k+1}-x_{k+1}$，需要最小化的性能指标函数为

$$E_{mk}=\frac{1}{2}\tilde{x}_{k+1}^{\mathsf{T}}\tilde{x}_{k+1} \tag{5-34}$$

根据梯度下降算法，对权值和阈值的更新方式表示为

$$\begin{aligned}\hat{w}_{m\tau}&:=\hat{w}_{m\tau}-\alpha_m\frac{\partial E_{mk}}{\partial\hat{w}_{m\tau}}\\ \hat{b}_{m\tau}&:=\hat{b}_{m\tau}-\alpha_m\frac{\partial E_{mk}}{\partial\hat{b}_{m\tau}},\tau=1,2\end{aligned} \tag{5-35}$$

其中，$\alpha_m \in (0,1)$ 为模型网络的学习率，$:=$ 表示赋值。在模型网络训练结束后，权值和阈值保持不变。由于跟踪控制问题的目标是确保系统状态轨迹 x_k 完全跟踪上预定的参考轨迹 ξ_k，为此，将式（5-2）的神经网络表达式描述为

$$\xi_{k+1} = \hat{w}_{m2}^{\mathsf{T}} \beta\left(\hat{w}_{m1}^{\mathsf{T}} \xi_{mk} + \hat{b}_{m2}\right) + \hat{b}_{m1} \tag{5-36}$$

其中，$\xi_{mk} = [\xi_k^{\mathsf{T}}, \mu^{\mathsf{T}}(\xi_k)]^{\mathsf{T}}$。通过观察式（5-36），不难发现只有 $\mu(\xi_k)$ 是未知的。因此，稳态控制 $\mu(\xi_k)$ 可以通过数值计算的方法得到。

引理 5-2　假设权值矩阵 w_{m1}^* 和 w_{m2}^*、重构误差 ϵ_{mk}、激活函数 $\beta(\cdot)$ 都是有界的，则误差 $\tilde{e}_{k+1} = \hat{e}_{k+1} - e_{k+1}$ 是一致最终有界的。因此，时间触发机制下的跟踪误差 e_k 具有一致最终有界性[19]。

5.4.2　评判网络

评判网络输出的是近似代价函数，其神经网络表达式为

$$\hat{\mathcal{J}}(e_k) = \hat{w}_{c2}^{\mathsf{T}} \beta\left(\hat{w}_{c1}^{\mathsf{T}} e_k\right) \tag{5-37}$$

其中，$\hat{w}_{c1} \in \mathbf{R}^{n \times N}$ 和 $\hat{w}_{c2} \in \mathbf{R}^N$ 为相应的权值矩阵。当两个权值矩阵训练到最优，即 w_{c1}^* 和 w_{c2}^*，则最优代价函数 $\mathcal{J}^*(e_k)$ 可以表示为

$$\mathcal{J}^*(e_k) = w_{c2}^{*\mathsf{T}} \beta\left(w_{c1}^{*\mathsf{T}} e_k\right) + \epsilon_{ck} \tag{5-38}$$

其中，ϵ_{ck} 为评判网络的重构误差。定义误差函数为 $\tilde{\mathcal{J}}(e_k) = \hat{\mathcal{J}}(e_k) - \mathcal{J}^*(e_k)$。训练评判网络的目标是使得如下性能指标最小化

$$E_{ck} = \frac{1}{2} \tilde{\mathcal{J}}^{\mathsf{T}}(e_k) \tilde{\mathcal{J}}(e_k) \tag{5-39}$$

与模型网络相似，权值 $\hat{w}_{c1}$ 和 $\hat{w}_{c2}$ 的更新方式为

$$\hat{w}_{c\tau} := \hat{w}_{c\tau} - \alpha_c \frac{\partial E_{ck}}{\partial \hat{w}_{c\tau}}, \tau = 1,2 \tag{5-40}$$

其中，$\alpha_c \in (0,1)$ 为评判网络的学习率。

由于神经网络在训练过程中存在近似误差，因此需要进一步分析在考虑近似误差情况下被控系统的稳定性。为此，定义$\zeta_k = \hat{\mathcal{J}}(e_k) - \hat{\mathcal{J}}(\hat{e}_k)$，并给出以下假设。

假设 5-1 假设$\mathcal{Q}(e_k)$、$\mathcal{R}\Big(\mu(e_{k_j})\Big)$和$\zeta_k$都是有界的，即

（1）存在 4 个正数γ_1、γ_2、γ_3和γ_4使不等式$\gamma_1 \| e_k \|^2 \leqslant \mathcal{Q}(e_k) \leqslant \gamma_2 \| e_k \|^2$和$\gamma_3 \| e_{k_j} \|^2 \leqslant \mathcal{R}\Big(\mu(e_{k_j})\Big) \leqslant \gamma_4 \| e_{k_j} \|^2$成立。

（2）存在一个上界ζ_M使得不等式$\| \zeta_k \| \leqslant \zeta_M$成立。

引理 5-3 近似代价函数和最优代价函数分别由式（5-37）和式（5-38）表示，那么可以确定$\varepsilon_k = \mathcal{J}^*(e_k) - \hat{\mathcal{J}}(e_k)$有界，即$\|\varepsilon_k\| \leqslant \varepsilon_M$[20]。

由于神经网络的输出是近似值，考虑$\hat{e}_{k+1} = \hat{x}_{k+1} - \xi_{k+1}$，因此触发条件（5-22）可以重新表示为

$$C_\eta(\hat{e}_{k+1}, e_k, e_{k_j}) < 0 \tag{5-41}$$

其中，

$$C_\eta(\hat{e}_{k+1}, e_k, e_{k_j}) = \eta\Big(\hat{\mathcal{J}}(\hat{e}_{k+1}) - \hat{\mathcal{J}}(e_k)\Big) + \mathcal{Q}(e_k) + \mathcal{R}\Big(\mu(e_{k_j})\Big) \tag{5-42}$$

定理 5-3 根据设计的触发条件（5-41），若假设 5-1 成立并且$\mathcal{J}^*(e_k)$是一个 Lyapunov 函数，则可推断出e_k和e_{k_j}是一致最终有界的。

证明：与定理 5-1 相似，证明可分为两种情况：触发条件（5-41）成立和触发条件（5-41）不成立。

情况 1：假设触发条件成立，即当$k \in (k_j, k_{j+1})$有$C_\eta(\hat{e}_{k+1}, e_k, e_{k_j}) < 0$，然后可得

$$\begin{aligned}
&\Delta\mathcal{J}^*(e_k) = \mathcal{J}^*(e_{k+1}) - \mathcal{J}^*(e_k) = \\
&\hat{\mathcal{J}}(e_{k+1}) - \hat{\mathcal{J}}(e_k) + \varepsilon_{k+1} - \varepsilon_k = \\
&\hat{\mathcal{J}}(\hat{e}_{k+1}) - \hat{\mathcal{J}}(e_k) + \varepsilon_{k+1} - \varepsilon_k + \zeta_{k+1} = \\
&\frac{1}{\eta} C_\eta(\hat{e}_{k+1}, e_k, e_{k_j}) - \frac{1}{\eta}\Big(\mathcal{Q}(e_k) + \mathcal{R}\Big(\mu(e_{k_j})\Big)\Big) + \varepsilon_{k+1} - \varepsilon_k + \zeta_{k+1} \leqslant \\
&-\frac{1}{\eta}\Big(\mathcal{Q}(e_k) + \mathcal{R}\Big(\mu(e_{k_j})\Big)\Big) + \varepsilon_{k+1} - \varepsilon_k + \zeta_{k+1}
\end{aligned} \tag{5-43}$$

将假设 5-1 中的条件代入式（5-43），可得

$$\Delta\mathcal{J}^*(e_k) \leqslant -\frac{1}{\eta}\left(\gamma_1 \| e_k \|^2 + \gamma_3 \| e_{k_j} \|^2\right) + 2\varepsilon_M + \zeta_M \tag{5-44}$$

为了使不等式 $\Delta\mathcal{J}^*(e_k) \leqslant 0$ 成立，应确保

$$\| e_k \| \geqslant \sqrt{\frac{\eta(2\varepsilon_M + \zeta_M)}{\gamma_1}} \tag{5-45}$$

或者

$$\| e_{k_j} \| \geqslant \sqrt{\frac{\eta(2\varepsilon_M + \zeta_M)}{\gamma_3}} \tag{5-46}$$

因此，当触发条件（5-41）成立时，e_k 和 e_{k_j} 是一致渐近稳定的。

情况 2：假设触发条件不成立，这时候控制器的更新原理与传统的时间触发机制是相同的。根据引理 5-2，可推断出 e_k 和 e_{k_j} 是一致最终有界的。

结合上述两种情况，证毕。

5.4.3　执行网络

设计执行网络的目的是输出近似跟踪控制 $\hat{\mu}(e_k)$，其神经网络表达式为

$$\hat{\mu}(e_k) = \hat{w}_{a2}^{\mathsf{T}} \beta\left(\hat{w}_{a1}^{\mathsf{T}} e_k\right) \tag{5-47}$$

其中，$\hat{w}_{a1} \in \mathbf{R}^{n\times N}$ 和 $\hat{w}_{a2} \in \mathbf{R}^{N\times m}$ 是随机初始化的权值矩阵。相似地，定义误差函数为 $\tilde{\mu}(e_k) = \hat{\mu}(e_k) - \mu(e_k)$。训练执行网络的目标是使得如下性能指标最小化

$$E_{ak} = \frac{1}{2}\tilde{\mu}^{\mathsf{T}}(e_k)\tilde{\mu}(e_k) \tag{5-48}$$

权值 $\hat{w}_{a1}$ 和 $\hat{w}_{a2}$ 的更新方式为

$$\hat{w}_{a\tau} := \hat{w}_{a\tau} - \alpha_a \frac{\partial E_{ak}}{\partial \hat{w}_{a\tau}}, \tau = 1,2 \tag{5-49}$$

其中，$\alpha_a \in (0,1)$ 是执行网络的学习率。

5.5 仿真实验

例 5.1 考虑如下的非仿射非线性系统

$$\begin{cases} x_{1(k+1)} = \tanh(x_{1k}) + 0.05\tanh(x_{2k}) \\ x_{2(k+1)} = -0.3\tanh(x_{1k}) + \tanh(x_{2k}) + \sin(\mu_k) \end{cases} \tag{5-50}$$

其中，系统状态变量 $x_k = [x_{1k}, x_{2k}]^{\mathsf{T}} \in \mathbf{R}^2$，控制变量 $\mu_k \in \mathbf{R}$。此外，将初始状态设置为 $x_0 = [0.9, -0.8]^{\mathsf{T}}$。为了实现有效的跟踪控制，设定参数为 $\boldsymbol{Q} = 0.05\mathbf{I}_2$、$\boldsymbol{R} = 1.5\mathbf{I}$、$\boldsymbol{\Phi} = 50\mathbf{I}_2$、$\eta = 1.5$。值得注意的是，这些参数的选择取决于经验和实验，它们并不是唯一的。考虑未知系统的辨识问题，设计一个结构为 3-10-2 的模型网络，其中学习率 α_m 选为 0.05。此外，模型网络中的初始权值在 $[-0.1, 0.1]$ 中随机生成。采用 500 个数据样本训练模型网络，训练结束后权值和阈值保持不变并用于后续的算法学习过程。接下来，选择需要跟踪的参考轨迹为

$$\begin{cases} \xi_{1(k+1)} = 0.9963\xi_{1k} + 0.0498\xi_{2k} \\ \xi_{2(k+1)} = -0.2492\xi_{1k} + 0.9888\xi_{2k} \end{cases} \tag{5-51}$$

其中，$\xi_k = [\xi_{1k}, \xi_{2k}]^{\mathsf{T}} \in \mathbf{R}^2$ 和 $\xi_0 = [0.1, 0.2]^{\mathsf{T}}$。因此，可以得到初始跟踪误差 $e_0 = x_0 - \xi_0 = [0.8, -1]^{\mathsf{T}}$。为了在事件触发框架下确保被控系统（5-50）跟踪上参考轨迹（5-51），评判网络和执行网络的结构均设置为 2-8-1，学习率 $\alpha_a = \alpha_c = 0.02$，且这两个网络中所有的初始权值均在 $[-0.1, 0.1]$ 中随机生成。

根据广义 VI 算法，迭代代价函数的收敛曲线如图 5-1 所示。然后，根据参数 η 的选定值，触发条件（5-22）可表示为

$$C_{1.5}(e_{k+1}, e_k, e_{k_j}) < 0 \tag{5-52}$$

只有当不等式条件（5-52）不成立时，才会对跟踪控制进行更新。图 5-2 展示了事件触发机制下的跟踪结果，可以看到状态轨迹 x_k 成功地跟踪上了参考轨迹 ξ_k。根据 MATLAB 中函数“fsolve”的性质，可以通过数值求解的方法得到参考轨迹的稳态控制 $\mu(\xi_k)$。控制输入 μ_k 和稳态控制 $\mu(\xi_k)$ 的变化曲线如图 5-3 所示，而跟踪误差 e_k 曲线如图 5-4 所示。在图 5-5 中，可以看到跟踪控制 $\mu(e_k)$ 的变化曲线呈阶梯形状，进一步表明该算法的采样次数明显减少。此外，真实代价函数 $\mathcal{J}(e_0, \mu)$、最优代价函数 $\mathcal{J}^*(e_0)$ 和上界 $\eta\mathcal{J}^*(e_0)$ 的变化曲线展示在图 5-6 中。

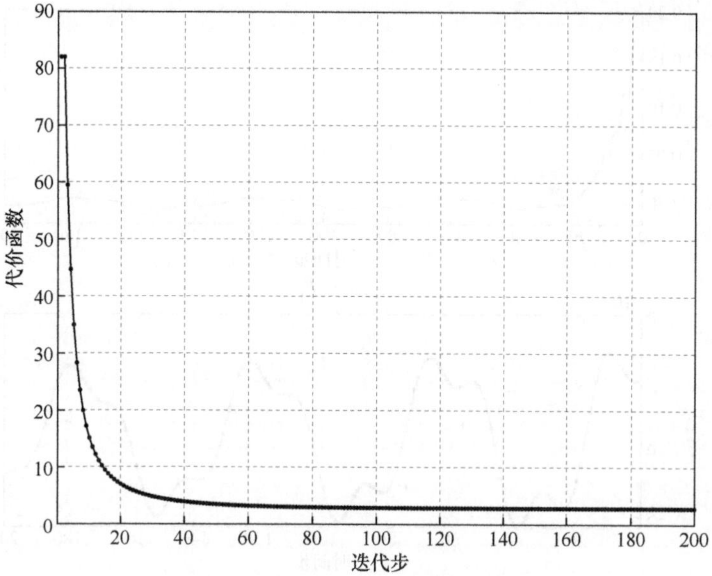

图 5-1　迭代代价函数的收敛曲线

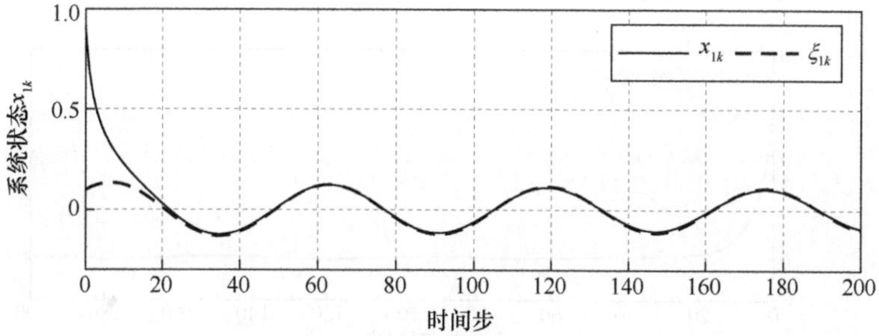

（a）系统状态 x_{1k}

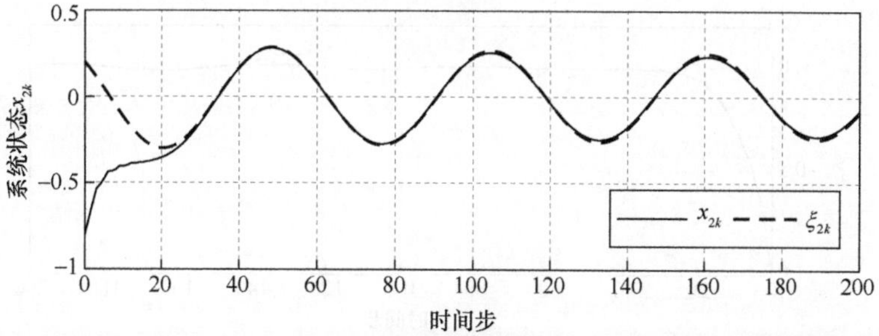

（b）系统状态 x_{2k}

图 5-2　系统状态和参考轨迹

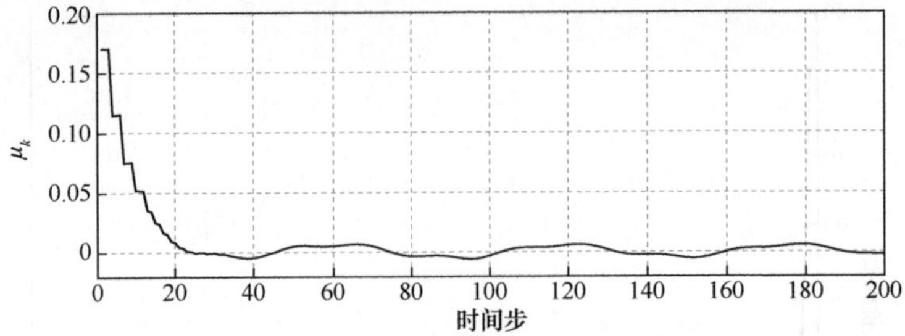

（a）μ_k

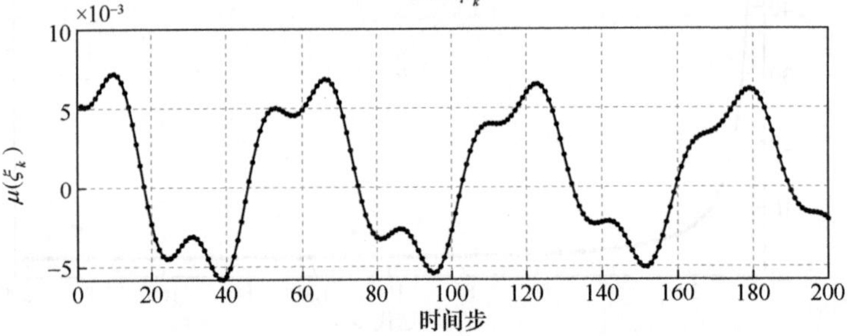

（b）$\mu(\xi_k)$

图 5-3　控制输入 μ_k 和稳态控制 $\mu(\xi_k)$

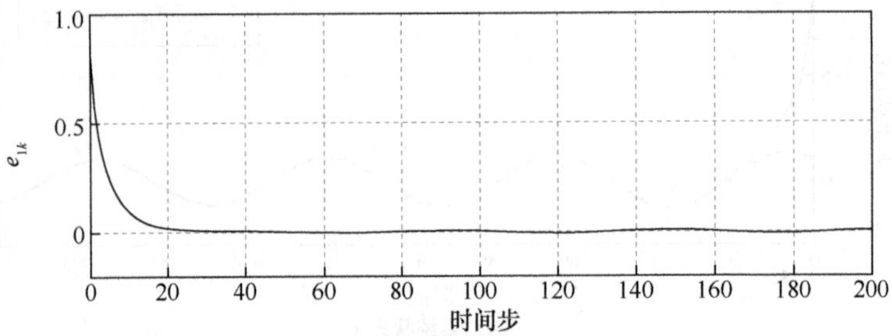

（a）e_{1k}

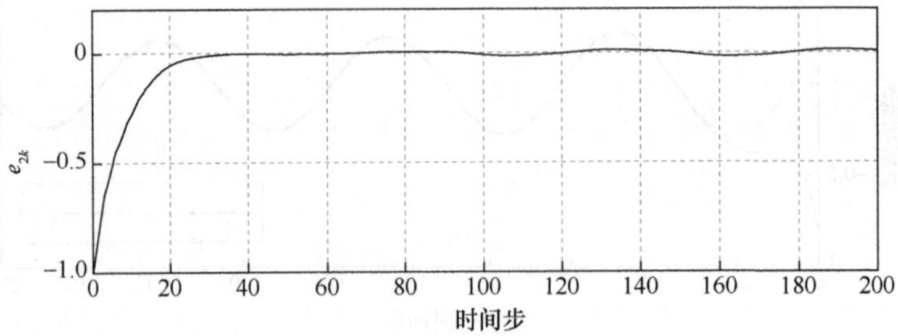

（b）e_{2k}

图 5-4　跟踪误差 e_k 曲线

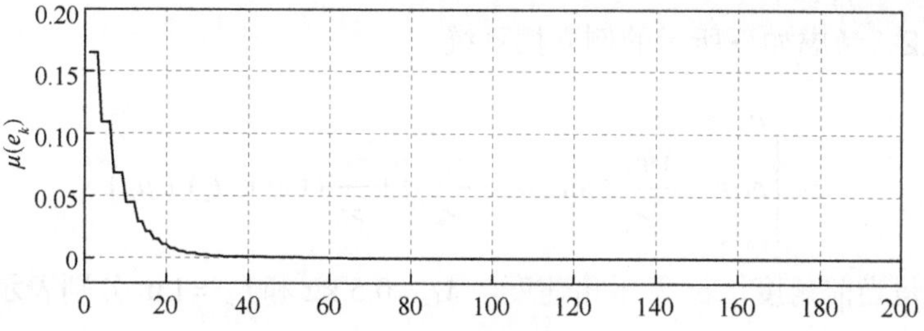

（a）$\mu(e_k)$

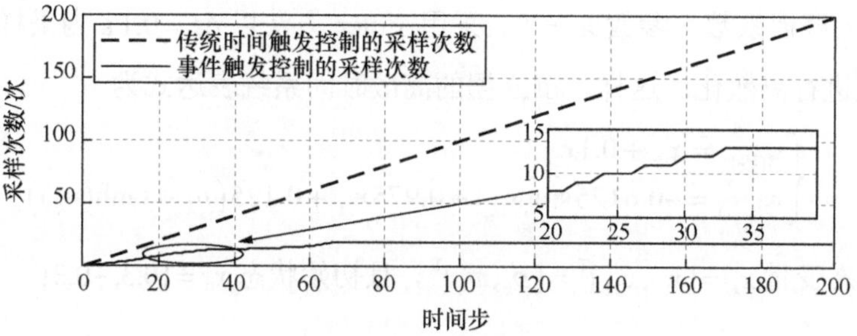

（b）采样次数

图 5-5　跟踪控制 $\mu(e_k)$ 和采样次数

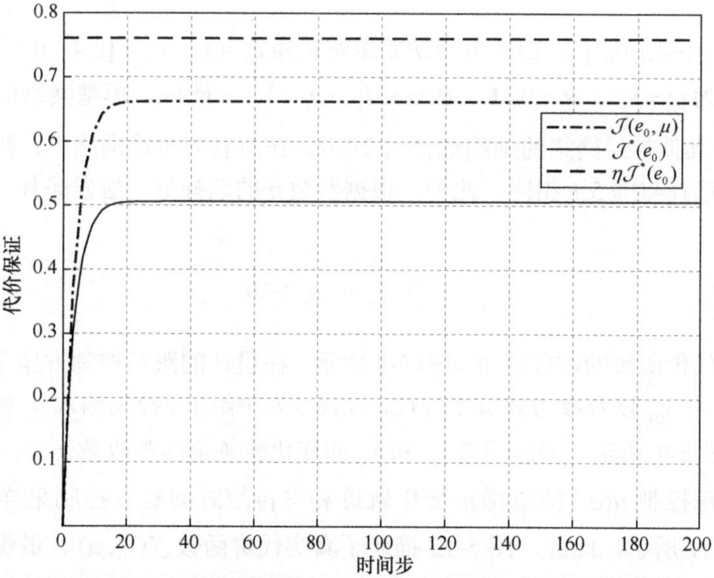

图 5-6　代价函数 $\mathcal{J}^*(e_0)$ 、$\mathcal{J}(e_0,\mu)$ 和 $\eta\mathcal{J}^*(e_0)$ 变化曲线

例 5.2 考虑如下所示的倒立摆系统

$$\begin{cases}\dot{\rho}=\varpi \\ \dot{\varpi}=-\dfrac{Mg\ell_k}{\varkappa_1}\sin(\rho)-\dfrac{\varkappa_2}{\varkappa_1}\dot{\rho}+\dfrac{\varkappa_3}{\varkappa_1}\left(\tanh(\mu_k)+\mu_k\right)\end{cases} \tag{5-53}$$

其中，ρ 是当前角度，ϖ 表示角速度，$M=0.5\ \mathrm{kg}$ 和 $\ell_k=1\ \mathrm{m}$ 分别表示摆杆的质量和摆杆的长度，$\mathrm{g}=9.8\ \mathrm{m/s^2}$ 为重力加速度，$\varkappa_1=0.8\ \mathrm{kg\cdot m^2}$ 为旋转惯性，$\varkappa_2=0.2$ 为摩擦系数，参数 $\varkappa_3=1$。采用 Euler 方法以 $\Delta t=0.1\ \mathrm{s}$ 为采样间隔对倒立摆系统进行离散化。这样，倒立摆的离散时间系统表达式为

$$\begin{cases}x_{1(k+1)}=x_{1k}+0.1x_{2k} \\ x_{2(k+1)}=-0.6125\sin(x_{1k})+0.975x_{2k}+0.125\left(\mu_k+\tanh(\mu_k)\right)\end{cases} \tag{5-54}$$

其中，状态变量 $x_k=[x_{1k},x_{2k}]^{\mathsf T}=[\rho_k,\varpi_k]^{\mathsf T}$，且初始状态 $x_0=[0.3,-0.3]^{\mathsf T}$。设置参考轨迹为

$$\begin{cases}\xi_{1(k+1)}=\xi_{1k}+0.1\xi_{2k} \\ \xi_{2(k+1)}=-0.2492\xi_{1k}+0.9888\xi_{2k}\end{cases} \tag{5-55}$$

其中，$\xi_0=[-0.1,0.2]^{\mathsf T}$，由此可得初始跟踪误差 $e_0=x_0-\xi_0=[0.4,-0.5]^{\mathsf T}$。这里，设置参数为 $\boldsymbol{Q}=\mathbf{I}_2$、$\boldsymbol{R}=0.3\mathbf{I}$、$\boldsymbol{\Phi}=50\mathbf{I}_2$、$\eta=1.1$。此外，模型网络的结构选择为 3-8-2，其他神经网络的结构选择为 2-8-1。在所有的神经网络中，初始权值和学习率的选择与例 5.1 相同。此外，根据参数 η 的选择值，触发条件（5-22）可以表示为

$$C_{1.1}(e_{k+1},e_k,e_{k_j})<0 \tag{5-56}$$

迭代代价函数的收敛轨迹如图 5-7 所示。在设计的跟踪控制方案下，系统状态轨迹 x_{1k} 和 x_{2k} 以及参考轨迹 ξ_{1k} 和 ξ_{2k} 在图 5-8 中给出。控制输入 μ_k 和稳态控制 $\mu(\xi_k)$ 如图 5-9 所示。跟踪误差 e_{1k} 和 e_{2k} 的变化轨迹最终都收敛于 0，如图 5-10 所示。跟踪控制 $\mu(e_k)$ 的阶梯形变化轨迹和与传统时间触发控制采样次数的对比如图 5-11 所示。此外，图 5-12 描述了真实代价函数 $\mathcal{J}(e_0,\mu)$、最优代价函数 $\mathcal{J}^*(e_0)$ 和上界 $\eta\mathcal{J}^*(e_0)$ 的变化情况。仿真结果进一步验证了本章所提控制方法的有效性。

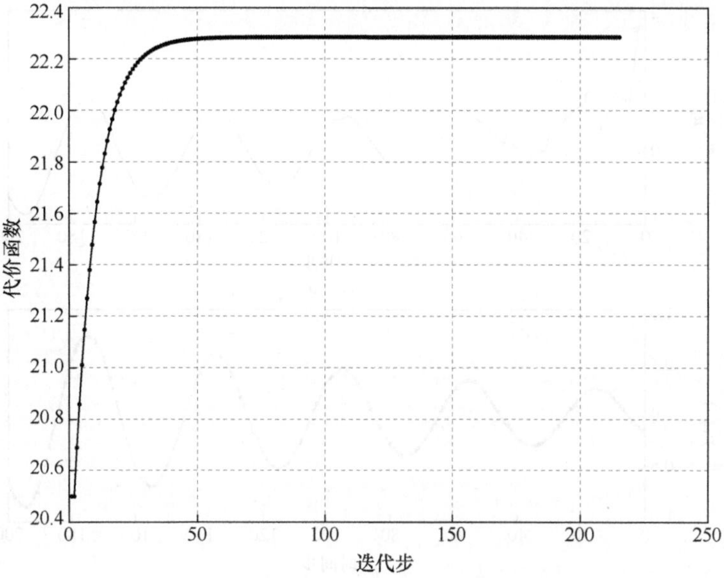

图 5-7　迭代代价函数的收敛轨迹

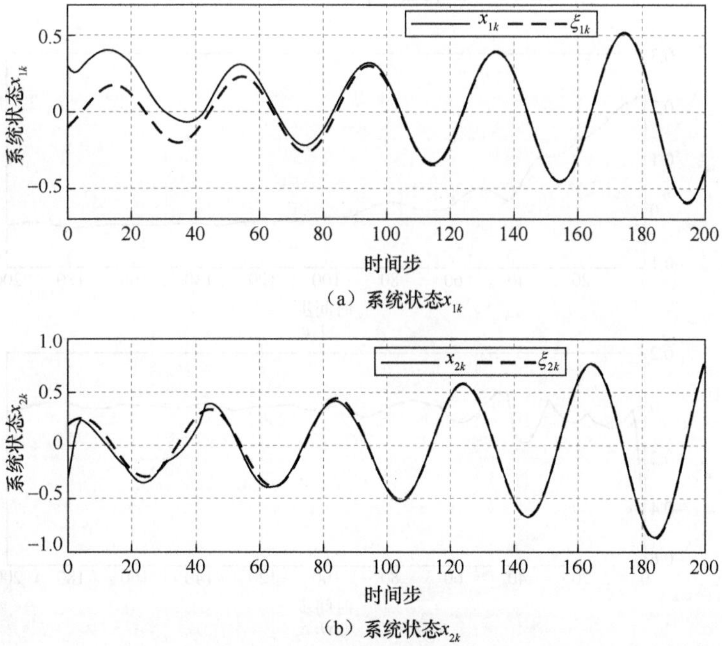

图 5-8　系统状态和参考轨迹

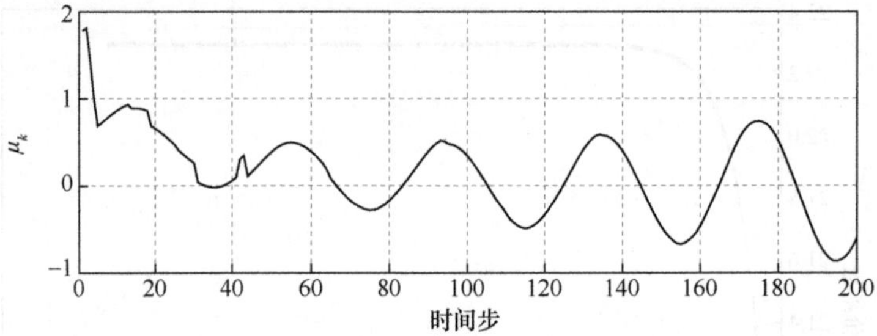

（a）μ_k

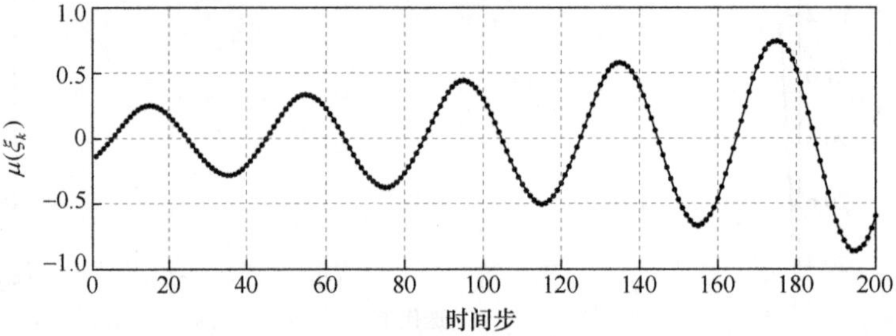

（b）$\mu(\xi_k)$

图 5-9　控制输入 μ_k 和稳态控制 $\mu(\xi_k)$

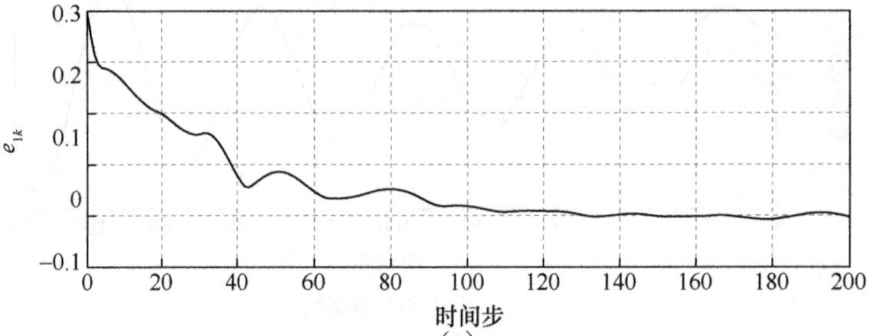

（a）e_{1k}

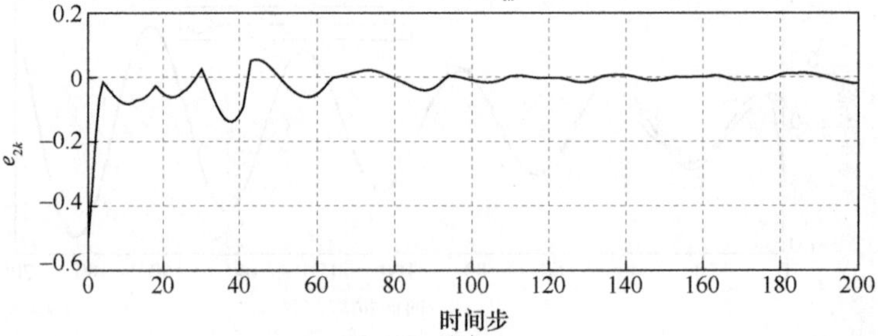

（b）e_{2k}

图 5-10　跟踪误差轨迹

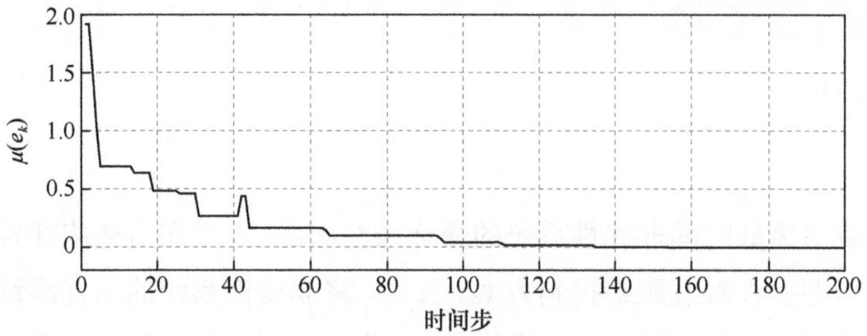

（a）$\mu(e_k)$

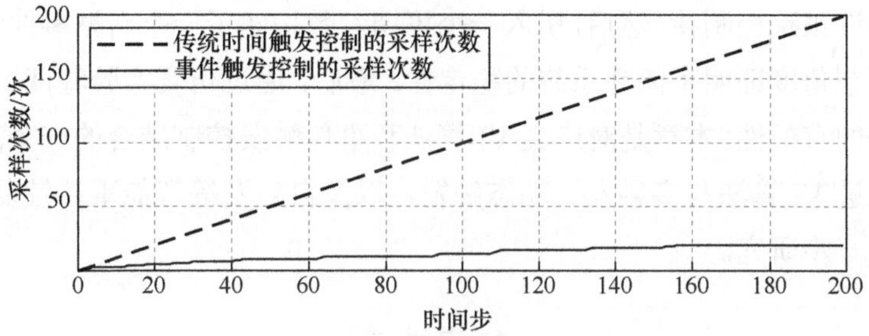

（b）采样次数

图 5-11　跟踪控制 $\mu(e_k)$ 和采样次数

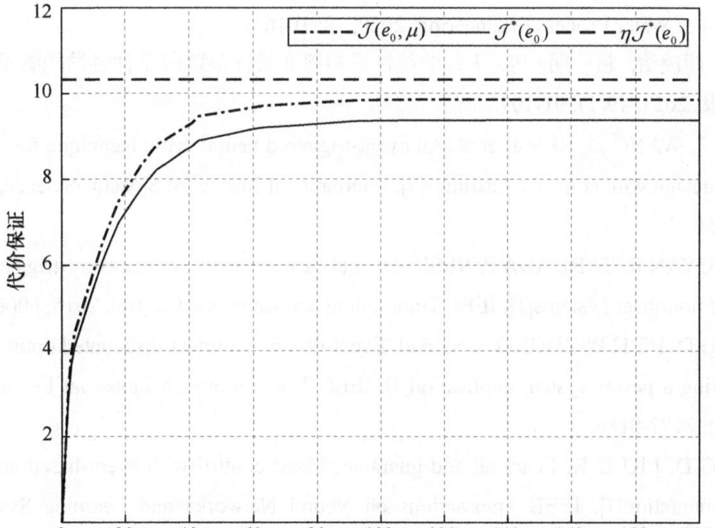

图 5-12　代价函数 $\mathcal{J}^*(e_0)$ 、$\mathcal{J}(e_0,\mu)$ 和 $\eta\mathcal{J}^*(e_0)$ 的变化曲线

5.6 小结

为了解决离散时间非线性系统的最优跟踪问题，本章在自适应评判框架下设计了一种新型事件触发跟踪控制方案。首先，将非线性系统的最优跟踪控制问题转化为最优调节问题。其次，采用广义 VI 算法得到时间触发机制下的最优代价函数和容许跟踪控制律。然后，引入一个可调参数构建了一个新型事件触发条件，并且从两个角度证明了闭环系统的稳定性。最后，通过仿真实验验证了所提跟踪控制方法的有效性。本章是对广义 VI 算法和事件触发控制结合的一个简单尝试，如何将先进 VI 算法与多触发、动态触发，以及自触发等智能事件触发技术相融合需要进一步研究。

参考文献

[1] DU S L, YAN Q S, QIAO J F. Event-triggered PID control for wastewater treatment plants[J]. Journal of Water Process Engineering, 2020, 38: 101659.

[2] 王鼎, 胡凌治, 赵明明, 等. 未知非线性零和博弈最优跟踪的事件触发控制设计[J]. 自动化学报, 2023, 49(1): 91-101.

[3] HU L Z, WANG D, REN J, et al. An event-triggered neural critic technique for nonzero-sum game design with control constraints[J]. International Journal of Systems Science, 2023, 54(2): 237-250.

[4] POSTOYAN R, TABUADA P, NEŠIĆ D, et al. A framework for the event-triggered stabilization of nonlinear systems[J]. IEEE Transactions on Automatic Control, 2015, 60(4): 982-996.

[5] WANG D, HE H B, ZHONG X N, et al. Event-driven nonlinear discounted optimal regulation involving a power system application[J]. IEEE Transactions on Industrial Electronics, 2017, 64(10): 8177-8186.

[6] WANG D, LIU D R. Learning and guaranteed cost control with event-based adaptive critic implementation[J]. IEEE Transactions on Neural Networks and Learning Systems, 2018, 29(12): 6004-6014.

[7] TALLAPRAGADA P, CHOPRA N. On event triggered tracking for nonlinear systems[J]. IEEE Transactions on Automatic Control, 2013, 58(9): 2343-2348.

[8] WANG D, HE H B, LIU D R. Improving the critic learning for event-based nonlinear H_∞

control design[J]. IEEE Transactions on Cybernetics, 2017, 47(10): 3417-3428.

[9] 王鼎. 一类离散动态系统基于事件的迭代神经控制[J]. 工程科学学报, 2022, 44(3): 411-419.

[10] EQTAMI A, DIMAROGONAS D V, KYRIAKOPOULOS K J. Event-triggered control for discrete-time systems[C]//Proceedings of the 2010 American Control Conference. Piscataway: IEEE Press, 2010: 4719-4724.

[11] LIU T F, JIANG Z-P. Event-based control of nonlinear systems with partial state and output feedback[J]. Automatica, 2015, 53: 10-22.

[12] SAHOO A, XU H, JAGANNATHAN S. Near optimal event-triggered control of nonlinear discrete-time systems using neurodynamic programming[J]. IEEE Transactions on Neural Networks and Learning Systems, 2016, 27(9): 1801-1815.

[13] HA M M, WANG D, LIU D R. Event-triggered adaptive critic control design for discrete-time constrained nonlinear systems[J]. IEEE Transactions on Systems, Man, and Cybernetics: Systems, 2020, 50(9): 3158-3168.

[14] WANG D, HA M M, QIAO J F. Self-learning optimal regulation for discrete-time nonlinear systems under event-driven formulation[J]. IEEE Transactions on Automatic Control, 2020, 65(3): 1272-1279.

[15] DONG L, ZHONG X N, SUN C Y, et al. Adaptive event-triggered control based on heuristic dynamic programming for nonlinear discrete-time systems[J]. IEEE Transactions on Neural Networks and Learning Systems, 2017, 28(7): 1594-1605.

[16] LUO B, YANG Y, LIU D R, et al. Event-triggered optimal control with performance guarantees using adaptive dynamic programming[J]. IEEE Transactions on Neural Networks and Learning Systems, 2020, 31(1): 76-88.

[17] 王鼎, 赵明明, 哈明鸣, 等. 基于折扣广义值迭代的智能最优跟踪及应用验证[J]. 自动化学报, 2022, 48(1): 182-193.

[18] WANG D, HU L Z, QIAO J F. Adaptive optimal tracking control with novel event-triggered formulation for a type of nonlinear systems[J]. International Journal of Adaptive Control and Signal Processing, 2022, 36(12): 3004-3022.

[19] HA M M, WANG D, LIU D R. Neural-network-based discounted optimal control via an integrated value iteration with accuracy guarantee[J]. Neural Networks, 2021, 144: 176-186.

[20] ZHANG H G, QIN C B, JIANG B, et al. Online adaptive policy learning algorithm for H_∞ state feedback control of unknown affine nonlinear discrete-time systems[J]. IEEE Transactions on Cybernetics, 2014, 44(12): 2706-2718.

第 6 章

具有先进评判学习结构的广义值迭代轨迹跟踪

6.1 引言

ADP 已广泛应用于解决最优跟踪控制问题[1-10]，其目标是寻找最优跟踪控制策略使得系统状态或输出以最优方式完成对参考轨迹的跟踪。考虑对称控制约束，Wang 等[3]引入了一类单调递增奇函数，将广义 VI 算法用于污水处理系统的浓度跟踪。此后，通过构造一种新型效用函数解决了不对称控制约束问题[4]。为了节省通信资源，一些学者们[5-7]将事件触发机制与传统广义 VI 框架完美融合。除了广义 VI 之外，Lin 等[8]还利用广义 PI 算法解决了最优跟踪问题。根据不同的控制目标可以选择不同的代价函数，因此，代价函数的选择极为重要。在以往非线性系统最优跟踪控制的研究成果中，常见的思路是先求解稳态控制，即参考轨迹的前馈控制，然后进一步将跟踪控制问题转化为基于误差的调节问题。然而，对于某些非线性系统来说，稳态控制可能不存在或不唯一。此外，稳态控制的求解依赖于精确的系统模型。为避免求解稳态控制，Kiumarsi 等[11]构造了包含跟踪误差和原系统控制输入的代价函数，提出了另一种跟踪控制思想。然而，控制输入的最小化并不一定会使跟踪误差达到最小，这将导致跟踪误差无法彻底消除。为解决这一问题，Li 等[12]定义了一种新型代价函数形式，将控制律引入下一时刻的跟踪误差中，使得控制律不再以二次型形式出现在代价函数中。这种新型代价函数可以消除跟踪误差，且不需要求解稳态控制，但目前的工作主要集中在模型已知的非线性系统[13]。

在新型代价函数的基础上，为了提升学习速率并降低对系统模型的要求，本章引入广义 VI 算法和 DHP 框架，对模型未知仿射非线性系统的最优跟踪问题进行研究。首先，分析基于新型代价函数的广义 VI 算法的性质，并详细讨论在折扣因子作用下控制律的稳定性条件。此外，采用基于单网络的 DHP 结构减少每一步迭代的计算量，并与传统的 HDP 算法在收敛速度上进行了对比。相比于文献[12]，本章提出的广义 VI 算法不需要已知系统模型，这极大地拓展了算法的应用范围。本章的主要内容来源于作者的研究成果[14-15]并对其进行了修改、补充和完善。

6.2　问题描述

考虑如下的离散时间仿射非线性系统

$$x_{k+1} = f(x_k) + g(x_k)u_k \tag{6-1}$$

其中，$x_k \in \Omega_x \subset \mathbf{R}^n$ 是 n 维状态变量，$u_k \in \Omega_u \subset \mathbf{R}^m$ 是 m 维控制输入，$f(\cdot) \in \mathbf{R}^n$ 和 $g(\cdot) \in \mathbf{R}^{n\times m}$ 是系统函数。假设动态系统（6-1）在 Ω_x 上是 Lipschitz 连续且稳定的。定义有界的参考轨迹如下所示

$$r_{k+1} = \mathcal{F}(r_k) \tag{6-2}$$

其中，$r_k \in \Omega_r \subset \mathbf{R}^n$, $\mathcal{F}(\cdot): \mathbf{R}^n \to \mathbf{R}^n$ 表示参考轨迹动态。此外，假设存在稳态控制策略 u_{rk} 满足

$$r_{k+1} = f(r_k) + g(r_k)u_{rk} \tag{6-3}$$

6.2.1　传统代价函数的局限性

对于系统（6-1）的最优跟踪控制问题，定义系统的控制输入序列为 $\tilde{u}_k = \{u_k, u_{k+1}, \cdots\}$，为避免计算 u_{rk}，构造关于跟踪误差的代价函数如下所示

$$J(e_k, \tilde{u}_k) = \frac{1}{2}\sum_{l=k}^{\infty} \gamma^{l-k} \left[e_l^{\mathsf{T}} \boldsymbol{Q} e_l + u_l^{\mathsf{T}} \boldsymbol{R} u_l \right] \tag{6-4}$$

其中，系统跟踪误差为 $e_l = x_l - r_l$ 且 $e_k \in \Omega_e \subset \mathbf{R}^n$，$\boldsymbol{Q} \in \mathbf{R}^{n\times n}$ 和 $\boldsymbol{R} \in \mathbf{R}^{m\times m}$ 均正定，折扣因子 $\gamma \in (0,1]$。在本章中，目标是求解最优反馈控制策略以确保跟踪误差趋

于零并最小化代价函数$J(e_k)$。尽管上述代价函数的形式可以避免求解u_{rk}，但仍然无法消除跟踪误差。

这里举例说明传统代价函数（6-4）的局限性。给定线性系统$x_{k+1}=u_k$和参考轨迹$r_k=1$，这时n=m=1。在$\tilde{u}(x_0)$作用下，可以得到x_0的代价函数$J\left(e_0,\tilde{u}(x_0)\right)$为

$$
\begin{aligned}
&J\left(e_0,\tilde{u}(x_0)\right)=\frac{1}{2}\sum_{l=0}^{\infty}\gamma^l\left[e_l^{\mathsf{T}}\boldsymbol{Q}e_l+u^{\mathsf{T}}(x_l)\boldsymbol{R}u(x_l)\right]=\\
&\frac{1}{2}\left\{\boldsymbol{Q}(x_0-1)^2+\sum_{l=0}^{\infty}\gamma^l\left[\boldsymbol{R}u^2(x_l)+\gamma\boldsymbol{Q}\left(u(x_l)-1\right)^2\right]+\gamma^{\infty}\boldsymbol{R}u(x_{\infty})\right\}=\\
&\frac{1}{2}\left\{\boldsymbol{Q}(x_0-1)^2+\gamma^{\infty}\boldsymbol{R}u(x_{\infty})+\sum_{l=0}^{\infty}\left[(\boldsymbol{R}+\gamma\boldsymbol{Q})u^2(x_l)-2\gamma\boldsymbol{Q}\mu(x_l)+\gamma\boldsymbol{Q}\right]\right\}=\\
&\frac{1}{2}\left\{\boldsymbol{Q}(x_0-1)^2+(\boldsymbol{R}+\gamma\boldsymbol{Q})\sum_{l=0}^{\infty}\gamma^l\left[\left(u(x_l)-\frac{\gamma\boldsymbol{Q}}{\boldsymbol{R}+\gamma\boldsymbol{Q}}\right)^2+\frac{\gamma\boldsymbol{Q}\boldsymbol{R}}{(\boldsymbol{R}+\gamma\boldsymbol{Q})^2}\right]+\gamma^{\infty}\boldsymbol{R}u(x_{\infty})\right\}
\end{aligned}
\tag{6-5}
$$

其中，$\lim_{l\to\infty}u(x_l)=u(x_{\infty})$，$\lim_{l\to\infty}\gamma^l=\gamma^{\infty}=0(\gamma\neq1)$，这里，假定$\|u(\cdot)\|$有界。根据 Bellman 最优性原理，可以解出

$$
J^*(e_0)=\frac{1}{2}\left[\boldsymbol{Q}(x_0-1)^2+\frac{\gamma}{(1-\gamma)(\boldsymbol{R}+\gamma\boldsymbol{Q})}\right]\tag{6-6}
$$

和

$$
u^*(x_k)=\frac{\gamma\boldsymbol{Q}}{\boldsymbol{R}+\gamma\boldsymbol{Q}}\tag{6-7}
$$

不难发现，在$\tilde{u}^*(x_0)$作用下，如果令初始状态$x_0=\gamma\boldsymbol{Q}/(\boldsymbol{R}+\gamma\boldsymbol{Q})$，那么跟踪误差$e_k$恒等于$-\boldsymbol{R}/(\boldsymbol{Q}+\boldsymbol{R})$。如果对状态轨迹进行随机初始化，那么跟踪误差将在时间步$k\in[1,\infty)$内恒等于$-\boldsymbol{R}/(\boldsymbol{Q}+\boldsymbol{R})$。总之，当代价函数为式（6-4）时，跟踪误差难以消除。

6.2.2 基于新型代价函数的最优跟踪控制

定义新型代价函数为

$$
J(e_k,r_k)=\frac{1}{2}\sum_{l=k}^{\infty}\gamma^{l-k}U(e_l,r_l,u_l)\tag{6-8}
$$

其中，

$$U(e_l, r_l, u_l) = e_{l+1}^{\mathsf{T}} \boldsymbol{Q} e_{l+1} \tag{6-9}$$

为效用函数，$\boldsymbol{Q} \in \mathbf{R}^{n \times n}$ 为正定矩阵，而

$$e_{l+1} = f(e_l + r_l) + g(e_l + r_l)u_l - r_{l+1} \tag{6-10}$$

为下一时刻的跟踪误差。

根据 Bellman 最优性原理，最优代价函数 $J^*(e_k, r_k)$ 和最优控制策略 $u^*(e_k, r_k)$ 满足如下的 HJB 方程

$$\begin{aligned} J^*(e_k, r_k) = \min_{u_k} \left\{ \frac{1}{2} U(e_k, r_k, u_k) + \gamma J^*(e_{k+1}, r_{k+1}) \right\} = \\ \frac{1}{2} U\left(e_k, r_k, u^*(e_k, r_k)\right) + \gamma J^*(e_{k+1}, r_{k+1}) \end{aligned} \tag{6-11}$$

其中，

$$e_{k+1} = f(e_k + r_k) + g(e_k + r_k)u^*(e_k, r_k) - \mathcal{F}(r_k) \tag{6-12}$$

然后，可以得到

$$u^*(e_k, r_k) = \arg\min_{u_k} \left\{ \frac{1}{2} U(e_k, r_k, u_k) + \gamma J^*(e_{k+1}, r_{k+1}) \right\} \tag{6-13}$$

接着，对式（6-11）两边关于 u 同时求导，根据一阶必要条件可以得到下述方程

$$\frac{1}{2} \frac{\partial U(e_k, r_k, u_k)}{\partial u_k} + \gamma \left[\frac{\partial e_{k+1}}{\partial u_k} \right]^{\mathsf{T}} \frac{\partial J^*(e_{k+1}, r_{k+1})}{\partial e_{k+1}} = 0 \tag{6-14}$$

根据式（6-9）和式（6-14），可求解得到最优控制策略为

$$\begin{aligned} u^*(e_k, r_k) = -\left[g^{\mathsf{T}}(e_k + r_k) \boldsymbol{Q} g(e_k + r_k) \right]^{-1} g^{\mathsf{T}}(e_k + r_k) \\ \left\{ \gamma \frac{\partial J^*(e_{k+1}, r_{k+1})}{\partial e_{k+1}} + \boldsymbol{Q} \left[f(e_k + r_k) - \mathcal{F}(r_k) \right] \right\} \end{aligned} \tag{6-15}$$

由于直接求解 $J^*(e_{k+1}, r_{k+1})$ 相当困难，本章引入广义 VI 算法和 DHP 框架来迭代获得其近似最优解。

6.3 基于新型代价函数的广义值迭代算法

在本节中，首先给出新型代价函数的广义 VI 算法，然后重点讨论算法的性质。

6.3.1 具有新型代价函数的广义值迭代算法推导

给定初始代价函数 $J_0(e_k,r_k)=e_{k+1}^{\mathsf{T}}\boldsymbol{P}e_{k+1}$，其中 $\boldsymbol{P}$ 是一个半正定矩阵。$u_0(e_k,r_k)$ 可由式（6-16）求得

$$
\begin{aligned}
&u_0(e_k,r_k)=\arg\min_{u_k}\left\{\frac{1}{2}U(e_k,r_k,u_k)+\gamma J_0(e_{k+1},r_{k+1})\right\}= \\
&-\left[g^{\mathsf{T}}(e_k+r_k)\boldsymbol{Q}g(e_k+r_k)\right]^{-1}g^{\mathsf{T}}(e_k+r_k)\times \\
&\left\{\gamma\frac{\partial J_0(e_{k+1},r_{k+1})}{\partial e_{k+1}}+\boldsymbol{Q}\left[f(e_k+r_k)-\mathcal{F}(r_k)\right]\right\}
\end{aligned}
\tag{6-16}
$$

其中，$e_{k+1}=f(e_k+r_k)+g(e_k+r_k)u_0(e_k,r_k)-\mathcal{F}(r_k)$。然后，可由式（6-17）求得 $J_1(e_k,r_k)$

$$
\begin{aligned}
&J_1(e_k,r_k)=\min_{u_k}\left\{\frac{1}{2}U(e_k,r_k,u_k)+\gamma J_0(e_{k+1},r_{k+1})\right\}= \\
&\frac{1}{2}U(e_k,r_k,u_0(e_k,r_k))+\gamma J_0(e_{k+1},r_{k+1})
\end{aligned}
\tag{6-17}
$$

类似地，对任意迭代指标 $i\in\mathbf{N}^+$，可分别由策略提升

$$
\begin{aligned}
&u_i(e_k,r_k)=\arg\min_{u_k}\left\{\frac{1}{2}U(e_k,r_k,u_k)+\gamma J_i(e_{k+1},r_{k+1})\right\}= \\
&-\left[g^{\mathsf{T}}(e_k+r_k)\boldsymbol{Q}g(e_k+r_k)\right]^{-1}g^{\mathsf{T}}(e_k+r_k)\times \\
&\left\{\gamma\frac{\partial J_i(e_{k+1},r_{k+1})}{\partial e_{k+1}}+\boldsymbol{Q}\left[f(e_k+r_k)-\mathcal{F}(r_k)\right]\right\}
\end{aligned}
\tag{6-18}
$$

和代价函数更新

$$J_{i+1}(e_k,r_k)=\min_{u_k}\left\{\frac{1}{2}U(e_k,r_k,u_k)+\gamma J_i(e_{k+1},r_{k+1})\right\}= \\ \frac{1}{2}U\big(e_k,r_k,u_i(e_k,r_k)\big)+\gamma J_i(e_{k+1},r_{k+1}) \tag{6-19}$$

求出$u_i(e_k,r_k)$和$J_{i+1}(e_k,r_k)$。

6.3.2 具有新型代价函数的广义值迭代算法性质

在本节中，讨论具有新型代价函数的广义 VI 算法的单调性、收敛性以及系统稳定性。

定理 6-1 给定$J_0(e_k,r_k)=e_{k+1}^{\mathsf T}\boldsymbol{P}e_{k+1}$。$u_i(e_k,r_k)$和$J_i(e_k,r_k)$分别由式（6-18）和式（6-19）求得，$\forall i\in\mathbf{N}$。若$J_0(e_k,r_k)\leqslant J_1(e_k,r_k)$，则序列$\{J_i(e_k,r_k)\}$单调非减。若$J_0(e_k,r_k)\geqslant J_1(e_k,r_k)$，则$\{J_i(e_k,r_k)\}$单调非增。

证明：若$J_0(e_k,r_k)\geqslant J_1(e_k,r_k)$，则对任意$e_k$和$r_k$有

$$\begin{aligned}J_2(e_k,r_k)&=\frac{1}{2}U\big(e_k,r_k,u_1(e_k,r_k)\big)+\gamma J_1(e_{k+1},r_{k+1})\leqslant \\ &\frac{1}{2}U\big(e_k,r_k,u_0(e_k,r_k)\big)+\gamma J_1(e_{k+1},r_{k+1})\leqslant \\ &\frac{1}{2}U\big(e_k,r_k,u_0(e_k,r_k)\big)+\gamma J_0(e_{k+1},r_{k+1})=J_1(e_k,r_k)\end{aligned} \tag{6-20}$$

假定对任意$i\in\mathbf{N}^+$，$J_i(e_k,r_k)\leqslant J_{i-1}(e_k,r_k)$均成立。那么可以得到如下不等式

$$\begin{aligned}J_{i+1}(e_k,r_k)&=\frac{1}{2}U\big(e_k,r_k,u_i(e_k,r_k)\big)+\gamma J_i(e_{k+1},r_{k+1})\leqslant \\ &\frac{1}{2}U\big(e_k,r_k,u_{i-1}(e_k,r_k)\big)+\gamma J_i(e_{k+1},r_{k+1})\leqslant \\ &\frac{1}{2}U\big(e_k,r_k,u_{i-1}(e_k,r_k)\big)+\gamma J_{i-1}(e_{k+1},r_{k+1})=J_i(e_k,r_k)\end{aligned} \tag{6-21}$$

因此，对任意$i\in\mathbf{N}$，均有$0\leqslant J_{i+1}(e_k,r_k)\leqslant J_i(e_k,r_k)$。同样，若$J_0(e_k,r_k)\leqslant J_1(e_k,r_k)$，则有$0\leqslant J_i(e_k,r_k)\leqslant J_{i+1}(e_k,r_k)$，$\forall i\in\mathbf{N}$。证毕。

定理 6-2 给定$J_0(e_k,r_k)=e_{k+1}^{\mathsf T}\boldsymbol{P}e_{k+1}$。$u_i(e_k,r_k)$和$J_i(e_k,r_k)$分别由式（6-18）和式（6-19）求得，$\forall i\in\mathbf{N}$。对任意$e_k$和$r_k$，假设存在常数$\theta\in[0,+\infty)$、$\rho\in[0,1]$和$\sigma\in[1,+\infty)$使得式（6-22）成立

$$\begin{cases}0\leqslant\gamma J^*(e_{k+1},r_{k+1})\leqslant\dfrac{1}{2}\theta U(e_k,r_k,u_k)\\0\leqslant\rho J^*(e,r)\leqslant J_0(e,r)\leqslant\sigma J^*(e,r)\end{cases}\tag{6-22}$$

则迭代代价函数根据式（6-23）收敛到最优代价

$$\left[1+\frac{\rho-1}{(1+\theta^{-1})^i}\right]J^*(e_k,r_k)\leqslant J_i(e_k,r_k)\leqslant\left[1+\frac{\sigma-1}{(1+\theta^{-1})^i}\right]J^*(e_k,r_k)\tag{6-23}$$

证明： 当$i=0$时，$J_0(e_k,r_k)\geqslant\rho J^*(e_k,r_k)$成立。当$i=1$时，可以推出

$$\begin{aligned}&J_1(e_k,r_k)=\min_{u_k}\left\{\frac{1}{2}U(e_k,r_k,u_k)+\gamma J_0(e_{k+1},r_{k+1})\right\}\geqslant\\&\min_{u_k}\left\{\frac{1}{2}U(e_k,r_k,u_k)+\gamma\rho J^*(e_{k+1},r_{k+1})\right\}\geqslant\\&\min_{u_k}\left\{\frac{1}{2}\left(1+\theta\frac{\rho-1}{1+\theta}\right)U(e_k,r_k,u_k)+\gamma\left(\rho-\frac{\rho-1}{1+\theta}\right)J^*(e_{k+1},r_{k+1})\right\}=\\&\left(1+\frac{\rho-1}{1+\theta^{-1}}\right)\min_{u_k}\left\{\frac{1}{2}U(e_k,r_k,u_k)+\gamma J^*(e_{k+1},r_{k+1})\right\}=\\&\left(1+\frac{\rho-1}{1+\theta^{-1}}\right)J^*(e_k,r_k)\end{aligned}\tag{6-24}$$

对于$i-1$，假设式（6-23）的左边部分$J_{i-1}(e_k,r_k)\geqslant\left[1+\dfrac{\rho-1}{(1+\theta^{-1})^{i-1}}\right]J^*(e_k,r_k)$成立。

考虑i，可进一步得出

$$\begin{aligned}&J_i(e_k,r_k)=\min_{u_k}\left\{\frac{1}{2}U(e_k,r_k,u_k)+\gamma J_{i-1}(e_{k+1},r_{k+1})\right\}\geqslant\\&\min_{u_k}\left\{\frac{1}{2}\left[1+\frac{(\rho-1)\theta^i}{(1+\theta)^i}\right]U(e_k,r_k,u_k)+\right.\\&\left.\gamma\left[1+\frac{\rho-1}{(1+\theta^{-1})^{i-1}}-\frac{\theta^{i-1}(\rho-1)}{(1+\theta)^i}\right]J^*(e_{k+1},r_{k+1})\right\}=\\&\left[1+\frac{\rho-1}{(1+\theta^{-1})^i}\right]J^*(e_k,r_k)\end{aligned}\tag{6-25}$$

使用同样的数学推导方法，可得$J_i(e_k,r_k)\leqslant\left[1+\dfrac{\sigma-1}{(1+\theta^{-1})^i}\right]J^*(e_k,r_k)$，$\forall i\in\mathbf{N}$。

当$i\to\infty$时，定义$J_i(e_k,r_k)$的极限为$J_\infty(e_k,r_k)$。根据式（6-25），可以得到

$$J_\infty(e_k,r_k)=\lim_{i\to\infty}\left[1+\frac{\rho-1}{(1+\theta^{-1})^i}\right]J^*(e_k,r_k)=$$
$$\lim_{i\to\infty}\left[1+\frac{\sigma-1}{(1+\theta^{-1})^i}\right]J^*(e_k,r_k)=J^*(e_k,r_k) \tag{6-26}$$

进而，由式（6-15）可以解出最优控制 $u^*(e_k,r_k)$。证毕。

由于广义 VI 算法不需要初始容许控制律，因此被广泛应用，但其缺点是无法保证生成控制律的稳定性。接下来，将设计一个新的稳定性条件用于确保在迭代控制策略作用下，跟踪误差趋向于零。

定理 6-3 令迭代控制策略和代价函数在式（6-18）和式（6-19）之间更新。如果满足以下条件

$$J_{i+1}(e_k,r_k)-\gamma J_i(e_k,r_k)<\delta U\left(e_k,r_k,u_i(e_k,r_k)\right) \tag{6-27}$$

其中，$0<\delta<1/2$，则控制律 $u_i(e_k,r_k)$ 可使跟踪误差渐近稳定到零。

证明： 将式（6-19）代入式（6-27）得

$$\gamma J_i(e_{k+1},r_{k+1})-\gamma J_i(e_k,r_k)<\left(\delta-\frac{1}{2}\right)U\left(e_k,r_k,u_i(e_k,r_k)\right) \tag{6-28}$$

由于 γ 是个正数，式（6-28）可重写为

$$J_i(e_{k+1},r_{k+1})-J_i(e_k,r_k)<\frac{1}{\gamma}\left(\delta-\frac{1}{2}\right)U\left(e_k,r_k,u_i(e_k,r_k)\right) \tag{6-29}$$

由于 $0<\delta<1/2$，不等式（6-29）的右边是非正的。因此，可以得到

$$J_i(e_{k+1},r_{k+1})-J_i(e_k,r_k)<0 \tag{6-30}$$

考虑误差状态 $e_{k+1},e_{k+2},\cdots,e_{k+T}$ 和参考轨迹 $r_{k+1},r_{k+2},\cdots,r_{k+T}$，式（6-30）可类似地展开为以下形式

$$\begin{aligned}
&J_i(e_{k+1},r_{k+1})-J_i(e_k,r_k)<\frac{1}{\gamma}\left(\delta-\frac{1}{2}\right)U\left(e_k,r_k,u_i(e_k,r_k)\right)\\
&J_i(e_{k+2},r_{k+2})-J_i(e_{k+1},r_{k+1})<\frac{1}{\gamma}\left(\delta-\frac{1}{2}\right)U\left(e_{k+1},r_{k+1},u_i(e_{k+1},r_{k+1})\right)\\
&\qquad\vdots\\
&J_i(e_{k+T},r_{k+T})-J_i(e_{k+T-1},r_{k+T-1})<\frac{1}{\gamma}\left(\delta-\frac{1}{2}\right)U\left(e_{k+T-1},r_{k+T-1},u_i(e_{k+T-1},r_{k+T-1})\right)
\end{aligned} \tag{6-31}$$

通过数学归纳法，不等式（6-31）可以归结为

$$J_i(e_{k+T},r_{k+T})-J_i(e_k,r_k)<\frac{1}{\gamma}\left(\delta-\frac{1}{2}\right)\sum_{h=0}^{T-1}U\left(e_{k+h},r_{k+h},u_i(e_{k+h},r_{k+h})\right) \tag{6-32}$$

进而，式（6-32）可转化为

$$J_i(e_{k+T},r_{k+T})+\frac{1}{\gamma}\left(\frac{1}{2}-\delta\right)\sum_{h=0}^{T-1}U\left(e_{k+h},r_{k+h},u_i(e_{k+h},r_{k+h})\right)<J_i(e_k,r_k) \tag{6-33}$$

由于 $J_i(e_{k+1},r_{k+1})<J_i(e_k,r_k)$，可以推导出

$$\frac{1}{\gamma}\left(\frac{1}{2}-\delta\right)\sum_{h=0}^{T-1}U\left(e_{k+h},r_{k+h},u_i(e_{k+h},r_{k+h})\right)<J_i(e_k,r_k) \tag{6-34}$$

其中，效用函数 $U\left(e_{k+h},r_{k+h},u_i(e_{k+h},r_{k+h})\right)$ 是非负的，且 $0<\delta<1/2$。因此，效用函数的累加序列 $\sum_{h=0}^{T-1}U\left(e_{k+h},r_{k+h},u_i(e_{k+h},r_{k+h})\right)$ 是单调非减的，且其上界为 $\gamma J_i(e_k,r_k)/(1/2-\delta)$，它是一个有限常数。于是，当 $T\to\infty$ 时，$\sum_{h=0}^{T-1}U\left(e_{k+h},r_{k+h},u_i(e_{k+h},r_{k+h})\right)$ 收敛，这意味着当 $k\to\infty$ 时，$U\left(e_k,r_k,u_i(e_k,r_k)\right)\to 0$。基于式（6-9），可以得知当 $k\to\infty$ 时，$e_k\to 0$。证毕。

6.4 具有新型代价函数的迭代二次启发式规划算法

通过观察式（6-18），在控制律的迭代过程中，每一步都需要计算 $\partial J_i(e_{k+1},r_{k+1})/\partial e_{k+1}$ 的解，这使得计算量大大增加。因此，为了降低计算压力，建立 DHP 框架来实现跟踪算法。

6.4.1 迭代二次启发式规划算法推导

协状态函数是 DHP 算法的关键，将其定义为

$$\lambda_i(e_k,r_k)=\frac{\partial J_i(e_k,r_k)}{\partial e_k} \tag{6-35}$$

对于迭代指标 i，$\lambda_i(e_{k+1},r_{k+1})=\partial J_i(e_{k+1},r_{k+1})/\partial e_{k+1}$。结合式（6-18），相应的控制律 $u_i(e_k,r_k)$ 可以求解为

$$u_i(e_k,r_k)=-\left[g^{\mathsf T}(e_k+r_k)\boldsymbol{Q}g(e_k+r_k)\right]^{-1}g^{\mathsf T}(e_k+r_k)\times \\ \left\{\gamma\lambda_i(e_{k+1},r_{k+1})+\boldsymbol{Q}\left[f(e_k+r_k)-\mathcal{F}(r_k)\right]\right\} \tag{6-36}$$

对于迭代指标 $i+1$，$\lambda_{i+1}(e_k,r_k)=\partial J_{i+1}(e_k,r_k)/\partial e_k$。结合式（6-19）可得

$$\begin{aligned}&\lambda_{i+1}(e_k,r_k)=\frac{1}{2}\frac{\partial U\big(e_k,r_k,u_i(e_k,r_k)\big)}{\partial e_k}+\gamma\frac{\partial J_i(e_{k+1},r_{k+1})}{\partial e_k}=\\&\frac{1}{2}\frac{\partial e_{k+1}^{\mathsf T}\boldsymbol{Q}e_{k+1}}{\partial e_k}+\gamma\left[\frac{\partial e_{k+1}}{\partial e_k}\right]^{\mathsf T}\frac{\partial J_i(e_{k+1},r_{k+1})}{\partial e_{k+1}}=\\&\left[\frac{\partial e_{k+1}}{\partial e_k}\right]^{\mathsf T}\boldsymbol{Q}e_{k+1}+\gamma\left[\frac{\partial e_{k+1}}{\partial e_k}\right]^{\mathsf T}\lambda_i(e_{k+1},r_{k+1})=\\&\left[\frac{\partial e_{k+1}}{\partial e_k}\right]^{\mathsf T}\left\{\boldsymbol{Q}\left[f(e_k+r_k)+g(e_k+r_k)u_i(e_k,r_k)-\mathcal{F}(r_k)\right]+\gamma\lambda_i(e_{k+1},r_{k+1})\right\}\end{aligned} \tag{6-37}$$

因此，控制律 $u_i(e_k,r_k)$ 和协状态函数 $\lambda_{i+1}(e_k,r_k)$ 在式（6-36）和式（6-37）之间更新。在迭代过程中，可以避免代价函数对误差的偏导计算。注意到，迭代过程需要求解式（6-37）中的 $\partial e_{k+1}/\partial e_k$，接下来通过对原系统建模并引入一种转换技术来求解 $\partial e_{k+1}/\partial e_k$。

定理 6-4　考虑误差系统与原状态系统的关系 $e_k=x_k-r_k$，则可得

$$\frac{\partial e_{k+1}}{\partial e_k}=\frac{\partial x_{k+1}}{\partial x_k} \tag{6-38}$$

证明：根据式（6-12），$\partial e_{k+1}/\partial e_k$ 可以推导为

$$\begin{aligned}&\frac{\partial e_{k+1}}{\partial e_k}=\frac{\partial\big(f(e_k+r_k)+g(e_k+r_k)u_k-\mathcal{F}(r_k)\big)}{\partial e_k}=\\&\frac{\partial\big(f(e_k+r_k)+g(e_k+r_k)u_k-\mathcal{F}(r_k)\big)}{\partial x_k}\frac{\partial x_k}{\partial e_k}=\\&\frac{\partial\big(f(e_k+r_k)+g(e_k+r_k)u_k\big)}{\partial x_k}-\frac{\partial\mathcal{F}(r_k)}{\partial x_k}=\\&\frac{\partial\big(f(x_k)+g(x_k)u_k\big)}{\partial x_k}=\frac{\partial x_{k+1}}{\partial x_k}\end{aligned} \tag{6-39}$$

证毕。

利用定理 6-4 和式（6-37），最终得到协状态函数的更新计算式为

$$\lambda_{i+1}(e_k,r_k)=\left[\frac{\partial x_{k+1}}{\partial x_k}\right]^{\mathsf{T}}\left\{\boldsymbol{Q}\left[f(e_k+r_k)+g(e_k+r_k)u_i(e_k,r_k)-\mathcal{F}(r_k)\right]+\gamma\lambda_i(e_{k+1},r_{k+1})\right\} \tag{6-40}$$

6.4.2 未知系统动态辨识

对于一些复杂系统，其动力学参数可能是未知的，有必要设计一个模型网络来近似系统动态。这里采用三层反向传播神经网络进行系统动态辨识。模型网络的结构表示为

$$\hat{x}_{k+1}=\omega_2^{\mathsf{T}}\vartheta_m\left(\omega_1^{\mathsf{T}}X_k+b_1\right)+b_2 \tag{6-41}$$

其中，$X_k=[x_k^{\mathsf{T}},u_k^{\mathsf{T}}]^{\mathsf{T}}$，$\omega_1$和$\omega_2$为权值向量，$b_1$和$b_2$为阈值向量，$\vartheta_m(\cdot)=\tanh(\cdot)$为激活函数。模型网络在训练过程中的性能函数定义为

$$E_m=\frac{1}{2}(\hat{x}_{k+1}-x_{k+1})^{\mathsf{T}}(\hat{x}_{k+1}-x_{k+1}) \tag{6-42}$$

通过梯度下降算法更新权值矩阵和阈值，使性能函数最小化。训练规则可以表示为

$$\begin{aligned}\omega_1&:=\omega_1-\rho_m\frac{\partial E_m}{\partial\omega_1}\\\omega_2&:=\omega_2-\rho_m\frac{\partial E_m}{\partial\omega_2}\\b_1&:=b_1-\rho_m\frac{\partial E_m}{\partial b_1}\\b_2&:=b_2-\rho_m\frac{\partial E_m}{\partial b_2}\end{aligned} \tag{6-43}$$

其中，$0<\rho_m<1$为学习率，符号$:=$表示赋值操作。当误差满足精度要求或迭代达到最大训练次数时，终止训练，然后权值和阈值向量保持不变。观察系统（6-1），未知动力学函数$f(\cdot)$和$g(\cdot)$可以由式（6-44）计算出

$$\begin{cases}f(x_k)=\left[f(x_k)+g(x_k)u_k\right]\big|_{u_k=0_m}\\g(x_k)=\dfrac{\partial x_{k+1}}{\partial u_k}\end{cases} \tag{6-44}$$

其中，0_m 表示 m 维的零向量。然后，训练好的模型参数可以用来近似式（6-44）中未知的系统动力学函数，其表达式如下

$$\begin{cases}\hat{f}(x_k)=\left[\omega_2^{\mathsf{T}}\vartheta_m(\omega_1^{\mathsf{T}}X_k+b_1)+b_2\right]\Big|_{X_k=[x_k^{\mathsf{T}},0_m^{\mathsf{T}}]^{\mathsf{T}}}\\ \hat{g}(x_k)=\dfrac{\partial\hat{x}_{k+1}}{\partial u_k}\end{cases}\tag{6-45}$$

6.4.3 单一神经网络算法实现

构建评判网络逼近每一迭代步的协状态函数 $\lambda_i(e_k,r_k)\in\mathbf{R}^n$，对于 $\lambda_i(e_k,r_k)$ 其近似值为

$$\hat{\lambda}_i(e_k,r_k)=W_i^{\mathsf{T}}\varphi(e_k,r_k)=\sum_{l=1}^{L}W_i^{l\mathsf{T}}\varphi_l(e_k,r_k)\tag{6-46}$$

其中，$\varphi=[\varphi_1,\varphi_2,\cdots,\varphi_L]^{\mathsf{T}}\in\mathbf{R}^L$ 为激活函数，且在紧集 Ω_e 和 Ω_r 上线性无关，$W_i\in\mathbf{R}^{L\times n}$ 为权值向量，L 为隐含层神经元个数。

定义评判网络的残差函数为

$$\epsilon_c(e_k,r_k)=\hat{\lambda}_{i+1}(e_k,r_k)-\lambda_{i+1}(e_k,r_k)\tag{6-47}$$

其中，目标值 $\lambda_{i+1}(e_k,r_k)$ 可由式（6-40）得到。通过加权残差算法更新权值，其目的是使残差函数在最小二乘意义上最小化。损失函数定义如下

$$\mathcal{E}_c(e_k,r_k)=\frac{1}{2}\epsilon_c^{\mathsf{T}}(e_k,r_k)\epsilon_c(e_k,r_k)\tag{6-48}$$

由于激活函数 $\varphi(e_k,r_k)$ 的各项在紧集 Ω_e 和 Ω_r 上是线性无关的，可以推断 $\varphi(e_k,r_k)\varphi^{\mathsf{T}}(e_k,r_k)$ 是满秩且可逆的，并且得到 W_{i+1} 的唯一解为

$$W_{i+1}=\left[\varphi(e_k,r_k)\varphi^{\mathsf{T}}(e_k,r_k)\right]^{-1}\varphi(e_k,r_k)\lambda_{i+1}^{\mathsf{T}}(e_k,r_k)\tag{6-49}$$

考虑式（6-45）和协状态函数（6-46），更新近似控制律为

$$\begin{aligned}\hat{u}_{i+1}(e_k,r_k)=&-\left[\hat{g}^{\mathsf{T}}(e_k+r_k)\boldsymbol{Q}\hat{g}(e_k+r_k)\right]^{-1}\\&\hat{g}^{\mathsf{T}}(e_k+r_k)\left\{\gamma\hat{\lambda}_{i+1}(e_k,r_k)+\boldsymbol{Q}\left[\hat{f}(e_k+r_k)-\mathcal{F}(r_k)\right]\right\}\end{aligned}\tag{6-50}$$

6.5 仿真实验

考虑扭摆系统

$$x_{k+1}=\begin{bmatrix} x_{1,k}+0.05x_{2,k} \\ -0.245\sin(x_{1,k})+0.99x_{2,k} \end{bmatrix}+\begin{bmatrix} 0 \\ 0.05 \end{bmatrix}u_k \tag{6-51}$$

其中，$x_k=[x_{1,k},x_{2,k}]^{\mathsf{T}}$。首先，选择状态操作域为 $\mathcal{S}=\{-1\leqslant x_{1,k}\leqslant 1,-1\leqslant x_{2,k}\leqslant 1\}$，将其划分为 11×11 维的网格，则状态样本数为 $N=121$。

在执行算法之前，需要建立系统模型。模型网络的结构选择为 3-8-2，学习率选择 $\rho_m=0.02$。数据样本在 $[-1,1]$ 中随机选取，由系统（6-51）生成 1000 组数据作为训练样本。在训练 200 步后得到最终的近似模型。另外，选取 500 组数据作为测试样本。测试样本的误差平方和如图 6-1 所示。可以看出，测试误差精度已达到 10^{-7}。结果表明，该模型网络较好地拟合了系统动力学函数。

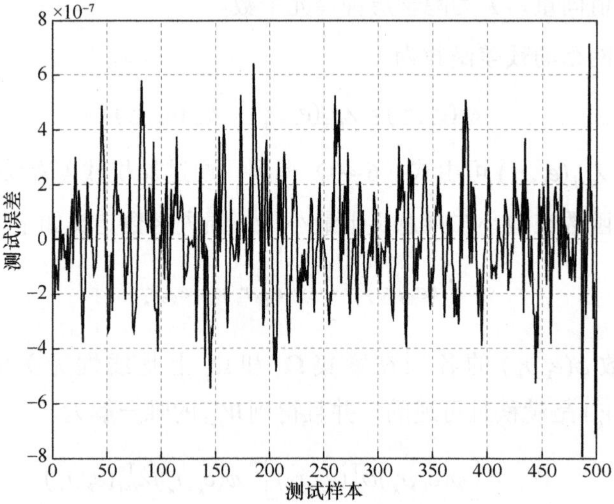

图 6-1　测试样本的误差平方和

然后，定义参考轨迹如下

$$r_{k+1}=\begin{bmatrix} 0.9963r_{1,k}+0.0498r_{2,k} \\ -0.2492r_{1,k}+0.9888r_{2,k} \end{bmatrix} \tag{6-52}$$

其中，$r_k=[r_{1,k},r_{2,k}]^{\mathsf T}$。在 $r_{1,k},r_{2,k}\in[-1,1]$ 中随机选取 121 个参考轨迹样本，并通过式（6-52）得到下一时刻的 121 个参考轨迹。采用 $L=26$ 的多项式作为函数逼近器来近似迭代协状态函数

$$\begin{aligned}\varphi(e_k,r_k)=[&e_{1,k}^2,e_{2,k}^2,r_{1,k}^2,r_{2,k}^2,e_{1,k}^3,e_{2,k}^3,r_{1,k}^3,r_{2,k}^3,e_{1,k}e_{2,k},e_{1,k}r_{1,k},e_{1,k}r_{2,k},\\&e_{2,k}r_{1,k},e_{2,k}r_{2,k},r_{1,k}r_{2,k},e_{1,k}^2e_{2,k},e_{1,k}^2r_{1,k},e_{1,k}^2r_{2,k},e_{2,k}^2e_{1,k},e_{2,k}^2r_{1,k},\\&e_{2,k}^2r_{2,k},r_{1,k}^2e_{1,k},r_{1,k}^2e_{2,k},r_{1,k}^2r_{2,k},r_{2,k}^2e_{1,k},r_{2,k}^2e_{2,k},r_{2,k}^2r_{1,k}]^{\mathsf T}\end{aligned}\tag{6-53}$$

效用函数定义为 $U(e_k,r_k,u_k)=[f(e_k+r_k)+g(e_k+r_k)u_k-\mathcal{F}(r_k)]^{\mathsf T}\boldsymbol{Q}[f(e_k+r_k)+g(e_k+r_k)u_k-\mathcal{F}(r_k)]$，其中 $\boldsymbol{Q}=0.9\mathbf{I}_2$。折扣因子设定为 $\gamma=0.95$，最大迭代指标 $i_{\max}$ 和停止误差 ε 分别设为 $i_{\max}=200$ 和 $\varepsilon=1\times10^{-5}$。

接下来，令初始值为 $\lambda_i(\cdot,\cdot)=0$，然后迭代过程中的协状态函数的三维图像如图 6-2 和图 6-3 所示。这里的曲面代表了协状态函数的值。迭代过程中权值 $W_i=[W_i^{(1)},W_i^{(2)}]$ 的范数如图 6-4 所示，其中 $W_i^{(1)}$ 和 $W_i^{(2)}$ 分别为 W_i 的第一列向量和第二列向量。当迭代过程满足停止误差或达到最大训练次数时，可以得到最终的权值。从图 6-4 中可以看到，当迭代指标达到 16 时，协状态函数的曲线逐渐趋于重合，权值曲线也逐渐收敛。

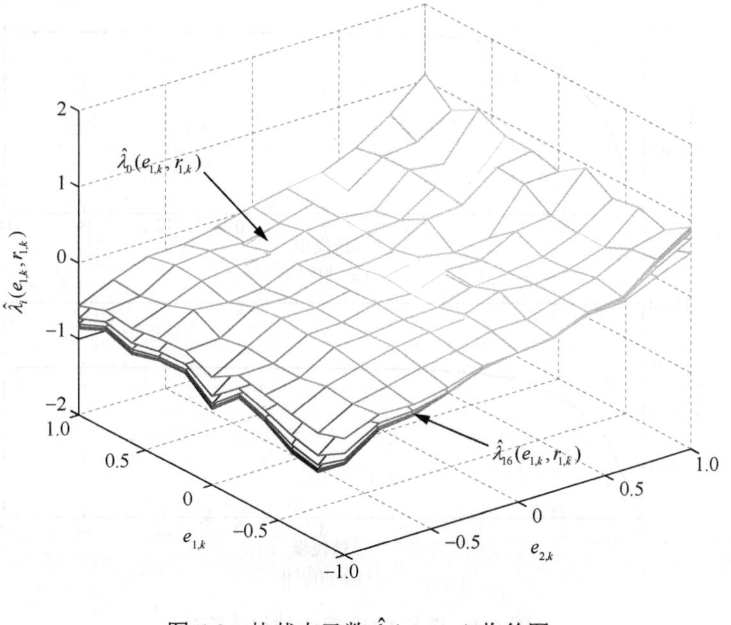

图 6-2　协状态函数 $\hat{\lambda}_i(e_{1,k},r_{1,k})$ 收敛图

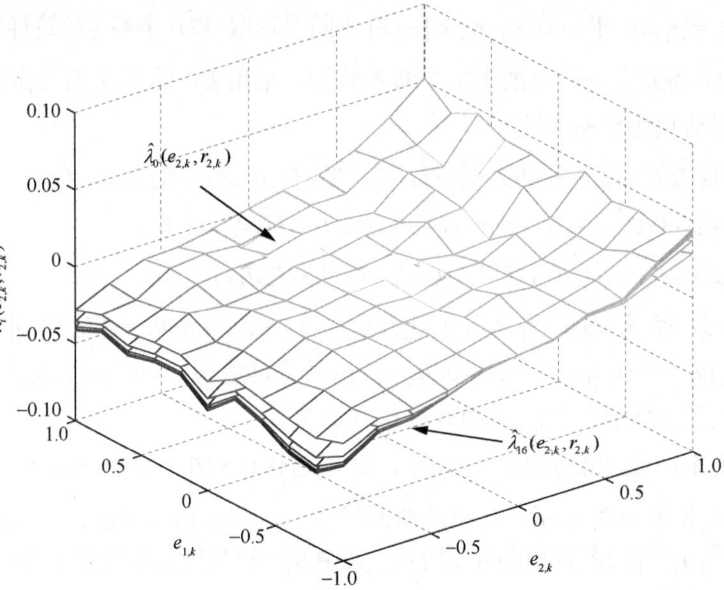

图 6-3　协状态函数 $\hat{\lambda}_i(e_{2,k},r_{2,k})$ 收敛图

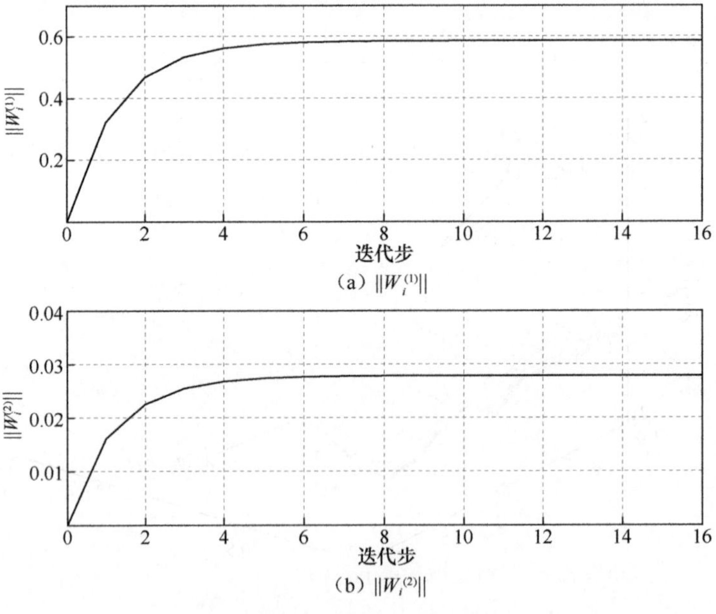

图 6-4　迭代 DHP 算法的权值范数

为了验证提出的算法能够有效地减少计算量，将具有新型代价函数的迭代 DHP 算法与传统的 HDP 算法进行了对比。在 HDP 算法中，采用神经网络逼近代价函数。神经网络表达式为

$$\hat{J}_i(e_k,r_k)=B_i^{\mathrm{T}}\varphi(e_k,r_k) \tag{6-54}$$

其中，B_i 为 HDP 结构下的评判网络权值向量。激活函数 $\varphi(e_k,r_k)$、迭代步长最大值 $i_{\max}$、停止误差 ε 与本例前述设置相同。经过一定周期的迭代训练，代价函数 $\hat{J}_i(e_k,r_k)$ 的收敛图如图 6-5 所示。

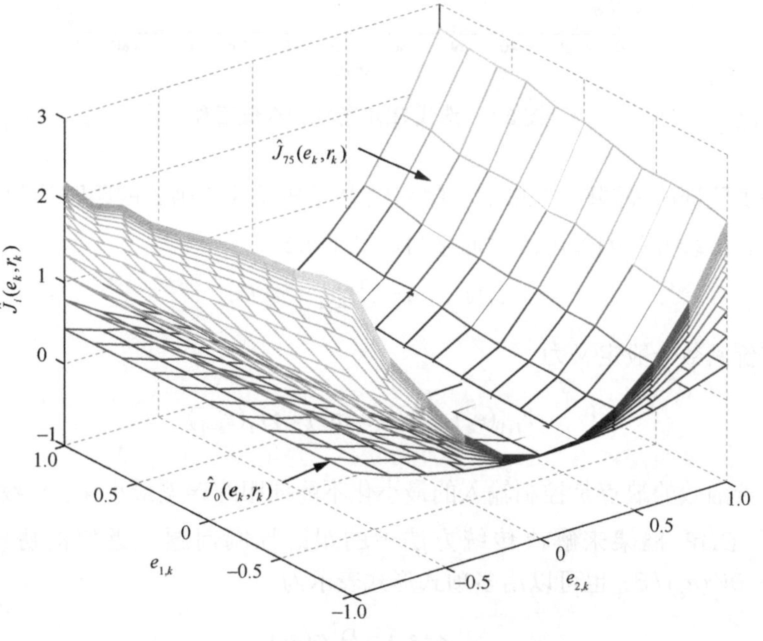

图 6-5　代价函数 $\hat{J}_i(e_k,r_k)$ 的收敛图

此外，HDP 算法的迭代权值范数如图 6-6 所示。对比图 6-4，可以清楚地看到，HDP 算法的代价函数在 75 步后逐渐趋于重合，于是权值向量收敛，而本章所提 DHP 算法将收敛过程减少到 16 步。实验表明，所提方法可以有效地减少迭代次数，加快算法的收敛速度。

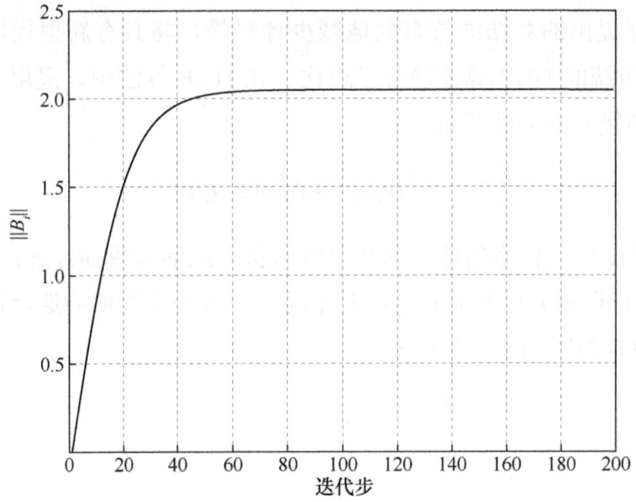

图 6-6　迭代 HDP 算法的权值范数

为了验证所提跟踪方法的优越性，与基于传统代价函数的跟踪控制方法进行了对比。传统方案的效用函数通常写成如下形式

$$\mathcal{U}(e_k,u_k)=e_k^{\mathsf{T}}\boldsymbol{Q}e_k+u_k^{\mathsf{T}}\boldsymbol{R}u_k \tag{6-55}$$

迭代代价函数一般定义为

$$V_{i+1}(e_k)=\frac{1}{2}\mathcal{U}(e_k,u_k)+\gamma V_i(e_{k+1}) \tag{6-56}$$

这种代价函数的缺点是控制输入的最小化不能使跟踪误差最小化。一致起见，还引入了 DHP 框架来解决传统方法下的跟踪控制问题。近似的协状态函数 $\lambda_i(e_k)=\partial V_i(e_k)/\partial e_k$ 也可以用多项式形式表示为

$$\hat{\lambda}_i(e_k)=D_i^{\mathsf{T}}\varphi(e_k) \tag{6-57}$$

其中，D_i 是权值矩阵，激活函数设置为 $\varphi(e_k)=[e_{1,k}^2,e_{2,k}^2,e_{1,k}^3,e_{2,k}^3,e_{1,k}e_{2,k},e_{1,k}^2e_{2,k},e_{2,k}^2e_{1,k}]^{\mathsf{T}}$。这里考虑两种情况，给 $\boldsymbol{Q}$ 和 $\boldsymbol{R}$ 赋予不同的值。在情况 1 中设 $\boldsymbol{Q}=0.9\mathbf{I}_2,\boldsymbol{R}=0.1\mathbf{I}$；在情况 2 中设 $\boldsymbol{Q}=0.1\mathbf{I}_2,\boldsymbol{R}=0.1\mathbf{I}$。最终控制策略分别经过 200 步迭代训练得到。

最后，在操作域内随机选取一个初始状态向量来测试算法的性能。运行 200 个时间步后，系统状态与期望轨迹的变化趋势分别如图 6-7 和图 6-8 所示，跟踪误差

轨迹如图 6-9 所示。不难看出，基于新型代价函数的跟踪方法可以更快地跟踪上目标轨迹，并且跟踪误差最接近于零。此外，基于不同代价函数下的控制律曲线如图 6-10 所示。从全部的实验结果可以看出，基于新型代价函数的 DHP 跟踪控制方法可以使原系统快速跟踪上期望轨迹，验证了该技术的可行性和有效性。

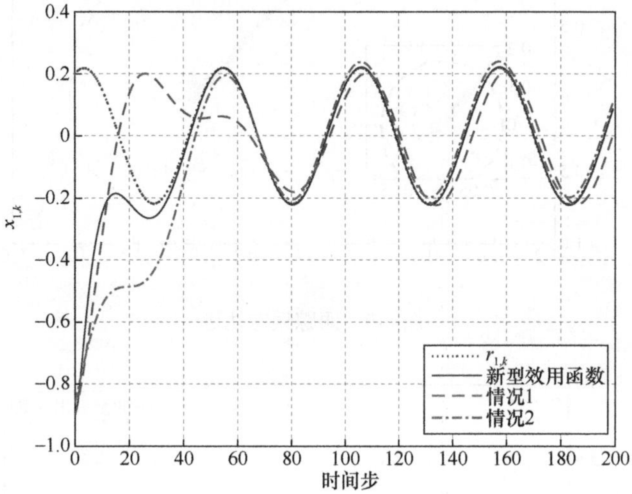

图 6-7　系统状态 $x_{1,k}$ 和期望轨迹 $r_{1,k}$

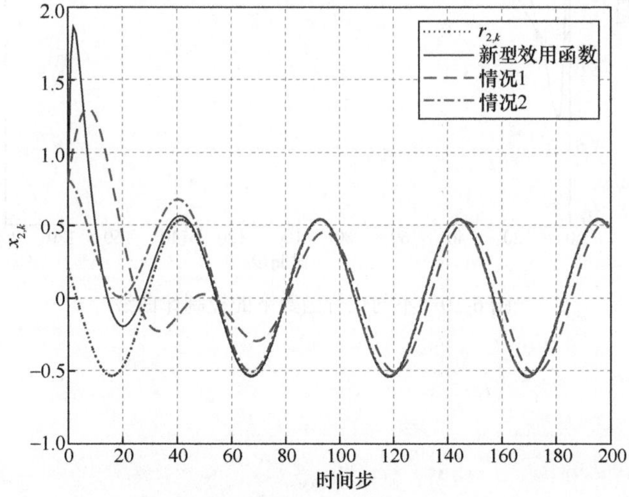

图 6-8　系统状态 $x_{2,k}$ 和期望轨迹 $r_{2,k}$

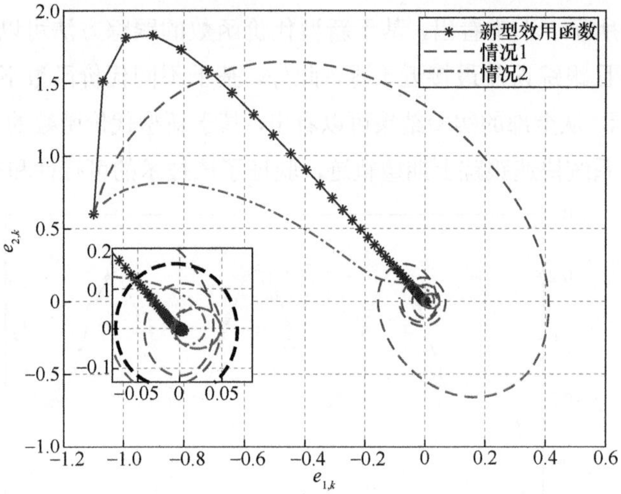

图 6-9　跟踪误差轨迹

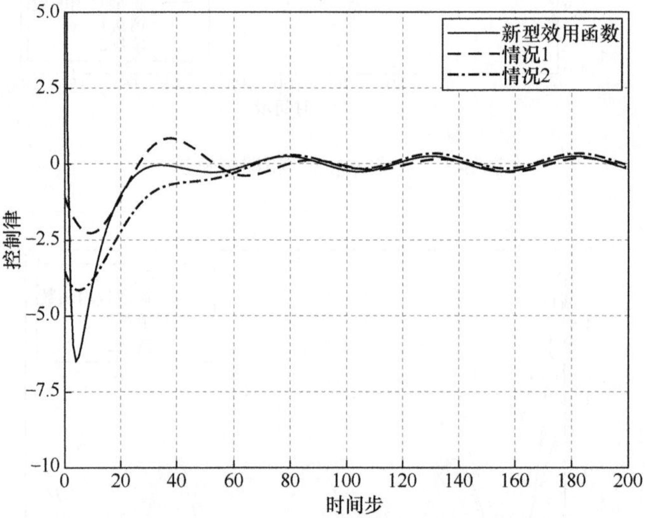

图 6-10　不同代价函数下的控制律曲线

6.6 小结

本章在不计算稳态控制的情况下，提出了一种基于新型代价函数的广义 VI

跟踪控制算法，并给出了相应的单调性和收敛性证明，以及控制律的稳定性分析。然后，通过单网络结构的 DHP 算法加快收敛速度，并采用加权残差法更新评判网络的权值向量。最后，通过一个仿射非线性的扭摆系统进行实验验证，将本章提出的算法与 HDP 算法和基于传统代价函数的跟踪方法进行了比较。实验结果表明，所提方法不仅能有效消除跟踪误差，而且大大提高了算法的收敛速度。本章目前只考虑了模型未知的仿射非线性系统，未来还需要进一步考虑非仿射非线性系统的跟踪控制问题。

参考文献

[1] SONG R Z, ZHU L. Optimal fixed-point tracking control for discrete-time nonlinear systems via ADP[J]. IEEE/CAA Journal of Automatica Sinica, 2019, 6(3): 657-666.

[2] WANG D, ZHAO M M, HA M M, et al. Adaptive-critic-based hybrid intelligent optimal tracking for a class of nonlinear discrete-time systems[J]. Engineering Applications of Artificial Intelligence, 2021, 105: 104443.

[3] WANG D, ZHAO M M, HA M M, et al. Neural optimal tracking control of constrained nonaffine systems with a wastewater treatment application[J]. Neural Networks, 2021, 143: 121-132.

[4] WANG D, ZHAO M M, QIAO J F. Intelligent optimal tracking with asymmetric constraints of a nonlinear wastewater treatment system[J]. International Journal of Robust and Nonlinear Control, 2021, 31(14): 6773-6787.

[5] MING Z Y, ZHANG H G, YAN Y Q, et al. Tracking control of discrete-time system with dynamic event-based adaptive dynamic programming[J]. IEEE Transactions on Circuits and Systems II: Express Briefs, 2022, 69(8): 3570-3574.

[6] WEI Q L, LU J W, ZHOU T M, et al. Event-triggered near-optimal control of discrete-time constrained nonlinear systems with application to a boiler-turbine system[J]. IEEE Transactions on Industrial Informatics, 2022, 18(6): 3926-3935.

[7] LU J W, WEI Q L, LIU Y J, et al. Event-triggered optimal parallel tracking control for discrete-time nonlinear systems[J]. IEEE Transactions on Systems, Man, and Cybernetics: Systems, 2022, 52(6): 3772-3784.

[8] LIN Q, WEI Q L, LIU D R. A novel optimal tracking control scheme for a class of discrete-time nonlinear systems using generalised policy iteration adaptive dynamic programming algorithm[J]. International Journal of Systems Science, 2017, 48(3): 525-534.

[9] KIUMARSI B, ALQAUDI B, MODARES H, et al. Optimal control using adaptive resonance theory and Q-learning[J]. Neurocomputing, 2019, 361: 119-125.

[10] VAMVOUDAKIS K G, MOJOODI A, FERRAZ H. Event-triggered optimal tracking control of nonlinear systems[J]. International Journal of Robust and Nonlinear Control, 2017, 27(4): 598-619.

[11] KIUMARSI B, LEWIS F L. Actor-critic-based optimal tracking for partially unknown nonlinear discrete-time systems[J]. IEEE Transactions on Neural Networks and Learning Systems, 2015, 26(1): 140-151.

[12] LI C, DING J, LEWIS F L, et al. A novel adaptive dynamic programming based on tracking error for nonlinear discrete-time systems[J]. Automatica, 2021, 129: 109687.

[13] HA M M, WANG D, LIU D R. Discounted iterative adaptive critic designs with novel stability analysis for tracking control[J]. IEEE/CAA Journal of Automatica Sinica, 2022, 9(7): 1262-1272.

[14] WANG D, ZHAO H L, ZHAO M M, et al. Novel optimal trajectory tracking for nonlinear affine systems with an advanced critic learning structure[J]. Neural Networks, 2022, 154: 131-140.

[15] WANG D, WU J L, HA M M, et al. Advanced optimal tracking control with stability guarantee via novel value learning formulation[J]. IEEE Transactions on Neural Networks and Learning Systems, 2022, doi: 10.1109/TNNLS.2022.3226518.

第7章

融合集成与演化值迭代的非线性零和博弈设计

7.1 引言

由于干扰所带来的控制负担广泛存在，在设计控制器的过程中不可避免地要考虑干扰的影响。作为鲁棒控制方法的一个重要分支，H_∞ 控制在抑制扰动引起的系统性能恶化方面取得了显著的成功[1-4]。从理论角度来看，H_∞ 控制的核心思想是求解 HJI 方程。H_∞ 控制的特点与零和博弈有关，其中控制输入要求最小化代价函数，而干扰需要最大化代价函数。对于离散时间非线性仿射系统的零和博弈问题，Liu 等[1]运用广义 VI 算法求解 HJI 方程并证明了具有不同单调性的代价函数序列能够收敛到最优值。针对未知非线性系统，Hou[2]等通过构造增广系统，设计了一种面向零和博弈问题的最优跟踪控制器。Wei 等[5]阐明了零和博弈迭代 ADP 算法的新型收敛性分析，上界和下界的代价函数最终收敛于对应的最优形式。Zhang 等[6]提出了一种在线自适应学习算法来获得 HJI 方程的解，并证明了神经网络的权值近似误差是一致最终有界的。为放宽对系统动态信息的要求，Zhong 等[7]采用无模型在线学习算法求解最优控制问题。通过数据驱动的思想，Luo 等[8]设计了基于 PI 的 Q 学习算法，用于解决离散时间线性系统的零和博弈问题。针对离散非线性系统，广义 VI 算法在最优调节与最优跟踪方面已得到了广泛应用[9-15]。然而，目前关于零和博弈广义 VI 算法下离散系统的稳定性与迭代策略对的容许性分析却鲜有成果。

对于广义 VI 算法，由于干扰的存在，最优调节问题的稳定性条件不能完全移植到二人零和博弈中。因此，建立迭代策略对的稳定性条件，提出更加完善的 VI 算法，以保证迭代策略对的容许性和系统状态的渐近稳定性具有重要意义。本章在广义 VI 算法的基础上，提出了离线集成算法和在线演化算法用于解决离散时间线性和非线性系统的二人零和博弈问题。首先，建立了面向广义 VI 算法迭代策略对的容许性条件，并基于代价函数的有界性给出了证明。其次，如果当前迭代步的策略对满足稳定性条件，则集成算法可以保证该步之后的所有迭代策略对都是稳定且容许的。最后，利用吸引域的思想，提出了具有固定稳定策略对的离线控制方案和具有演化策略对的在线控制方案。给定合适的初始状态，固定策略对和演化策略对可以保证状态轨迹不超出吸引域，并收敛到原点。总之，本章在广义 VI 算法的理论性质和零和博弈应用上都进行了拓展，主要内容来源于作者的研究成果[16]并对其进行了修改、补充和完善。

7.2 问题描述

考虑如下一类动态系统

$$x_{k+1}=\mathcal{F}(x_k,u_k,h_k) \tag{7-1}$$

其中，$x_k\in\mathbf{R}^n$是n维状态变量，$u_k\in\mathbf{R}^m$是m维控制输入，$h_k\in\mathbf{R}^p$是p维扰动。假设$\mathcal{F}(\cdot,\cdot,\cdot)\in\mathbf{R}^n$在集合$\Omega$上是光滑的可微函数，且$\mathcal{F}(0,0,0)=0$。令$x_k=0\in\Omega$是一个平衡状态点。此外，假设系统（7-1）可控并且至少存在一个连续的反馈控制策略使其稳定。对于二人零和博弈问题，定义无限时域代价函数为

$$\begin{aligned}&\mathcal{J}(x_k)=\sum_{k=0}^{\infty}\mathcal{U}(x_k,u_k,h_k)=\\&\sum_{k=0}^{\infty}\left(x_k^{\mathsf{T}}\boldsymbol{Q}x_k+u_k^{\mathsf{T}}\boldsymbol{R}u_k-\gamma^2h_k^{\mathsf{T}}h_k\right)=\\&\mathcal{U}(x_k,u_k,h_k)+\mathcal{J}(x_{k+1})\end{aligned} \tag{7-2}$$

其中，$\mathcal{U}(\cdot,\cdot,\cdot)$是效用函数，$\boldsymbol{Q}$和$\boldsymbol{R}$是正定矩阵，$\gamma>0$是一个常数。这里的目标

是找到一个最优反馈控制策略对$\left(u^*(x_k),h^*(x_k)\right)$用于镇定系统（7-1），同时相对于$u$和$h$，分别最小化和最大化式（7-2）中的代价函数。对于状态$x_k\in\mathbf{R}^n$，如果一个策略对在Ω上能镇定系统（7-1），并使得式（7-2）中的代价函数有界，则这个策略对是容许的。

根据 Bellman 最优性原理，最优代价函数$\mathcal{J}^*(x_k)$满足如下离散时间 HJI 方程

$$\mathcal{J}^*(x_k)=\min_{u_k}\max_{h_k}\left\{\mathcal{U}(x_k,u_k,h_k)+\mathcal{J}^*(x_{k+1})\right\} \tag{7-3}$$

最优策略对$\left(u^*(x_k),h^*(x_k)\right)$满足

$$\begin{cases} u^*(x_k)=\arg\min\limits_{u_k}\left\{\mathcal{U}(x_k,u_k,h_k)+\mathcal{J}^*(x_{k+1})\right\} \\ h^*(x_k)=\arg\max\limits_{h_k}\left\{\mathcal{U}(x_k,u_k,h_k)+\mathcal{J}^*(x_{k+1})\right\} \end{cases} \tag{7-4}$$

由于 HJI 方程难以求解，本章将运用以广义 VI 算法为基础的集成和演化 VI 算法来求取其近似最优解，并研究代价函数序列的单调性和收敛性以及迭代策略对的容许性。值得一提的是，本章着重研究的是策略对$\left(u(x_k),h(x_k)\right)$发挥的整体作用，而不是其中单个向量$u(x_k)$或$h(x_k)$的影响。

7.3　面向零和博弈的广义值迭代算法

在代价函数中包含干扰$h_k\in\mathbf{R}^p$的情况下，面向最优调节的广义 VI 算法的相关定理不再适用。因此，本节详细讨论了零和博弈下广义 VI 算法的相关性质，进一步给出了新的稳定性判据，并建立了具有稳定性保证的先进集成 VI 和演化 VI 算法。

7.3.1　非线性零和博弈的广义值迭代算法推导

首先给定一个半正定函数$V_0(x_k)=x_k^{\mathsf{T}}\boldsymbol{\Phi}x_k$和迭代指标$i\in\mathbf{N}$，$\boldsymbol{\Phi}$是一个半正定矩阵。然后开始执行广义 VI 算法，分别进行策略提升

$$\begin{cases} u_i(x_k) = \arg\min\limits_{u_k}\left\{\mathcal{U}\big(x_k, u(x_k), h(x_k)\big) + V_i\Big(\mathcal{F}\big(x_k, u(x_k), h(x_k)\big)\Big)\right\} \\ h_i(x_k) = \arg\max\limits_{h_k}\left\{\mathcal{U}\big(x_k, u(x_k), h(x_k)\big) + V_i\Big(\mathcal{F}\big(x_k, u(x_k), h(x_k)\big)\Big)\right\} \end{cases} \tag{7-5}$$

和策略评估

$$\begin{aligned} V_{i+1}(x_k) &= \min_{u_k}\max_{h_k}\left\{\mathcal{U}\big(x_k, u(x_k), h(x_k)\big) + V_i(x_{k+1})\right\} = \\ &\mathcal{U}\big(x_k, u_i(x_k), h_i(x_k)\big) + V_i\Big(\mathcal{F}\big(x_k, u_i(x_k), h_i(x_k)\big)\Big) \end{aligned} \tag{7-6}$$

在文献[1]中，Liu 等已详细讨论了零和博弈广义 VI 算法的收敛性，证明了 $\lim\limits_{i\to\infty} V_i(x_k) = \mathcal{J}^*(x_k)$，并进一步运用最优策略对 $\big(u^*(x_k), h^*(x_k)\big)$ 控制闭环系统。

引理 7-1 定义迭代策略对序列 $\{(u_i, h_i)\}$ 和迭代代价函数序列 $\{V_i\}$ 更新过程如式（7-5）和式（7-6）所示，且 $V_0(x_k) = x_k^{\mathsf{T}}\boldsymbol{\Phi} x_k$。如果条件 $V_0(x_k) \leqslant V_1(x_k)$ 成立，则代价函数序列单调非减，满足 $V_i(x_k) \leqslant V_{i+1}(x_k) \leqslant \cdots \leqslant V_\infty(x_k), \forall i \in \mathbf{N}$。如果条件 $V_0(x_k) \geqslant V_1(x_k)$ 成立，则代价函数序列单调非增，满足 $V_i(x_k) \geqslant V_{i+1}(x_k) \geqslant \cdots \geqslant V_\infty(x_k), \forall i \in \mathbf{N}$ [1]。

7.3.2 线性零和博弈的广义值迭代算法推导

考虑一般的离散时间线性系统

$$x_{k+1} = \boldsymbol{A}x_k + \boldsymbol{B}u_k + \boldsymbol{C}h_k \tag{7-7}$$

其中，$\boldsymbol{A} \in \mathbf{R}^{n\times n}$、$\boldsymbol{B} \in \mathbf{R}^{n\times m}$、$\boldsymbol{C} \in \mathbf{R}^{n\times p}$ 均为常数矩阵。特别地，最优代价函数 $\mathcal{J}^*$ 和最优策略对 (u^*, h^*) 可表示为以下形式

$$\begin{cases} \mathcal{J}^*(x) = x^{\mathsf{T}}\boldsymbol{P}^* x \\ u^*(x) = \boldsymbol{K}^* x \\ h^*(x) = \boldsymbol{S}^* x, x \in \Omega \end{cases} \tag{7-8}$$

其中，$\boldsymbol{P}^* \geqslant 0$ 是一个对称矩阵，$\boldsymbol{K}^*$ 和 $\boldsymbol{S}^*$ 是增益变量。为了实现迭代算法，令 $\boldsymbol{P}_i$、$\boldsymbol{K}_i$ 和 $\boldsymbol{S}_i$ 为相应的迭代参数，且 $\boldsymbol{P}_0 = \boldsymbol{\Phi}$。然后，文献[8]给出线性系统广义 VI 算法的更新过程为

$$\begin{cases} \boldsymbol{K}_i = \left[\boldsymbol{R} + \boldsymbol{C}^{\mathsf{T}}\boldsymbol{P}_i\boldsymbol{C} - \boldsymbol{C}^{\mathsf{T}}\boldsymbol{P}_i\boldsymbol{B}\left(\boldsymbol{B}^{\mathsf{T}}\boldsymbol{P}_i\boldsymbol{B} - \gamma^2\mathbf{I}_p\right)^{-1}\boldsymbol{B}^{\mathsf{T}}\boldsymbol{P}_i\boldsymbol{C}\right]^{-1} \times \\ \quad \left[\boldsymbol{C}^{\mathsf{T}}\boldsymbol{P}_i\boldsymbol{B}\left(\boldsymbol{B}^{\mathsf{T}}\boldsymbol{P}_i\boldsymbol{B} - \gamma^2\mathbf{I}_p\right)^{-1}\boldsymbol{B}^{\mathsf{T}}\boldsymbol{P}_i\boldsymbol{A} - \boldsymbol{C}^{\mathsf{T}}\boldsymbol{P}_i\boldsymbol{A}\right] \\ \boldsymbol{S}_i = \left[\boldsymbol{B}^{\mathsf{T}}\boldsymbol{P}_i\boldsymbol{B} - \gamma^2\mathbf{I}_p - \boldsymbol{B}^{\mathsf{T}}\boldsymbol{P}_i\boldsymbol{C}\left(\boldsymbol{R} + \boldsymbol{C}^{\mathsf{T}}\boldsymbol{P}_i\boldsymbol{C}\right)^{-1}\boldsymbol{C}^{\mathsf{T}}\boldsymbol{P}_i\boldsymbol{B}\right]^{-1} \times \\ \quad \left[\boldsymbol{B}^{\mathsf{T}}\boldsymbol{P}_i\boldsymbol{C}\left(\boldsymbol{R} + \boldsymbol{C}^{\mathsf{T}}\boldsymbol{P}_i\boldsymbol{C}\right)^{-1}\boldsymbol{C}^{\mathsf{T}}\boldsymbol{P}_i\boldsymbol{A} - \boldsymbol{B}^{\mathsf{T}}\boldsymbol{P}_i\boldsymbol{A}\right] \end{cases} \tag{7-9}$$

和

$$\boldsymbol{P}_{i+1} = \boldsymbol{A}^{\mathsf{T}}\boldsymbol{P}_i\boldsymbol{A} + \boldsymbol{\mathcal{Q}} - \left[\boldsymbol{A}^{\mathsf{T}}\boldsymbol{P}_i\boldsymbol{C} \ \ \boldsymbol{A}^{\mathsf{T}}\boldsymbol{P}_i\boldsymbol{B}\right]\begin{bmatrix} \boldsymbol{R} + \boldsymbol{C}^{\mathsf{T}}\boldsymbol{P}_i\boldsymbol{C} & \boldsymbol{C}^{\mathsf{T}}\boldsymbol{P}_i\boldsymbol{B} \\ \boldsymbol{B}^{\mathsf{T}}\boldsymbol{P}_i\boldsymbol{C} & \boldsymbol{B}^{\mathsf{T}}\boldsymbol{P}_i\boldsymbol{B} - \gamma^2\mathbf{I} \end{bmatrix}^{-1}\begin{bmatrix} \boldsymbol{C}^{\mathsf{T}}\boldsymbol{P}_i\boldsymbol{A} \\ \boldsymbol{B}^{\mathsf{T}}\boldsymbol{P}_i\boldsymbol{A} \end{bmatrix} \tag{7-10}$$

根据式（7-9）和式（7-10），通过迭代计算矩阵 $\boldsymbol{P}_i$ 和反馈增益对 $(\boldsymbol{K}_i, \boldsymbol{S}_i)$，可获得相应的最优值。

7.3.3　面向零和博弈的广义值迭代算法特性

对于二人零和博弈问题，广义 VI 算法迭代过程中的迭代策略对可能无效，不能保证闭环系统的稳定性。因此，目标是建立更为一般的准则，使得迭代策略对能够保证被控系统的稳定性。对于形如 $x_{k+1} = \mathcal{F}(x_k, u_k)$ 系统的最优调节问题，传统的思想是将 $V_i(x_k)$ 作为 Lyapunov 函数，通过条件 $V_i(x_{k+1}) - V_i(x_k) < 0$ 来阐明 $u_i(x_k)$ 是一个稳定控制律。对于零和博弈问题，考虑策略对 (u_i, h_i) 的相互作用，以及有界的代价函数，本节将提出一种新的稳定性分析方法。

定理 7-1　定义迭代策略对序列 $\{(u_i, h_i)\}$ 和迭代代价函数序列 $\{V_i\}$ 更新过程如式（7-5）和式（7-6）所示，且 $V_0(x_k) = x_k^{\mathsf{T}}\boldsymbol{\Phi}x_k$。定义常数 $\varrho \in (0,1)$。对于任意的 $x_k \neq 0$，如果效用函数 $\mathcal{U}\left(x_k, u_i(x_k), h_i(x_k)\right) > 0$，且迭代策略对 (u_i, h_i) 使得不等式

$$V_{i+1}(x_k) - V_i(x_k) < \varrho\mathcal{U}\left(x_k, u_i(x_k), h_i(x_k)\right) \tag{7-11}$$

成立，则 (u_i, h_i) 是一个容许的策略对。

证明：基于式（7-6），可以将式（7-11）写为

$$V_i(x_{k+1}) - V_i(x_k) < (\varrho - 1)\mathcal{U}\left(x_k, u_i(x_k), h_i(x_k)\right) < 0 \tag{7-12}$$

对于初始状态 x_0 和迭代指标 $i \in \mathbf{N}^+$，进一步展开式（7-12）可得

$$\begin{cases} V_i(x_1)-V_i(x_0)<0 \\ V_i(x_2)-V_i(x_1)<0 \\ \quad\vdots \\ V_i(x_N)-V_i(x_{N-1})<0 \\ V_i(x_{N+1})-V_i(x_N)<0 \end{cases} \tag{7-13}$$

合并式（7-13）可得

$$V_i(x_0)-V_i(x_{N+1})>0 \tag{7-14}$$

需要注意 $V_i(x_0)$ 和 $V_i(x_{N+1})$ 是有界的代价函数。根据式（7-12），考虑状态 $x_0,x_1,\cdots,x_N$ 可得

$$\begin{cases} V_i(x_1)-V_i(x_0)<(\varrho-1)\mathcal{U}\big(x_0,u_i(x_0),h_i(x_0)\big) \\ V_i(x_2)-V_i(x_1)<(\varrho-1)\mathcal{U}\big(x_1,u_i(x_1),h_i(x_1)\big) \\ \quad\vdots \\ V_i(x_N)-V_i(x_{N-1})<(\varrho-1)\mathcal{U}\big(x_{N-1},u_i(x_{N-1}),h_i(x_{N-1})\big) \\ V_i(x_{N+1})-V_i(x_N)<(\varrho-1)\mathcal{U}\big(x_N,u_i(x_N),h_i(x_N)\big) \end{cases} \tag{7-15}$$

对式（7-15）中的项进行合并得

$$(1-\varrho)\sum_{\rho=0}^{N}\mathcal{U}(x_\rho,u_i(x_\rho),h_i(x_\rho))<V_i(x_0)-V_i(x_{N+1}) \tag{7-16}$$

根据式（7-14）和式（7-16），由于$0<1-\varrho<1$，易知序列$\sum_{\rho=0}^{N}\mathcal{U}\big(x_\rho,u_i(x_\rho),h_i(x_\rho)\big)$有界。由于效用函数$\mathcal{U}(\cdot,\cdot,\cdot)$正定，可得$\sum_{\rho=0}^{N}\mathcal{U}\big(x_\rho,u_i(x_\rho),h_i(x_\rho)\big)$相对于$N$是一个单调非减的序列。因此，当$N\to\infty$时，$\sum_{\rho=0}^{N}\mathcal{U}\big(x_\rho,u_i(x_\rho),h_i(x_\rho)\big)$收敛，进一步可得效用函数$\mathcal{U}\big(x_\rho,u_i(x_\rho),h_i(x_\rho)\big)\to 0$，这意味着$x_N\to 0$。综上所述，$(u_i,h_i)$是一个容许的策略对，既能使得系统稳定又能保证代价函数有界。证毕。

对于广义 VI 算法，需要注意容许的迭代策略对(u_i,h_i)不能保证$(u_{i+j},h_{i+j}),j\in\mathbf{N}^+$的容许性。接下来，通过融合广义 VI 和稳定 VI 算法，本节构建集成 VI 框架以确保迭代策略对(u_{i+j},h_{i+j})的稳定性。

如果策略对(u_i,h_i)和代价函数V_i首次满足式（7-11），将此时的迭代指标i记为$\mathcal{I}$。令$\breve{V}_{\mathcal{I},0}(x_k)=V_{\mathcal{I}}(x_k)$，对于$z\in\mathbf{N}$，执行一步策略评估

$$\breve{V}_{\mathcal{I},z+1}(x_k)=\mathcal{U}\left(x_k,u_{\mathcal{I}}(x_k),h_{\mathcal{I}}(x_k)\right)+\breve{V}_{\mathcal{I},z}(x_{k+1}) \tag{7-17}$$

当 $z\to\infty$ 时，则有

$$\breve{V}_{\mathcal{I},\infty}(x_k)=\mathcal{U}\left(x_k,u_{\mathcal{I}}(x_k),h_{\mathcal{I}}(x_k)\right)+\breve{V}_{\mathcal{I},\infty}(x_{k+1}) \tag{7-18}$$

结束策略评估阶段后，记 $V_{\mathcal{I}+1}(x_k)=\breve{V}_{\mathcal{I},\infty}(x_k)$，并根据式（7-19）执行策略提升以获得策略对 $(u_{\mathcal{I}+1},h_{\mathcal{I}+1})$

$$\begin{cases} u_{\mathcal{I}+1}(x_k)=\arg\min\limits_{u_k}\left\{\mathcal{U}\left(x_k,u(x_k),h(x_k)\right)+V_{\mathcal{I}+1}\left(\mathcal{F}\left(x_k,u(x_k),h(x_k)\right)\right)\right\} \\ h_{\mathcal{I}+1}(x_k)=\arg\max\limits_{h_k}\left\{\mathcal{U}\left(x_k,u(x_k),h(x_k)\right)+V_{\mathcal{I}+1}\left(\mathcal{F}\left(x_k,u(x_k),h(x_k)\right)\right)\right\} \end{cases} \tag{7-19}$$

定理 7-2　定义 $V_{\mathcal{I}+1}(x_k)$、$u_{\mathcal{I}+1}(x_k)$ 和 $h_{\mathcal{I}+1}(x_k)$ 如式（7-18）和式（7-19）所示。对于 $j\in\mathbf{N}^+$，如果迭代代价函数和迭代策略对根据式（7-5）和式（7-6）继续进行更新，则 $\{V_{\mathcal{I}+j}(x_k)\}$ 是单调非增的序列。

证明：对于 $j=1$，VI 过程中代价函数满足

$$\begin{aligned} &V_{\mathcal{I}+2}(x_k)=\mathcal{U}\left(x_k,u_{\mathcal{I}+1}(x_k),h_{\mathcal{I}+1}(x_k)\right)+V_{\mathcal{I}+1}(x_{k+1})= \\ &\min_{u_k}\max_{h_k}\left\{\mathcal{U}\left(x_k,u(x_k),h(x_k)\right)+\breve{V}_{\mathcal{I},\infty}(x_{k+1})\right\}\leqslant \\ &\mathcal{U}\left(x_k,u_{\mathcal{I}}(x_k),h_{\mathcal{I}}(x_k)\right)+\breve{V}_{\mathcal{I},\infty}(x_{k+1})= \\ &\breve{V}_{\mathcal{I},\infty}(x_k)= \\ &V_{\mathcal{I}+1}(x_k) \end{aligned} \tag{7-20}$$

因此，$V_{\mathcal{I}+2}(x_k)\leqslant V_{\mathcal{I}+1}(x_k)$，通过数学推导，进而可得 $V_{\mathcal{I}+j}(x_k)\geqslant V_{\mathcal{I}+j+1}(x_k)$，$j=2,3,\cdots$ 成立。证毕。

推论 7-1　定义 $V_{\mathcal{I}+1}(x_k)$、$u_{\mathcal{I}+1}(x_k)$ 和 $h_{\mathcal{I}+1}(x_k)$ 如式（7-18）和式（7-19）所示。对于 $j\in\mathbf{N}^+$，如果迭代代价函数和迭代策略对根据式（7-5）和式（7-6）继续进行更新，那么迭代步 $\mathcal{I}$ 之后的所有迭代策略对 $(u_{\mathcal{I}+j},h_{\mathcal{I}+j})$ 都是稳定的。

证明：因为 $V_{\mathcal{I}+j}(x_k)$ 是一个单调非增的序列，那意味着对于 $x_k\neq 0$，可得

$$V_{\mathcal{I}+j}(x_{k+1})-V_{\mathcal{I}+j}(x_k)\leqslant 0 \tag{7-21}$$

根据定理 7-1，可得迭代策略对 $(u_{\mathcal{I}+j},h_{\mathcal{I}+j})$ 都是稳定的。证毕。

总之，与第 1 章中的最优调节问题类似，这里的集成 VI 算法也包括 3 个阶

段。首先，根据式（7-5）和式（7-6）更新代价函数和迭代策略对，此时的迭代指标范围为$i \in [0, \mathcal{I}]$。其次，根据式（7-18）和式（7-19）执行一步 PI 算法。最后，根据式（7-5）和式（7-6）继续执行 VI 算法，注意迭代指标范围为$i \in [\mathcal{I}+1, \infty)$。一方面，迭代步$\mathcal{I}$之前的 VI 过程可理解为用来首次获取容许策略对，这对于执行 PI 算法是必要的；另一方面，迭代步$\mathcal{I}$之后的 VI 过程能够保证所有迭代策略对的容许性。值得一提的是，集成 VI 算法具有易实现的特点，可使用任意的初始代价函数。

根据引理 7-1 可知，如果初始条件$V_0(x_k) \geqslant V_1(x_k)$成立，则有$V_i(x_k) \geqslant V_{i+1}(x_k)$，这意味着对于任意$x_k \neq 0$，所有的迭代策略对都是容许的。因此，条件$V_0(x_k) \geqslant V_1(x_k)$成立时，则无须执行式（7-18）和式（7-19）中的 PI 算法。上述结论同样适用于线性系统（7-7），唯一不同的是代价函数V_i和策略迭代对(u_i, h_i)的计算简化为对于$\boldsymbol{P}_i$、$\boldsymbol{K}_i$和$\boldsymbol{S}_i$的计算。例如，线性系统稳定条件（7-11）可写为$\boldsymbol{P}_{i+1} - \boldsymbol{P}_i - \varrho\left(\boldsymbol{\mathcal{Q}} + \boldsymbol{K}_i^{\mathsf{T}}\boldsymbol{R}\boldsymbol{K}_i - \gamma^2\boldsymbol{S}_i^{\mathsf{T}}\boldsymbol{S}_i\right) \prec 0$。也就是说，不等式左边的矩阵负定时，则当前迭代增益能够使得系统稳定。需要注意，在稳定增益$(\boldsymbol{K}_i, \boldsymbol{S}_i)$作用下，线性系统具有全局稳定性。

事实上，算法执行过程通常难以遍历整个状态空间。因此，研究者们通常定义一些合理的紧集，例如吸引域、操作域等。为了便于分析，这里定义Θ_x为包括原点的操作域。

推论 7-2 定义策略对如式（7-5）所示，代价函数如式（7-6）所示。假设$V_i(x_k)$满足稳定条件（7-11）。定义吸引域为$\mathcal{O}_i^c \triangleq \{x \in \mathbf{R}^n : V_i(x) \leqslant c\} \subset \Theta_x, c > 0$。如果初始状态位于集合$\mathcal{O}_i^c$中，则在固定策略对$\left(u_i(x_k), h_i(x_k)\right)$作用下，系统轨迹一直保持在吸引域内。

证明：根据稳定条件（7-11）可得$V_i(x_{k+1}) < V_i(x_k)$成立。结合不等式$V_i(x) \leqslant c$，可以推出

$$V_i(x_{k+1}) < V_i(x_k) \leqslant c, x \neq 0 \tag{7-22}$$

因此，状态轨迹仍然保持在吸引域$\mathcal{O}_i^c$内。由于原点$V_i(0) = 0 < c$，于是$x = 0$也属于吸引域。证毕。

需要注意的是，使用固定策略对(u_i, h_i)的控制设计是一个离线模式。在固定策略对作用下，二人零和博弈的离线控制过程如图 7-1 所示。

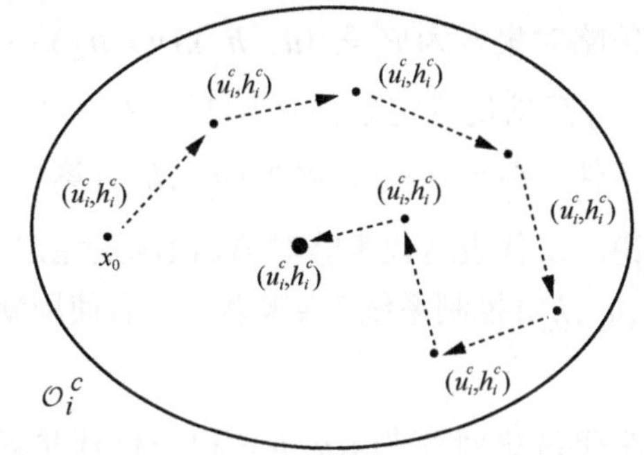

图 7-1　使用固定策略对的二人零和博弈的离线控制过程

推论 7-3　定义代价函数如式（7-6）且 $V_0(x_k)\leqslant V_1(x_k)$。若代价函数 $V_v(x_k)$ 和 $V_z(x_k)$ 满足稳定条件（7-11），$v<z$，则有

$$\mathcal{O}_z^c\subseteq\mathcal{O}_v^c\subset\Theta_x \tag{7-23}$$

证明：条件 $V_0(x_k)\leqslant V_1(x_k)$ 说明 $V_v(x_k)\leqslant V_z(x_k),x\in\Theta_x$ 成立。若 x^z 是集合 $\mathcal{O}_z^c$ 中的任意一个状态，则不等式 $V_v(x_k^z)\leqslant V_z(x_k^z)<c$。也就是说，从集合 $\mathcal{O}_z^c$ 中采样得到的状态都满足 $x\in\mathcal{O}_v^c$。证毕。

推论 7-4　定义代价函数如式（7-6）且 $V_0(x_k)\geqslant V_1(x_k)$。若代价函数 $V_v(x_k)$ 和 $V_z(x_k)$ 满足稳定条件（7-11），$v<z$，则有

$$\mathcal{O}_v^c\subseteq\mathcal{O}_z^c\subset\Theta_x \tag{7-24}$$

证明：由于 $V_0(x_k)\geqslant V_1(x_k)$，条件 $V_v(x_k)\geqslant V_z(x_k),x\in\Theta_x$ 成立。若 x^v 是集合 $\mathcal{O}_v^c$ 中的任意一个状态，则不等式 $V_z(x_k^v)\leqslant V_v(x_k^v)<c$。换句话说，集合 $\mathcal{O}_v^c$ 中所有采样得到的状态都满足 $x\in\mathcal{O}_z^c$。证毕。

7.4　零和博弈问题的演化值迭代控制设计

考虑零和博弈的在线算法，主流思想是用演化策略对来控制系统而非固定策略对。然而，由于策略对处于持续更新过程，并不是所有的策略对都能保证受控系统的稳定性。因此，保证系统的稳定性，并使得状态趋向原点至关重要。基于定理 7-1 和上述推理，接下来利用具有稳定性保证的演化策略对，提出在线控制方案来解决零和博弈问题。

定义一个有限的策略对集合为$\varPsi_a \triangleq \left\{(u_{a_1},h_{a_1}),(u_{a_2},h_{a_2}),\cdots,(u_{a_L},h_{a_L})\right\}, L\in\mathbf{N}$，其中每一个策略对$(u_{a_l},h_{a_l})$都满足稳定条件（7-11），$l=1,2,\cdots,L$。特别地，如果$(u_i,h_i)$首次满足稳定条件，则令$a_1=i$，如果$(u_{i+j},h_{i+j})$第二次满足稳定条件，则令$a_2=i+j$。也就是说，$a_l$代表迭代策略对第$l$次满足稳定条件的迭代指标。核心理念是运用策略对$(u_{a_l},h_{a_l})$控制系统$T_l\in\mathbf{N}$步，然后使用新的策略对$(u_{a_{l+1}},h_{a_{l+1}})$控制系统$T_{l+1}\in\mathbf{N}$步。

定理 7-3 定义迭代策略对序列$\{(u_i,h_i)\}$和迭代代价函数序列$\{V_i\}$更新过程如式（7-5）和式（7-6）所示，且$V_0(x_k)=x_k^{\mathsf{T}}\boldsymbol{\Phi}x_k$。对于$\varPsi_a \triangleq \left\{(u_{a_1},h_{a_1}),(u_{a_2},h_{a_2}),\cdots,(u_{a_L},h_{a_L})\right\}$，每一个策略对都用于控制系统$T_l\in\mathbf{N}$步。如果初始状态位于$\mathcal{O}_{a_1}^c$内，则状态轨迹收敛到平衡点。

证明：简便起见，在时刻$k+1$处，将系统状态$\mathcal{F}\left(x_k,u_{a_l}(x_k),h_{a_l}(x_k)\right)$记为$x_{k+1}^+$，令$x_0=x_0^+$。根据策略对$\left(u_{a_l}(x_k),h_{a_l}(x_k)\right)$的性质，可得

$$\begin{aligned}V_{a_l+1}(x_k)&=\mathcal{U}\left(x_k,u_{a_l}(x_k),h_{a_l}(x_k)\right)+V_{a_l}(x_{k+1}^+)\leqslant\\&\varrho\mathcal{U}\left(x_k,u_{a_l}(x_k),h_{a_l}(x_k)\right)+V_{a_l}(x_k)\end{aligned}\tag{7-25}$$

基于式（7-6）和式（7-25），对于初始状态x_0，可得

$$\begin{aligned}V_{a_1+1}(x_0)&=\mathcal{U}\left(x_0,u_{a_1}(x_0),h_{a_1}(x_0)\right)+V_{a_1}(x_1^+)\leqslant\\&\varrho\mathcal{U}\left(x_0,u_{a_1}(x_0),h_{a_1}(x_0)\right)+V_{a_1}(x_0)\end{aligned}\tag{7-26}$$

这意味着

$$(1-\varrho)\mathcal{U}\left(x_0,u_{a_1}(x_0),h_{a_1}(x_0)\right)+V_{a_1}(x_1^+)\leqslant V_{a_1}(x_0)\tag{7-27}$$

根据不等式（7-25），对于状态$x_1^+,x_2^+,\cdots,x_{T_1}^+$，可以推导出

$$\begin{cases}(1-\varrho)\mathcal{U}\left(x_1^+,u_{a_1}(x_1^+),h_{a_1}(x_1^+)\right)+V_{a_1}(x_2^+)\leqslant V_{a_1}(x_1^+)\\(1-\varrho)\mathcal{U}\left(x_2^+,u_{a_1}(x_2^+),h_{a_1}(x_2^+)\right)+V_{a_1}(x_3^+)\leqslant V_{a_1}(x_2^+)\\\qquad\vdots\\(1-\varrho)\mathcal{U}\left(x_{T_1-1}^+,u_{a_1}(x_{T_1-1}^+),h_{a_1}(x_{T_1-1}^+)\right)+V_{a_1}(x_{T_1}^+)\leqslant V_{a_1}(x_{T_1-1}^+)\end{cases}\tag{7-28}$$

结合式（7-27）和式（7-28），可得

$$\sum_{j=0}^{T_1-1}(1-\varrho)\mathcal{U}\left(x_j^+,u_{a_1}(x_j^+),h_{a_1}(x_j^+)\right)+V_{a_1}(x_{T_1}^+)\leqslant V_{a_1}(x_0)\tag{7-29}$$

类似地，对于策略对$(u_{a_2},h_{a_2}),\cdots,(u_{a_L},h_{a_L})$，可获得以下不等式

$$
\begin{aligned}
&\sum_{j=0}^{T_2-1}(1-\varrho)\mathcal{U}\left(x_{T_1+j}^{+},u_{a_2}(x_{T_1+j}^{+}),h_{a_2}(x_{T_1+j}^{+})\right)+V_{a_2}(x_{T_1+T_2}^{+})\leqslant V_{a_2}(x_{T_1}^{+})\\
&\sum_{j=0}^{T_3-1}(1-\varrho)\mathcal{U}\left(x_{T_1+T_2+j}^{+},u_{a_3}(x_{T_1+T_2+j}^{+}),h_{a_3}(x_{T_1+T_2+j}^{+})\right)+V_{a_3}(x_{T_1+T_2+T_3}^{+})\leqslant V_{a_3}(x_{T_1+T_2}^{+})\\
&\qquad\vdots\\
&\sum_{j=0}^{T_L-1}(1-\varrho)\mathcal{U}\left(x_{T_1+\cdots+T_{L-1}+j}^{+},u_{a_L}\left(x_{T_1+\cdots+T_{L-1}+j}^{+}\right),h_{a_L}\left(x_{T_1+\cdots+T_{L-1}+j}^{+}\right)\right)+\\
&V_{a_L}\left(x_{T_1+\cdots+T_L}^{+}\right)\leqslant V_{a_L}\left(x_{T_1+\cdots+T_{L-1}}^{+}\right)
\end{aligned}
\tag{7-30}
$$

以下分析与定理 7-1 中的证明过程类似。简便起见，定义式（7-30）左侧效用函数的连加序列为$\varXi_L$，这是一个单调非减的序列。应该注意到，该序列的上界为有限值。由此可得，当$L\to\infty$时序列收敛，这意味着当$k\to\infty$时状态$x_k\to 0$。证毕。

值得一提的是，上述结果对于广义 VI 算法中的单调非增和单调非减代价函数序列都成立。总之，通过演化策略能够使得系统状态趋向于平衡点。根据定理 7-3、推论 7-3 和推论 7-4，如果初始状态$x_0\in\mathcal{O}_{a_1}^c$，对于单调非减的代价函数序列，则状态轨迹不会超出吸引域$\mathcal{O}_{a_1}^c$；而对于单调非增的代价函数序列，则状态轨迹不会超出吸引域$\mathcal{O}_{a_L}^c$，其在线控制过程如图 7-2 所示。

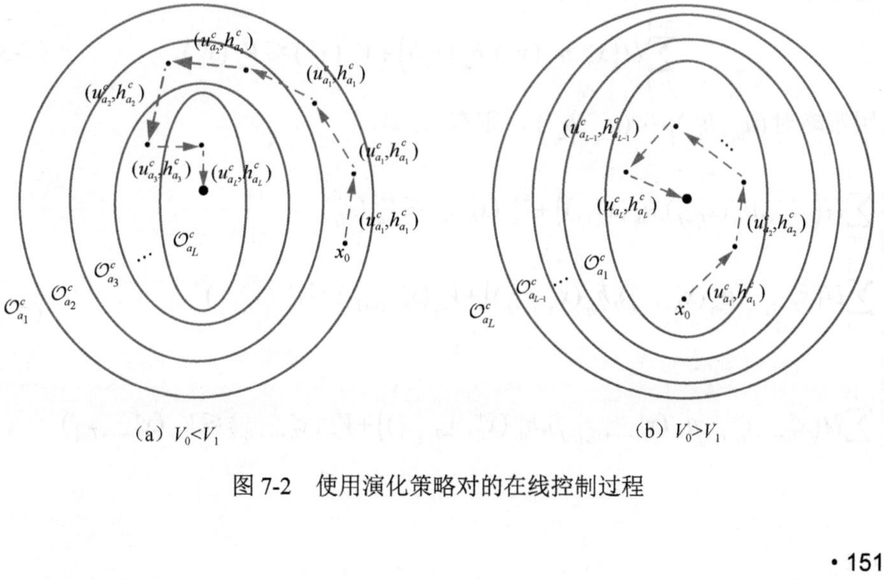

图 7-2　使用演化策略对的在线控制过程

接下来，对集成 VI 算法中的特例进行阐述。第一，当$V_0>V_1$时所有的迭代策略对都是稳定的。因此，集合$\varPsi_a \triangleq \left\{(u_{a_1},h_{a_1}),(u_{a_2},h_{a_2}),\cdots,(u_{a_L},h_{a_L})\right\}$的元素为$\breve{\varPsi}_a \triangleq \left\{(u_1,h_1),(u_2,h_2),\cdots,(u_i,h_i)\right\}$。第二，当$V_0<V_1$时可得$a_1=\mathcal{I}$，这是因为$(u_{\mathcal{I}},h_{\mathcal{I}})$首次满足稳定条件（7-11），在执行一步 PI 算法之后，$\varPsi_a$的形式正是集合$\hat{\varPsi}_a \triangleq \left\{(u_{\mathcal{I}+1},h_{\mathcal{I}+1}),(u_{\mathcal{I}+2},h_{\mathcal{I}+2}),\cdots\right\}$。集合$\breve{\varPsi}_a$和$\hat{\varPsi}_a$都得益于其中所有迭代策略都是稳定的。

定理 7-4　令迭代策略对序列$\{(u_i,h_i)\}$和迭代代价函数序列$\{V_i\}$由集成 VI 算法得到，$i\in\mathbf{N}$。定义集合$\varPsi_a$为$\breve{\varPsi}_a$或$\hat{\varPsi}_a$。如果每一个演化策略对用于控制系统$T_l\in\mathbf{N}$步，$x_0\in\Omega$，则状态轨迹收敛到平衡点。

证明： 考虑$x_0\in\Omega$和$V_{a_1+1}(x_k)\leqslant V_{a_1}(x_k)$，可得

$$\mathcal{U}\left(x_0,u_{a_1}(x_0),h_{a_1}(x_0)\right)+V_{a_1}(x_1^+)\leqslant V_{a_1}(x_0^+) \tag{7-31}$$

对于状态$\{x_1^+,x_2^+,\cdots,x_{T_1}^+\}$，重复式（7-31）中的操作可得

$$\begin{cases}\mathcal{U}\left(x_1^+,u_{a_1}(x_1^+),h_{a_1}(x_1^+)\right)+V_{a_1}(x_2^+)\leqslant V_{a_1}(x_1^+)\\ \mathcal{U}\left(x_2^+,u_{a_1}(x_2^+),h_{a_1}(x_2^+)\right)+V_{a_1}(x_3^+)\leqslant V_{a_1}(x_2^+)\\ \qquad\vdots\\ \mathcal{U}\left(x_{T_1-1}^+,u_{a_1}(x_{T_1-1}^+),h_{a_1}(x_{T_1-1}^+)\right)+V_{a_1}(x_{T_1}^+)\leqslant V_{a_1}(x_{T_1-1}^+)\end{cases} \tag{7-32}$$

于是有

$$\sum_{j=0}^{T_1-1}\mathcal{U}\left(x_j^+,u_{a_1}(x_j^+),h_{a_1}(x_j^+)\right)+V_{a_1}(x_{T_1}^+)\leqslant V_{a_1}(x_0^+) \tag{7-33}$$

运用策略对$(u_{a_2},h_{a_2}),\cdots,(u_{a_L},h_{a_L})$，则有

$$\begin{cases}\sum\limits_{j=0}^{T_2-1}\mathcal{U}\left(x_{T_1+j}^+,u_{a_2}(x_{T_1+j}^+),h_{a_2}(x_{T_1+j}^+)\right)+V_{a_2}(x_{T_1+T_2}^+)\leqslant V_{a_2}(x_{T_1}^+)\\ \sum\limits_{j=0}^{T_3-1}\mathcal{U}\left(x_{T_1+T_2+j}^+,u_{a_3}(x_{T_1+T_2+j}^+),h_{a_3}(x_{T_1+T_2+j}^+)\right)+V_{a_3}(x_{T_1+T_2+T_3}^+)\leqslant V_{a_3}(x_{T_1+T_2}^+)\\ \qquad\vdots\\ \sum\limits_{j=0}^{T_L-1}\mathcal{U}\left(x_{T_1+\cdots+T_{L-1}+j}^+,u_{a_L}(x_{T_1+\cdots+T_{L-1}+j}^+),h_{a_L}(x_{T_1+\cdots+T_{L-1}+j}^+)\right)+V_{a_L}(x_{T_1+\cdots+T_L}^+)\leqslant V_{a_L}(x_{T_1+\cdots+T_{L-1}}^+)\end{cases} \tag{7-34}$$

由于$V_{a_l}(x) \geqslant V_{a_{l+1}}(x)$，易得

$$\begin{aligned} &V_{a_1}(x_{T_1}^+) + V_{a_2}(x_{T_1+T_2}^+) + \cdots + V_{a_{L-1}}(x_{T_1+T_2+\cdots+T_{L-1}}^+) \geqslant \\ &V_{a_2}(x_{T_1}^+) + V_{a_3}(x_{T_1+T_2}^+) + \cdots + V_{a_L}(x_{T_1+T_2+\cdots+T_{L-1}}^+) \end{aligned} \tag{7-35}$$

因为$V_{a_L}(x_{T_1+\cdots+T_L}^+) \geqslant 0$，结合式（7-33）和式（7-34）可得

$$\sum_{l=1}^{L}\sum_{j=0}^{T_l-1} \mathcal{U}\left(x_{T_1+\cdots+T_{l-1+j}}^+, u_{a_l}\left(x_{T_1+\cdots+T_{l-1+j}}^+\right), h_{a_l}\left(x_{T_1+\cdots+T_{l-1+j}}^+\right)\right) \leqslant V_{a_1}(x_0^+) \tag{7-36}$$

可以看出，式(7-36)中左边部分序列和的上界为常数$V_{a_1}(x_0^+)$，这意味着当$L \to \infty$时序列收敛，同时当$k \to \infty$时，$x_k \to 0$。证毕。

考虑一般非线性系统的固有特性，必须在限制的域中使用稳定策略对来控制系统以保证渐近稳定性。然而，对于离散时间线性系统的零和博弈问题，在线控制算法并不需要强制所有策略对都具有稳定性。也就是说，它允许在线控制阶段存在不稳定的策略对。事实上，一定存在迭代指标 N 使得条件 $V^*(x_k) - V_N(x_k) < \varrho x_k^{\mathsf{T}} \boldsymbol{Q} x_k$ 成立，这意味着所有的迭代对(u_{N+l}, h_{N+l})都是稳定的，$l \in \mathbf{N}$。在此，定义一个新的策略对集合为$\bar{\varPsi}_a \triangleq \{(u_0,h_0),(u_1,h_1),\cdots,(u_N,h_N),(u_{N+1},h_{N+1}),\cdots\}$，其中每一个策略对都由式（7-5）获得。尽管序列$\{(u_0,h_0),(u_1,h_1),\cdots,(u_N,h_N)\}$中包含了一些不稳定的策略对，在线算法仍然能够通过使用策略对集合$\bar{\varPsi}_a$来保证线性系统的稳定性。

定理 7-5　定义迭代策略对序列$\{(u_i,h_i)\}$和迭代代价函数序列$\{V_i\}$更新过程如式（7-5）和式（7-6）所示，且$V_0(x_k) = x_k^{\mathsf{T}} \boldsymbol{\varPhi} x_k$。通过使用集合$\bar{\varPsi}_a$中的每一个演化策略控制系统$T_l \in \mathbf{N}$步，$x_0 \in \Omega$，则当$k \to \infty$时，状态轨迹收敛到平衡点。

证明：首先，使用策略对$(u_l,h_l), l = 0,1,\cdots,N$控制系统$\sum_{l=0}^{N} T_l - 1$步，并将最后的系统状态$x_{T_0+\cdots T_N-1}$记为一个新状态$x_0^+$。然后，运用策略对$(u_{N+l}, h_{N+l})$，$l \in \mathbf{N}$控制系统，余下的证明过程与式（7-25）～式（7-30）一致，不再列出。证毕。

值得注意的是，定理 7-5 中的理论推导是基于广义 VI 算法给出的。因此，该理论同样适合于具有稳定性保证的集成 VI 算法。总体而言，对于线性和非线性零和博弈，传统的 VI 算法必须离线实现，以获得近似最优的策略对。本章通过建立吸引域理论，能够利用演化策略对实现在线自适应评判控制。

7.5 仿真实验

例 7.1 考虑 F-16 飞机自动驾驶仪的系统动态为

$$
\begin{aligned}
x_{k+1} = &\begin{bmatrix} 0.906488 & 0.0816012 & -0.0005 \\ 0.0741349 & 0.90121 & -0.000708383 \\ 0 & 0 & 0.132655 \end{bmatrix} x_k + \\
&\begin{bmatrix} -0.00150808 \\ -0.0096 \\ 0.867345 \end{bmatrix} u_k + \begin{bmatrix} -0.00951892 \\ 0.00038373 \\ 0 \end{bmatrix} h_k
\end{aligned} \tag{7-37}
$$

其中，$x=\left[x^{[1]},x^{[2]},x^{[3]}\right]^{\mathsf{T}}$。效用函数中的参数取为$\boldsymbol{Q}=\mathbf{I}_3$、$\boldsymbol{R}=\mathbf{I}$、$\gamma=5$。使用 MATLAB R2019a 求解离散时间博弈代数 Riccati 方程，得到最优矩阵

$$
\boldsymbol{P}^* = \begin{bmatrix} 14.5381 & 11.4836 & -0.0182 \\ 11.4836 & 14.7207 & -0.0191 \\ -0.0182 & -0.0191 & 1.0185 \end{bmatrix} \tag{7-38}
$$

在离线阶段，将$\boldsymbol{P}_{i+1}-\boldsymbol{P}_i-\varrho\left(\boldsymbol{Q}+\boldsymbol{K}_i^{\mathsf{T}}\boldsymbol{R}\boldsymbol{K}_i-\gamma^2\boldsymbol{S}_i^{\mathsf{T}}\boldsymbol{S}_i\right)\prec 0$作为策略对的容许性判别条件，其中$\varrho=0.8$。设置初始矩阵函数$\boldsymbol{P}_0=0$来实现集成 VI 算法。首先，通过式（7-9）和式（7-10）更新$\boldsymbol{P}_i$、$\boldsymbol{K}_i$、$\boldsymbol{S}_i$。其次，若稳定条件得到满足，则根据式（7-18）和式（7-19）执行一步 PI 算法，并继续执行 VI 过程，终止准则为$\|\boldsymbol{P}_{i+1}-\boldsymbol{P}^*\|<10^{-4}$。在迭代过程结束之后，矩阵$\boldsymbol{P}_i$及其元素范数的收敛过程如图 7-3 所示。

可以看到，当迭代指标$i=6$时稳定条件首次成立，则此后所有迭代策略对(u_i,h_i), $i=7,8,\cdots,134$都是容许的。算法在$i=134$时停止迭代，且矩阵$\boldsymbol{P}_{134}$如下所示

$$
\boldsymbol{P}_{134} = \begin{bmatrix} 14.5428 & 11.4885 & -0.0182 \\ 11.4885 & 14.7256 & -0.0191 \\ -0.0182 & -0.0191 & 1.0185 \end{bmatrix} \tag{7-39}
$$

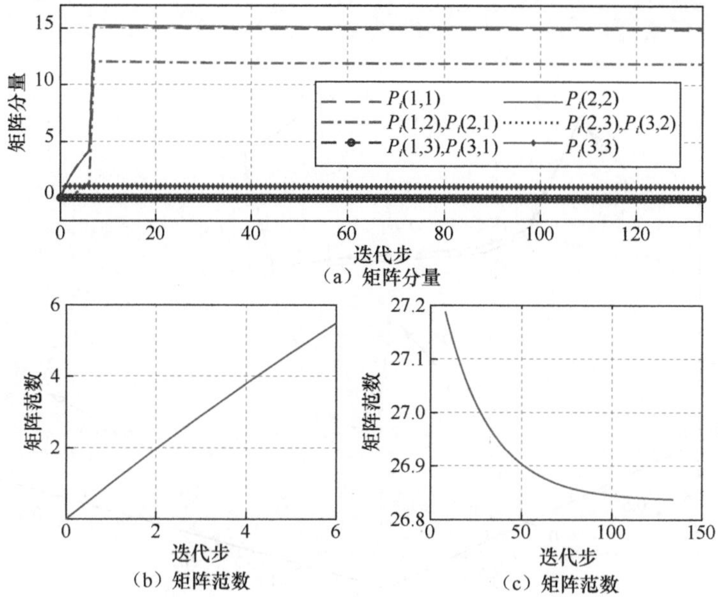

图 7-3　矩阵 $\boldsymbol{P}_i$ 及其元素范数的收敛过程

迭代矩阵 $\boldsymbol{P}_{134}$ 和最优矩阵 $\boldsymbol{P}^*$ 之间的误差较小，即 $\|\boldsymbol{P}_{134}-\boldsymbol{P}^*\|<10^{-4}$，验证了集成 VI 算法的可行性。为了进一步验证策略对 (u_6,h_6) 和 (u_{134},h_{134}) 的稳定性，将这两个固定的策略对用于调节任意选择的 4 个状态，分别为 $x_0(1)=[2,0.5,-1.5]^{\mathrm{T}}$、$x_0(2)=[-2.5,-0.98,1.35]^{\mathrm{T}}$、$x_0(3)=[1.5,-2,-2.92]^{\mathrm{T}}$ 和 $x_0(4)=[-1.78,1.23,1.98]^{\mathrm{T}}$。相应的系统状态如图 7-4 所示，系统状态最终趋向于零，验证了定理 7-1 的结果。

接下来，实现在线演化 VI 控制，集合 $\bar{\varPsi}_a$ 中的每一个策略对都用于控制系统 5 个时间步。这里，随机选择 4 个初始状态，分别为 $x_0(1)=[2.2,0.85,-1.3]^{\mathrm{T}}$、$x_0(2)=[-2.1,-0.96,1.05]^{\mathrm{T}}$、$x_0(3)=[1.62,-1.8,-0.92]^{\mathrm{T}}$ 和 $x_0(4)=[-1.69,1.33,1.88]^{\mathrm{T}}$。基于稳定性准则，若策略对 (u_i,h_i) 是容许的则令标志位 $\mathrm{Flag}=1$，反之令 $\mathrm{Flag}=0$。给定初始函数 $\boldsymbol{P}_0=0$，矩阵 $\boldsymbol{P}_i$ 的分量收敛过程和标志位变化过程如图 7-5 所示。同时，系统状态在图 7-6 中给出，可以看出状态轨迹最终趋向平衡点。值得注意的是，集合 $\bar{\varPsi}_a$ 中包含了一些不稳定，或者稳定非最优的策略对，仿真结果验证了定理 7-5 的内容。因此可以得出，在线演化 VI 算法能够有效地解决零和博弈问题。

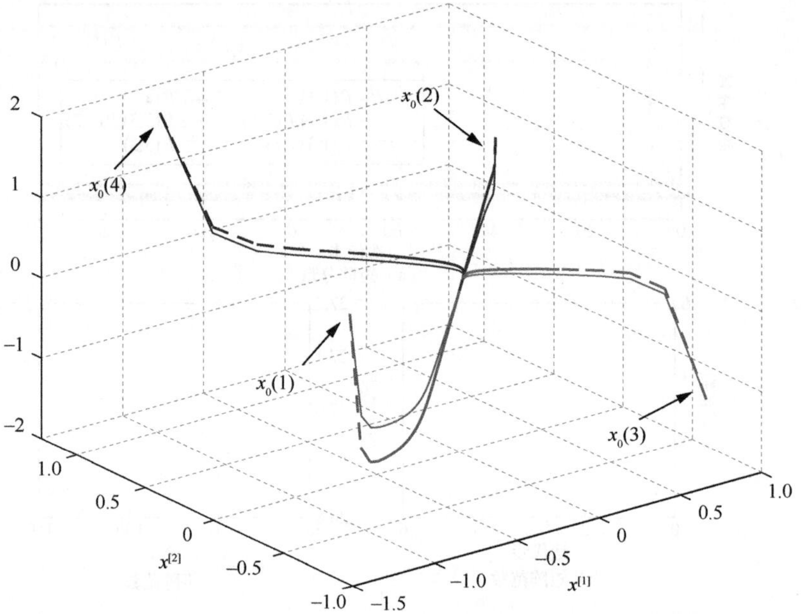

图 7-4　系统状态（实线为策略对 (u_6,h_6)，虚线为策略对 (u_{134},h_{134})）

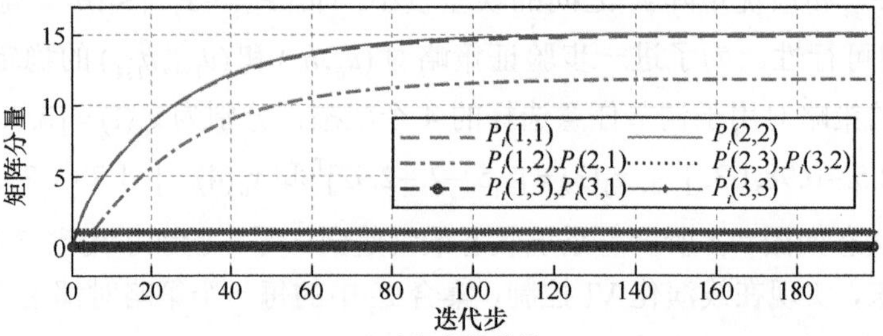

（a）矩阵分量

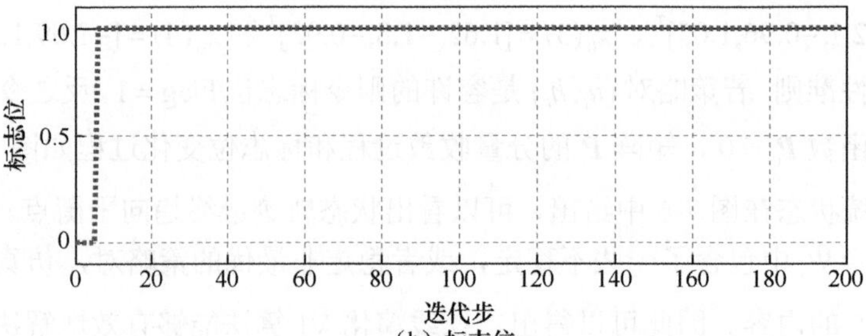

（b）标志位

图 7-5　矩阵 $\boldsymbol{P}_i$ 的分量收敛过程和标志位变化过程

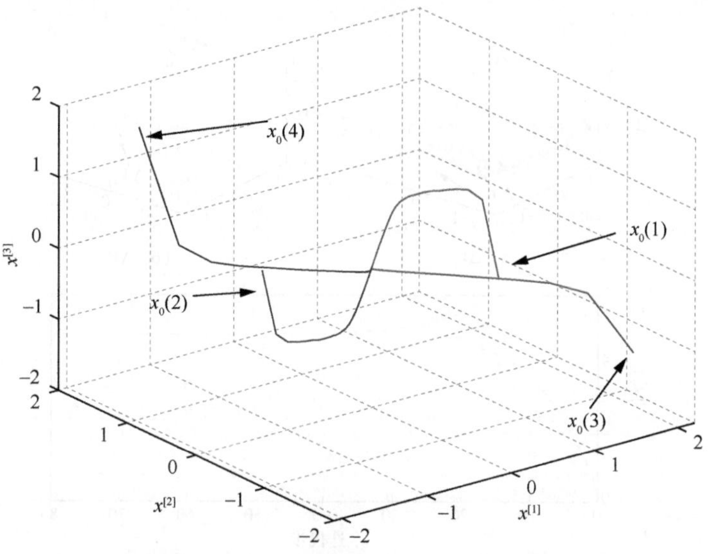

图 7-6　策略对序列 $\bar{\varPsi}_a$ 作用下的系统状态

例 7.2　考虑以下非线性零和博弈系统

$$x_{k+1}=\begin{bmatrix} x_k^{[1]}+0.1x_k^{[2]} \\ -0.1x_k^{[1]}+1.1x_k^{[2]}-0.1\left(x_k^{[1]}\right)^2 x_k^{[2]} \end{bmatrix}+\begin{bmatrix} 0.35 & 0 \\ 0 & 0.35 \end{bmatrix}u_k+\begin{bmatrix} 0.4 & 0 \\ 0 & 0.3 \end{bmatrix}h_k \quad (7\text{-}40)$$

其中，$x=\left[x^{[1]},x^{[2]}\right]^{\mathsf{T}}$。定义操作域为 $-1.6\leqslant x^{[1]}\leqslant 1.6$ 和 $-1.6\leqslant x^{[2]}\leqslant 1.6$，吸引域 $\mathcal{O}_i^c$ 的参数设为 $c=7$。效用函数选为 $\mathcal{U}(x_k,u_k,h_k)=x_k^{\mathsf{T}}\boldsymbol{Q}x_k+u_k^{\mathsf{T}}\boldsymbol{R}u_k-\gamma^2 h_k^{\mathsf{T}}h_k$，其中 $\boldsymbol{Q}=\boldsymbol{R}=\mathbf{I}_2$，$\gamma=5$。令初始代价函数为 $V_0(x_k)=x_k^{\mathsf{T}}\boldsymbol{\Phi}x_k$，且 $\boldsymbol{\Phi}=0.1\mathbf{I}_2$。首先，根据式（7-5）和式（7-6）更新迭代策略对和代价函数。一旦满足稳定条件（7-11），则执行一步 PI 算法，接着执行 VI 算法。这里，使用具有近似能力的多项式函数来评估代价函数，即

$$\hat{V}_i=\mathcal{L}_i^{\mathsf{T}}\left[x^{[1]}x^{[1]},x^{[2]}x^{[2]},x^{[1]},x^{[2]},x^{[1]}x^{[2]}\right]^{\mathsf{T}} \quad (7\text{-}41)$$

其中，$\mathcal{L}_i\in\mathbf{R}^5$ 是近似参数。为了执行迭代过程，定义参数 $\varrho=0.99$，算法终止准则为 $|V_{i+1}-V_i|<10^{-5}$。在结束迭代程序后，代价函数的差分 $\Delta V_i=V_{i+1}-V_i$ 和 $\mathcal{L}_i$ 的范数在图 7-7 中给出，可以看出，(u_{16},h_{16}) 是第一个容许策略对，且 $\{V_i\}$, $i=1,2,\cdots,16$ 是一个单调非减的序列，而 $\{V_i\}, i=17,18,\cdots,76$ 是一个单调非增的序列，这符合定理 7-2 中的理论结果。

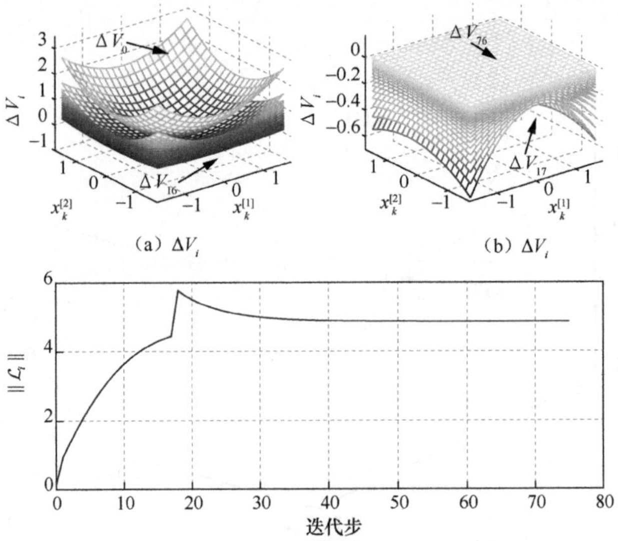

（a）ΔV_i　　（b）ΔV_i

（c）$\|\mathcal{L}_i\|$

图 7-7　ΔV_i 的演化过程和 $\mathcal{L}_i$ 的范数

为了验证所提广义 VI 算法的可用性，任意选择 5 个不同的初始状态 $x_0(1)=[0.4,-1.1]^{\mathrm{T}}$、$x_0(2)=[-0.5,-1.2]^{\mathrm{T}}$、$x_0(3)=[-0.74,0.98]^{\mathrm{T}}$、$x_0(4)=[0.8,1]^{\mathrm{T}}$ 和 $x_0(5)=[0.1,1.2]^{\mathrm{T}}$，并使用策略对 (u_{16},h_{16}) 对其进行控制，相应的系统状态和策略轨迹如图 7-8 所示。

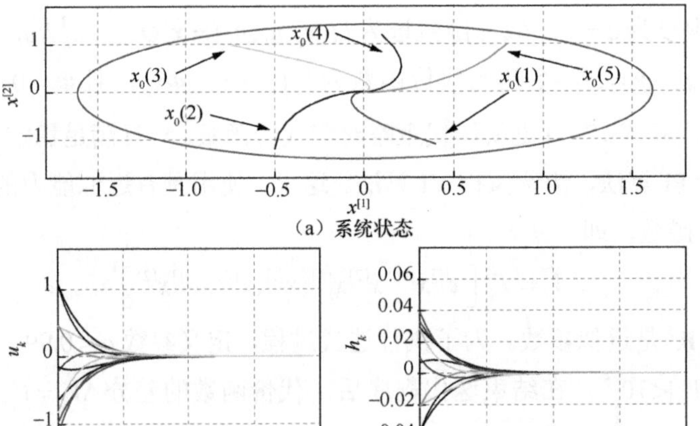

（a）系统状态

（b）u_k　　（c）h_k

图 7-8　策略对 (u_{16},h_{16}) 作用下的系统状态和策略轨迹

将上述 5 个状态取负值，运用策略对(u_{76},h_{76})对其进行调节，结果如图 7-9 所示。从图 7-8 和图 7-9 可以看出，状态轨迹最终都趋向于原点。此外，在策略对(u_{16},h_{16})和(u_{76},h_{76})作用下，系统状态分别始终保持在吸引域$\mathcal{O}_{16}^c$和$\mathcal{O}_{76}^c$内，这验证了推论中的结果。

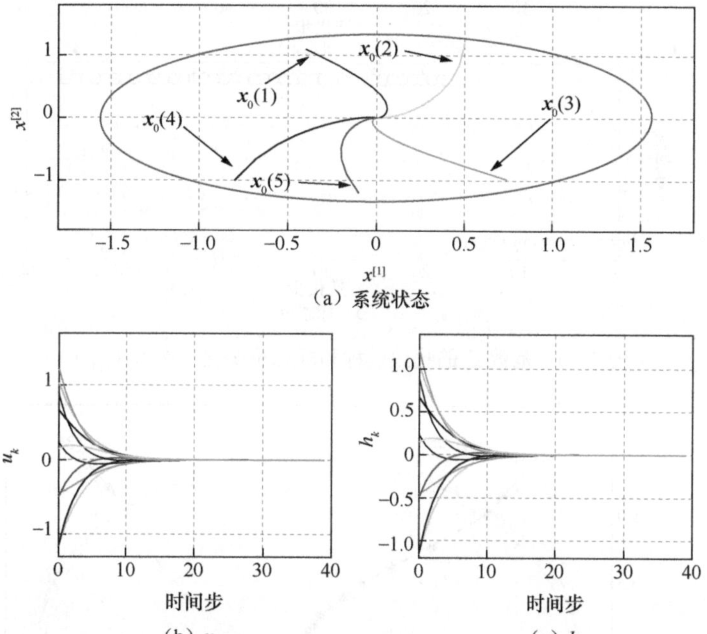

（a）系统状态

（b）u_k

（c）h_k

图 7-9　策略对(u_{76},h_{76})作用下的系统状态和策略轨迹

接下来，考虑面向零和博弈的演化 VI 算法，目的是验证定理 7-3 中的理论。效用函数、初始函数和操作域都与离线过程具有相同的形式。由于$V_i(x_k)\leqslant V_{i+1}(x_k)$，所以代价函数序列单调非减，同时范数$\mathcal{L}_i$的收敛过程和标志位变化在图 7-10 中给出。

令 4 个初始状态分别为$x_0(1)=[-1,-1]^{\mathrm{T}}$、$x_0(2)=[1.05,1]^{\mathrm{T}}$、$x_0(3)=[-1.05,1]^{\mathrm{T}}$和$x_0(4)=[1.05,-1]^{\mathrm{T}}$，都位于吸引域$\mathcal{O}_{16}^c$内。通过将序列$\varPsi_a$中的策略对运用于被控对象，其中每一个策略对用于控制系统一个时间步。在 60 步之后，系统状态轨迹如图 7-11 所示，良好的控制效果验证了吸引域的特性。

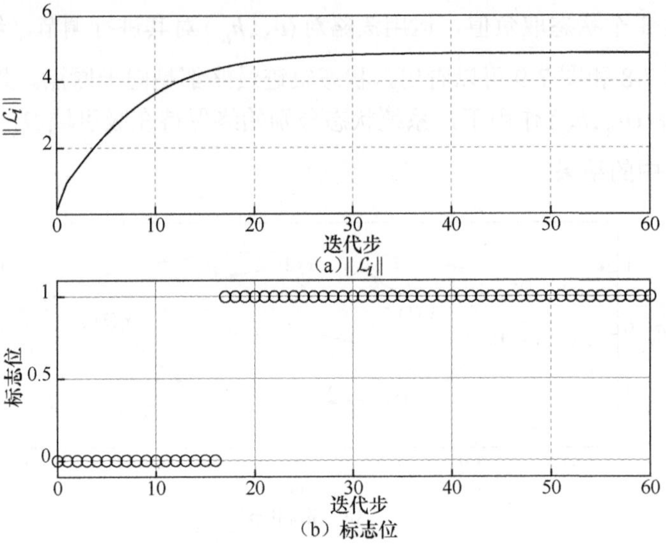

图 7-10　范数 $\mathcal{L}_i$ 的收敛过程和标志位变化（$V_i \leqslant V_{i+1}$）

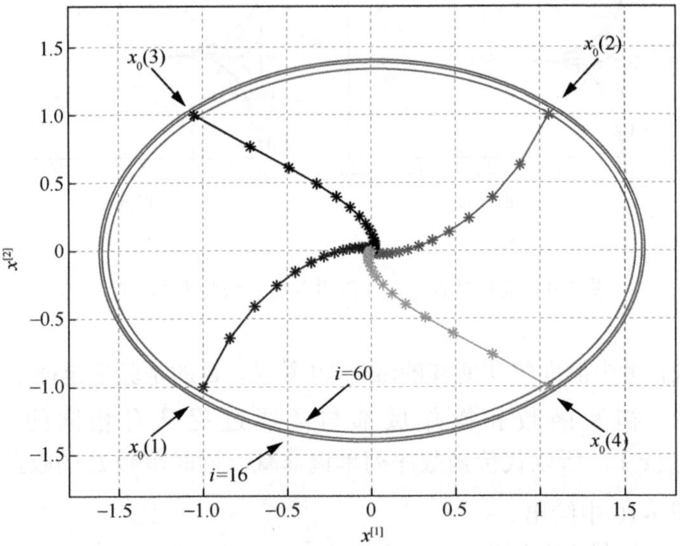

图 7-11　使用演化策略对的系统状态轨迹（$V_i \leqslant V_{i+1}$）

为了描述情形 $V_i(x_k) \geqslant V_{i+1}(x_k)$，令 $\boldsymbol{\Phi} = 6\mathbf{I}_2$，且其他学习参数保持不变。给定 4 个初始状态为 $x_0(1) = [-0.5, -0.6]^{\mathsf{T}}$、$x_0(2) = [0.72, 0.55]^{\mathsf{T}}$、$x_0(3) = [-0.65, 0.7]^{\mathsf{T}}$、$x_0(4) = [0.67, -0.64]^{\mathsf{T}}$，需要注意初始点都位于吸引域 $\mathcal{O}_0^c$ 内。在 60 个时间步之后，

范数 $\mathcal{L}_i$ 的收敛过程和标志位变化如图 7-12 所示，而系统状态轨迹如图 7-13 所示。可以看出，所有系统状态轨迹都没有超出吸引域 $\mathcal{O}_{60}^{c}$。

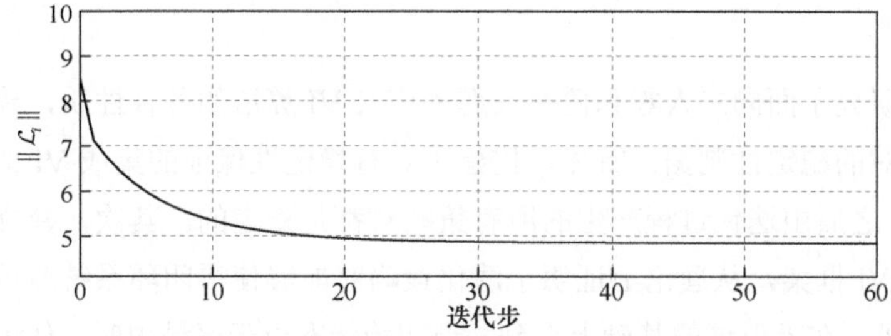

(a) $\|\mathcal{L}_i\|$

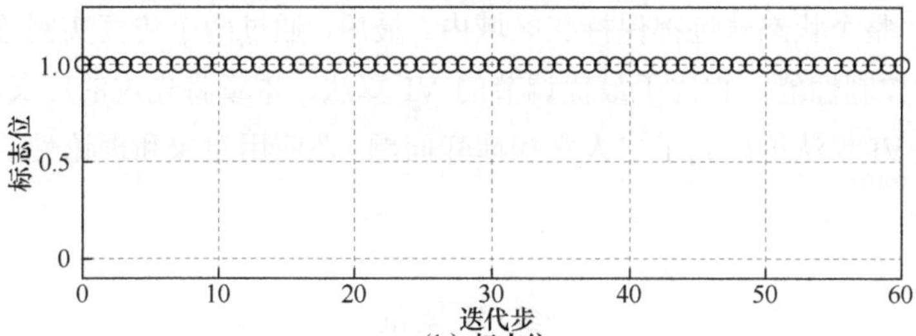

（b）标志位

图 7-12　范数 $\mathcal{L}_i$ 的收敛过程和标志位变化（$V_i \geqslant V_{i+1}$）

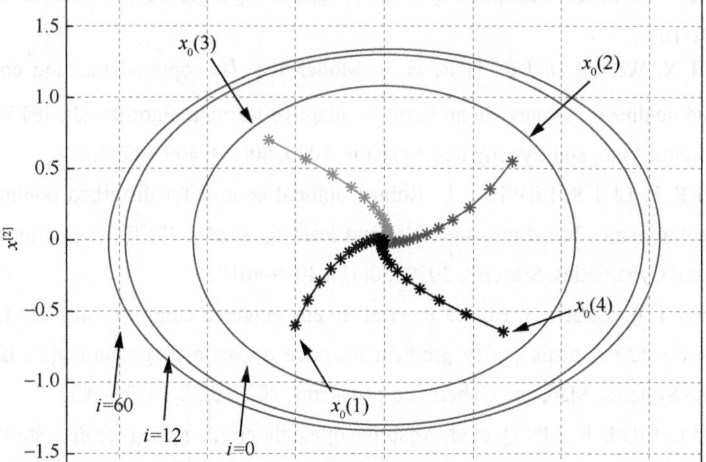

图 7-13　使用演化策略对的系统状态轨迹（$V_i \geqslant V_{i+1}$）

7.6 小结

本章研究了面向二人零和博弈问题的广义 VI 算法的各种性质，建立了关于迭代策略对的稳定性判据。首先，构建了具有稳定性保证的集成 VI 框架，确保在一步 PI 之后由迭代过程产生的所有策略对都是稳定的。其次，建立了在线控制的演化 VI 框架，从理论上证明了演化策略对能够使得闭环系统渐近稳定到平衡点。此外，在吸引域的基础上得到，当初始状态位于区域内时，使用固定或演化策略对，整个状态轨迹都保持在区域内。最后，通过两个仿真实例验证了先进 VI 算法的控制性能。相比于最优调节的 VI 算法，本章将先进的广义 VI、集成 VI 和演化 VI 算法推广到了二人零和博弈问题，在应用对象和理论性质方面都进行了拓展。

参考文献

[1] LIU D R, LI H L, WANG D. Neural-network-based zero-sum game for discrete-time nonlinear systems via iterative adaptive dynamic programming algorithm[J]. Neurocomputing, 2013, 110: 92-100.

[2] HOU J X, WANG D, LIU D R, et al. Model-free H_∞ optimal tracking control of constrained nonlinear systems via an iterative adaptive learning algorithm[J]. IEEE Transactions on Systems, Man, and Cybernetics: Systems, 2020, 50(11): 4097-4108.

[3] SONG R Z, LI J S, LEWIS F L. Robust optimal control for disturbed nonlinear zero-sum differential games based on single NN and least squares[J]. IEEE Transactions on Systems, Man, and Cybernetics: Systems, 2020, 50(11): 4009-4019.

[4] ZHANG Y W, ZHAO B, LIU D R, et al. Event-triggered control of discrete-time zero-sum games via deterministic policy gradient adaptive dynamic programming[J]. IEEE Transactions on Systems, Man, and Cybernetics: Systems, 2022, 52(8): 4823-4835.

[5] WEI Q L, LIU D R, LIN Q, et al. Adaptive dynamic programming for discrete-time zero-sum games[J]. IEEE Transactions on Neural Networks and Learning Systems, 2018, 29(4): 957-969.

[6] ZHANG H G, QIN C B, JIANG B, et al. Online adaptive policy learning algorithm for H_∞

state feedback control of unknown affine nonlinear discrete-time systems[J]. IEEE Transactions on Cybernetics, 2014, 44(12): 2706-2718.

[7] ZHONG X N, HE H B, WANG D, et al. Model-free adaptive control for unknown nonlinear zero-sum differential game[J]. IEEE Transactions on Cybernetics, 2018, 48(5): 1633-1646.

[8] LUO B, YANG Y, LIU D R. Policy iteration Q-learning for data-based two-player zero-sum game of linear discrete-time systems[J]. IEEE Transactions on Cybernetics, 2021, 51(7): 3630-3640.

[9] LI H L, LIU D R. Optimal control for discrete-time affine non-linear systems using general value iteration[J]. IET Control Theory & Applications, 2012, 6(18): 2725-2736.

[10] WEI Q L, LIU D R, LIN H Q. Value iteration adaptive dynamic programming for optimal control of discrete-time nonlinear systems[J]. IEEE Transactions on Cybernetics, 2016, 46(3): 840-853.

[11] HA M M, WANG D, LIU D R. Generalized value iteration for discounted optimal control with stability analysis[J]. Systems & Control Letters, 2021, 147: 104847.

[12] HEYDARI A. Stability analysis of optimal adaptive control under value iteration using a stabilizing initial policy[J]. IEEE Transactions on Neural Networks and Learning Systems, 2018, 29(9): 4522-4527.

[13] HEYDARI A. Stability analysis of optimal adaptive control using value iteration with approximation errors[J]. IEEE Transactions on Automatic Control, 2018, 63(9): 3119-3126.

[14] HA M M, WANG D, LIU D R. Offline and online adaptive critic control designs with stability guarantee through value iteration[J]. IEEE Transactions on Cybernetics, 2022, 52(12): 13262-13274.

[15] 王鼎，赵明明，哈明鸣，等. 基于折扣广义值迭代的智能最优跟踪及应用验证[J]. 自动化学报, 2022, 48(1): 182-193.

[16] WANG D, ZHAO M M, HA M M, et al. Stability and admissibility analysis for zero-sum games under general value iteration formulation[J]. IEEE Transactions on Neural Networks and Learning Systems, 2023, 34(11): 8707-8718.

第 8 章

收敛速度可调节的新型值迭代机制

8.1 引言

关于 VI 算法的性质，如连续性、有界性、收敛性、单调性、最优性等，相关学者已进行广泛研究并得到很多成果[1-9]。此外，由 VI 算法产生的控制策略容许性和闭环系统稳定性也得到了较全面的研究[1-4]。Wei 等[1]首次讨论了广义 VI 算法中迭代控制策略的容许性，并建立了相应的判别准则。考虑迭代代价函数的近似误差，文献[6]研究了无折扣 VI 算法的收敛性和系统稳定性。文献[7]进一步研究了折扣广义 VI 算法作用下闭环系统的稳定性，设计了一个与折扣因子相关的稳定准则，有效地揭示了折扣因子对稳定性的影响。文献[9]证明了如果使用容许策略进行初始化，则获得的迭代控制策略都能够使系统渐近稳定，因此这种稳定的 VI 算法能够实现离线和在线学习。然而，至今很少有工作研究如何加快 VI 算法的收敛速度。文献[10]通过引入一个平衡因子以整合 VI 和 PI，实现了对 VI 算法的加速。然而，在每次迭代中，PI 中的策略评估需要使用逐次逼近方法对策略的代价函数进行数值逼近，会带来额外的计算量。因此，单纯依靠 PI 来加快算法的收敛速度不能从根本上解决加速学习问题。

正如文献[11-12]中提到的，Bellman 最优方程可以看作一个不动点方程，其迭代求解过程实际上是一类不动点迭代计算。受数值分析中超松弛方法的启发，本章通过引入松弛因子，集成前后迭代代价函数的信息，从而构建一个可调节 VI 算法。通过引入松弛因子可以调节 VI 算法的收敛速度，实现一定程度的加速学习。由于加速因子改变了传统的迭代更新形式，针对最优控制问题的广义 VI 算法的性质已不再适用，因此本章重点研究可调节 VI 框架下迭代代价函数的收敛性和迭代控制策略的稳定性，主要内容来源于作者的研究成果[13]并对其进行了修改、补充和完善。

8.2　问题描述

考虑一类离散时间非线性系统

$$X_{k+1}=F(X_k,u_k) \tag{8-1}$$

其中，$X_k\in\mathbf{R}^n$ 是系统状态，$u_k\in\mathbf{R}^m$ 是控制输入，$F:\mathbf{R}^n\times\mathbf{R}^m\to\mathbf{R}^n$ 是系统函数，且初始状态为 X_0。令 $\underline{u}_k=\{u_k,u_{k+1},\cdots\}$ 为从 k 时刻开始的控制输入序列。对于初始状态 X_0，在控制序列 $\underline{u}_0$ 的控制下，定义无折扣代价函数如下所示

$$\mathcal{J}(X_0,\underline{u}_0)=\sum_{k=0}^{\infty}\mathcal{U}(X_k,u_k) \tag{8-2}$$

其中，$\mathcal{U}(X,u)=\mathcal{Q}(X)+\mathcal{R}(u)$ 为效用函数。需要注意 $\mathcal{Q}:\mathbf{R}^n\to\mathbf{R}_+$ 和 $\mathcal{R}:\mathbf{R}^m\to\mathbf{R}_+$ 均为正定连续函数。假设系统（8-1）在集合 $\Omega\subset\mathbf{R}^n$ 上可控，这意味着存在一个控制序列 $\underline{u}_k$ 使得当 $k\to\infty$ 时，$X_k\to 0$。定义一个集合 $U_k\triangleq\{\underline{u}_k:\underline{u}_k=\{u_k,u_{k+1},\cdots\}\}$。因此，最优代价函数表示为

$$\mathcal{J}^*(X_0,\underline{u}_0)=\inf\left\{\mathcal{J}(X_0,\underline{u}_0):\underline{u}_0\in U_0\right\} \tag{8-3}$$

定义一个状态反馈控制策略为 $\pi:\mathbf{R}^n\to\mathbf{R}^m$，输入可以通过 $u_k=\pi(X_k)$ 获得。目标是找到最优控制策略镇定系统（8-1）并最小化代价函数（8-2）。令 $V:\mathbf{R}^n\to\mathbf{R}_+$ 表示控制策略 $\pi(X_k)$ 的状态代价函数，定义如下

$$V(X_0)=\sum_{k=0}^{\infty}\mathcal{U}\big(X_k,\pi(X_k)\big) \tag{8-4}$$

考虑式（8-4）以及 Bellman 最优性原理，可得如下离散时间 HJB 方程

$$V^*(X_k)=\min_{\pi}\Big\{\mathcal{U}\big(X_k,\pi(X_k)\big)+V^*\Big(F\big(X_k,\pi(X_k)\big)\Big)\Big\} \tag{8-5}$$

其中，$V^*(\cdot)$ 表示最优代价函数，与最优代价函数相关的最优控制策略为

$$\pi^*(X_k)=\arg\min_{\pi}\left\{\mathcal{U}\left(X_k,\pi(X_k)\right)+V^*\left(F\left(X_k,\pi(X_k)\right)\right)\right\} \tag{8-6}$$

一般地，VI 算法可用于迭代地求解 HJB 方程的近似最优解。然而，在传统的 VI 框架下，代价函数序列需要较多的迭代次数才能收敛到最优值。为了改善算法的学习速度，通过引入松弛因子考虑历史迭代信息，本章提出一种收敛速度可调节的 VI 算法来近似求解最优控制策略。

8.3 新型可调节值迭代框架

本节详细介绍面向最优控制问题的可调节 VI 算法，分别给出算法的更新过程、算法的收敛性分析、系统稳定性分析，以及算法的实际设计方案。

8.3.1 新型可调节值迭代算法推导

通过引入松弛因子 $w>0$ 集成相邻迭代次数的代价函数，在不引入额外计算量的同时，提出一种收敛速度可调节的 VI 架构，即可调节 VI 算法。给定初始代价函数为 $V^{(0)}(X)=\mathcal{M}(X)$，其中 $\mathcal{M}:\mathbf{R}^n\to\mathbf{R}_+$ 为连续正定函数，相应的初始控制策略可以通过 $\pi^{(0)}(X)=\arg\min_{\pi}\left\{\mathcal{U}(X,\pi)+V^{(0)}\left(F(X,\pi)\right)\right\}$ 计算得到。对于所有的迭代指标 $\ell\in\mathbf{N}_+$，可调节 VI 算法在策略评估

$$\begin{aligned}V^{(\ell)}(X)&=w\min_{\pi}\left\{\mathcal{U}(X,\pi)+V^{(\ell-1)}\left(F(X,\pi)\right)\right\}+(1-w)V^{(\ell-1)}(X)=\\&w\left[\mathcal{U}\left(X,\pi^{(\ell-1)}(X)\right)+V^{(\ell-1)}\left(F\left(X,\pi^{(\ell-1)}(X)\right)\right)\right]+(1-w)V^{(\ell-1)}(X)\end{aligned} \tag{8-7}$$

和策略提升

$$\pi^{(\ell)}(X)=\arg\min_{\pi}\left\{\mathcal{U}(X,\pi)+V^{(\ell)}\left(F(X,\pi)\right)\right\} \tag{8-8}$$

之间进行交替迭代。根据逐次超松弛方法的定义，当 $0<w<1$ 时，提出的可调节 VI 架构为欠松弛方法，与传统 VI 相比，在初始代价函数相同的情况下产生的迭代代价函数序列具有较慢的收敛速度。当 $w=1$ 时，该架构等价于传统 VI。当 $w>1$ 时，提出的可调节 VI 为超松弛方法，与传统 VI 相比，在初始代价函数相同的情况下产生的迭代代价函数序列具有较快的收敛速度。

接下来，考虑如下所示的状态反馈线性时不变系统

$$X_{k+1} = \boldsymbol{A}X_k + \boldsymbol{B}\pi(X_k) \tag{8-9}$$

其中，$\boldsymbol{A} \in \mathbf{R}^{n\times n}$ 和 $\boldsymbol{B} \in \mathbf{R}^{n\times m}$ 是常数矩阵。假设系统（8-9）是可镇定的。考虑离散时间线性二次调节器问题，定义效用函数为 $\mathcal{U}\big(X,\pi(X)\big)=X^{\mathsf{T}}\boldsymbol{Q}X+\pi^{\mathsf{T}}(X)\boldsymbol{R}\pi(X)$，其中 $\boldsymbol{Q} \in \mathbf{R}^{n\times n}$ 和 $\boldsymbol{R} \in \mathbf{R}^{m\times m}$ 是正定矩阵。对于线性系统，HJB 方程（8-5）变成了如下所示的离散时间代数 Riccati 方程

$$\boldsymbol{P}^* = \boldsymbol{Q} + \boldsymbol{A}^{\mathsf{T}}\boldsymbol{P}^*\boldsymbol{A} - \boldsymbol{A}^{\mathsf{T}}\boldsymbol{P}^*\boldsymbol{B}(\boldsymbol{R}+\boldsymbol{B}^{\mathsf{T}}\boldsymbol{P}^*\boldsymbol{B})^{-1}\boldsymbol{B}^{\mathsf{T}}\boldsymbol{P}^*\boldsymbol{A} \tag{8-10}$$

且有 $V^*(X_k) = X_k^{\mathsf{T}}\boldsymbol{P}^*X_k$。为了求解最优 $\boldsymbol{P}^*$，可调节 VI 算法的迭代过程在

$$\begin{aligned}\tilde{\boldsymbol{P}}^{(\ell)} &= w\Big[-\boldsymbol{A}^{\mathsf{T}}\tilde{\boldsymbol{P}}^{(\ell-1)}\boldsymbol{B}(\boldsymbol{R}+\boldsymbol{B}^{\mathsf{T}}\tilde{\boldsymbol{P}}^{(\ell-1)}\boldsymbol{B})^{-1}\boldsymbol{B}^{\mathsf{T}}\tilde{\boldsymbol{P}}^{(\ell-1)}\boldsymbol{A}+\boldsymbol{Q}+\boldsymbol{A}^{\mathsf{T}}\tilde{\boldsymbol{P}}^{(\ell-1)}\boldsymbol{A}\Big]+\\ &\quad (1-w)\tilde{\boldsymbol{P}}^{(\ell-1)}\end{aligned} \tag{8-11}$$

和

$$\pi^{(\ell)}(X) = -\underbrace{(\boldsymbol{R}+\boldsymbol{B}^{\mathsf{T}}\tilde{\boldsymbol{P}}^{(\ell)}\boldsymbol{B})^{-1}\boldsymbol{B}^{\mathsf{T}}\tilde{\boldsymbol{P}}^{(\ell)}\boldsymbol{A}}_{\tilde{G}^{(\ell)}}X \tag{8-12}$$

之间交替进行。式(8-11)中的 $\tilde{\boldsymbol{P}}^{(\ell)}$ 通过一个半正定矩阵 $\tilde{\boldsymbol{P}}^{(0)}$ 进行初始化。式(8-12)中的 $\tilde{\boldsymbol{G}}^{(\ell)}$ 为状态反馈增益矩阵。需要注意式（8-11）和式（8-12）分别等价于可调节 VI 算法中式（8-7）的代价函数更新和式（8-8）的策略更新。

8.3.2　新型可调节值迭代算法性质

在本节中，对于新型可调节 VI 算法，首先给出不同初始条件下代价函数序列的收敛条件，其次建立迭代控制策略的稳定性判别准则，保证算法产生控制策略的有效性。

定理 8-1　假设条件 $0 \leqslant V^*\big(F(X,u)\big) \leqslant K\mathcal{U}(X,u)$ 和 $0 \leqslant \underline{\lambda}V^*(X) \leqslant V^{(0)}(X) \leqslant \overline{\lambda}V^*(X)$ 一致成立，其中 $0<K<\infty$，$0 \leqslant \underline{\lambda} \leqslant 1 \leqslant \overline{\lambda}$。令迭代代价函数和控制策略由式(8-7)和式（8-8）更新。如果松弛因子满足 $0<w\leqslant 1$，则迭代代价函数根据如下不等式逼近最优代价函数

$$\left[1-\left(1-\frac{w}{1+K}\right)^{\ell}(1-\underline{\lambda})\right]V^*(X) \leqslant V^{(\ell)}(X) \leqslant \left[1+\left(1-\frac{w}{1+K}\right)^{\ell}\left(\overline{\lambda}-1\right)\right]V^*(X) \tag{8-13}$$

证明：考虑新的代价函数更新规则（8-7），因为$0<w\leqslant 1$且初始代价函数满足$0\leqslant \underline{\lambda}V^*(X)\leqslant V^{(0)}(X)$，可得

$$\begin{aligned}&V^{(1)}(X)=w\min_{\pi}\left\{\mathcal{U}(X,\pi)+V^{(0)}\left(F(X,\pi)\right)\right\}+(1-w)V^{(0)}(X)\geqslant\\&w\min_{\pi}\left\{\mathcal{U}(X,\pi)+\underline{\lambda}V^*\left(F(X,\pi)\right)\right\}+(1-w)\underline{\lambda}V^*(X)\end{aligned}\tag{8-14}$$

基于式（8-14）和条件$0\leqslant V^*\left(F(X,u)\right)\leqslant K\mathcal{U}(X,u)$，代价函数$V^{(1)}(X)$满足

$$\begin{aligned}&V^{(1)}(X)\geqslant w\min_{\pi}\left\{\left[1-K\frac{1-\underline{\lambda}}{1+K}\right]\mathcal{U}(X,\pi)+\left[\underline{\lambda}+\frac{1-\underline{\lambda}}{1+K}\right]V^*\left(F(X,\pi)\right)\right\}+\\&(1-w)\underline{\lambda}V^*(X)=\\&\left[w\frac{\underline{\lambda}K+1}{1+K}+(1-w)\underline{\lambda}\right]V^*(X)=\\&\left[\left(1-\frac{w}{1+K}\right)\underline{\lambda}+\frac{w}{1+K}\right]V^*(X)\end{aligned}\tag{8-15}$$

将上述过程重复$\ell-1$次，则可以得到新的迭代代价函数的下界

$$\begin{aligned}&V^{(\ell)}(X)\geqslant\left[\left(1-\frac{w}{1+K}\right)^{\ell}\underline{\lambda}+\left(1-\frac{w}{1+K}\right)^{\ell-1}\frac{w}{1+K}+\cdots+\left(1-\frac{w}{1+K}\right)\frac{w}{1+K}+\frac{w}{1+K}\right]V^*(X)=\\&\left[\left(1-\frac{w}{1+K}\right)^{\ell}\underline{\lambda}+\sum_{p=0}^{\ell-1}\frac{w}{1+K}\left(1-\frac{w}{1+K}\right)^{p}\right]V^*(X)=\\&\left[\left(1-\frac{w}{1+K}\right)^{\ell}\underline{\lambda}+1-\left(1-\frac{w}{1+K}\right)^{\ell}\right]V^*(X)\end{aligned}\tag{8-16}$$

式（8-16）给出了迭代代价函数下界。

根据条件$V^{(0)}(X)\leqslant\overline{\lambda}V^*(X)$和代价函数更新式（8-7），则可以得到不等式

$$\begin{aligned}&V^{(1)}(X)\leqslant w\min_{\pi}\left\{\mathcal{U}(X,\pi)+\overline{\lambda}V^*\left(F(X,\pi)\right)\right\}+(1-w)\overline{\lambda}V^*(X)\leqslant\\&w\min_{\pi}\left\{\left(1+K\frac{\overline{\lambda}-1}{1+K}\right)\mathcal{U}(X,\pi)+\left(\overline{\lambda}-\frac{\overline{\lambda}-1}{1+K}\right)V^*\left(F(X,\pi)\right)\right\}+(1-w)\overline{\lambda}V^*(X)=\\&\left[w\frac{\overline{\lambda}K+1}{1+K}+(1-w)\overline{\lambda}\right]V^*(X)=\\&\left[\left(1-\frac{w}{1+K}\right)\overline{\lambda}+\frac{w}{1+K}\right]V^*(X)\end{aligned}\tag{8-17}$$

类似地，通过式（8-17）可以获得迭代代价函数的上界。

随着迭代次数增加到无穷，对于$0<w\leqslant 1$，迭代代价函数的上下界分别满足

$$\lim_{\ell\to\infty}\left[1-\left(1-\frac{w}{1+K}\right)^{\ell}(1-\underline{\lambda})\right]V^{*}(X)=V^{*}(X) \tag{8-18}$$

和

$$\lim_{\ell\to\infty}\left[1+\left(1-\frac{w}{1+K}\right)^{\ell}(\overline{\lambda}-1)\right]V^{*}(X)=V^{*}(X) \tag{8-19}$$

因此，可以得到$V^{(\infty)}(X)=V^{*}(X)$，即$V^{(\ell)}(X)$可收敛到最优代价函数$V^{*}(X)$。证毕。

推论 8-1　假设条件$0\leqslant V^{*}\big(F(X,u)\big)\leqslant K\mathcal{U}(X,u)$和$0\leqslant V^{(0)}(X)\leqslant V^{*}(X)$成立。如果松弛因子满足$0<w\leqslant 1$，则不等式（8-13）简化为

$$\left[1-\left(1-\frac{w}{1+K}\right)^{\ell}\right]V^{*}(X)\leqslant V^{(\ell)}(X)\leqslant V^{*}(X) \tag{8-20}$$

根据文献[14]，对于固定常数K，参数w能够反映迭代代价函数如何接近最优代价函数。当$w\in(0,1)$时，可以看到w的值越大，迭代代价函数收敛得越快。此外，如果松弛因子的取值不合理，则迭代代价函数无法收敛到最优值，甚至可能发散。下面，给出$w\geqslant 1$情况下的收敛性条件。

定理 8-2　假设条件$0\leqslant V^{*}\big(F(X,u)\big)\leqslant K\mathcal{U}(X,u)$和$0\leqslant \underline{\lambda}V^{*}(X)\leqslant V^{(0)}(X)\leqslant \overline{\lambda}V^{*}(X)$一致成立，其中$0<K<\infty$，$0\leqslant\underline{\lambda}\leqslant 1\leqslant\overline{\lambda}$。令新型迭代代价函数和控制策略由式（8-7）和式（8-8）更新。如果松弛因子满足

$$1\leqslant w\leqslant 1+\frac{Ld_{\min}}{(1+K)\big(\overline{\lambda}-\underline{\lambda}\big)} \tag{8-21}$$

其中，$L\in(0,1)$是常数且$d_{\min}=\min\left\{1-\underline{\lambda},\overline{\lambda}-1\right\}$，则迭代代价函数根据不等式（8-22）逼近最优代价函数

$$\left[1-\left(1-\frac{w-L}{1+K}\right)^{\ell}(1-\underline{\lambda})\right]V^{*}(X)\leqslant V^{(\ell)}(X)\leqslant\left[1+\left(1-\frac{w-L}{1+K}\right)^{\ell}\left(\overline{\lambda}-1\right)\right]V^{*}(X) \tag{8-22}$$

证明：根据条件（8-21），可得

$$w\leqslant 1+\frac{L(1-\underline{\lambda})}{(1+K)(\overline{\lambda}-\underline{\lambda})} \tag{8-23}$$

和

$$w \leqslant 1+\frac{L(\bar{\lambda}-1)}{(1+K)(\bar{\lambda}-\underline{\lambda})} \tag{8-24}$$

不等式（8-23）和不等式（8-24）可写为

$$(1-w)\bar{\lambda} \geqslant (1-w)\underline{\lambda}+\frac{L(\underline{\lambda}-1)}{1+K} \tag{8-25}$$

和

$$(1-w)\underline{\lambda} \leqslant (1-w)\bar{\lambda}+\frac{L(\bar{\lambda}-1)}{1+K} \tag{8-26}$$

由于不等式（8-25）和不等式（8-26）成立，且松弛因子满足 $w \geqslant 1$，则可调节 VI 算法的第一次迭代满足

$$\begin{aligned}
&V^{(1)}(X) \geqslant w\min_{\pi}\left\{\left(1-K\frac{1-\underline{\lambda}}{1+K}\right)\mathcal{U}(X,\pi)+\left(\underline{\lambda}+\frac{1-\underline{\lambda}}{1+K}\right)V^{*}\left(F(X,\bar{\pi})\right)\right\}+\\
&(1-w)\bar{\lambda}V^{*}(X)=\\
&\left[w\frac{\underline{\lambda}K+1}{1+K}+(1-w)\bar{\lambda}\right]V^{*}(X) \geqslant\\
&\left[w\frac{\underline{\lambda}K+1}{1+K}+(1-w)\underline{\lambda}+\frac{L(\underline{\lambda}-1)}{1+K}\right]V^{*}(X)=\\
&\left[\left(1-\frac{w-L}{1+K}\right)\underline{\lambda}+\frac{w-L}{1+K}\right]V^{*}(X)
\end{aligned} \tag{8-27}$$

和

$$\begin{aligned}
&V^{(1)}(X) \leqslant w\min_{\pi}\left\{\left(1+K\frac{\bar{\lambda}-1}{1+K}\right)\mathcal{U}(X,\pi)+\left(\bar{\lambda}-\frac{\bar{\lambda}-1}{1+K}\right)V^{*}\left(F(X,\pi)\right)\right\}+\\
&(1-w)\underline{\lambda}V^{*}(X)=\\
&\left[w\frac{\bar{\lambda}K+1}{1+K}+(1-w)\underline{\lambda}\right]V^{*}(X) \leqslant\\
&\left[\left(1-\frac{w-L}{1+K}\right)\bar{\lambda}+\frac{w-L}{1+K}\right]V^{*}(X)
\end{aligned} \tag{8-28}$$

考虑式（8-27）和式（8-28）可得

$$\left[1-\left(1-\frac{w-L}{1+K}\right)(1-\underline{\lambda})\right]V^*(X)\leqslant V^{(1)}(X)\leqslant\left[1+\left(1-\frac{w-L}{1+K}\right)(\overline{\lambda}-1)\right]V^*(X) \quad (8\text{-}29)$$

令 $\underline{\lambda}^{(1)}=1-\big(1-(w-L)/(1+K)\big)(1-\underline{\lambda})$ 和 $\overline{\lambda}^{(1)}=1+\big(1-(w-L)/(1+K)\big)(\overline{\lambda}-1)$，其中 $0\leqslant\underline{\lambda}^{(1)}\leqslant1\leqslant\overline{\lambda}^{(1)}$。根据式（8-23）和式（8-24），松弛因子满足

$$\begin{aligned}w&\leqslant1+\frac{L(1-\underline{\lambda})}{(1+K)(\overline{\lambda}-\underline{\lambda})}=\\&1+\frac{\left(1-\dfrac{w-L}{1+K}\right)(1-\underline{\lambda})}{(1+K)\left(1-\dfrac{w-L}{1+K}\right)(\overline{\lambda}-\underline{\lambda})}L=\\&1+\frac{L(1-\underline{\lambda}^{(1)})}{(1+K)(\overline{\lambda}^{(1)}-\underline{\lambda}^{(1)})}\end{aligned} \quad (8\text{-}30)$$

和

$$\begin{aligned}w&\leqslant1+\frac{L(\overline{\lambda}-1)}{(1+K)(\overline{\lambda}-\underline{\lambda})}=\\&1+\frac{\left(1-\dfrac{w-L}{1+K}\right)(\overline{\lambda}^{(1)}-1)}{(1+K)\left(1-\dfrac{w-L}{1+K}\right)(\overline{\lambda}^{(1)}-\underline{\lambda}^{(1)})}L=\\&1+\frac{L(\overline{\lambda}^{(1)}-1)}{(1+K)(\overline{\lambda}^{(1)}-\underline{\lambda}^{(1)})}\end{aligned} \quad (8\text{-}31)$$

因此，通过使用 $\underline{\lambda}^{(1)}$ 和 $\overline{\lambda}^{(1)}$ 替换式（8-27）和式（8-28）中的 $\underline{\lambda}$ 和 $\overline{\lambda}$，可得 $V^{(2)}(X)$。

分别定义 $\underline{\lambda}^{(\ell)}=1-\big(1-(w-L)/(1+K)\big)^{\ell}(1-\underline{\lambda})$ 和 $\overline{\lambda}^{(\ell)}=1+\big(1-(w-L)/(1+K)\big)^{\ell}(\overline{\lambda}-1)$。在每个迭代步，根据条件（8-21），可得

$$\begin{aligned}V^{(\ell)}(X)&\geqslant w\min_{\pi}\left\{\left(1-K\frac{1-\underline{\lambda}^{(\ell-1)}}{1+K}\right)\mathcal{U}(X,\pi)+\right.\\&\left.\left(\underline{\lambda}^{(\ell-1)}+\frac{1-\underline{\lambda}^{(\ell-1)}}{1+K}\right)V^*\big(F(X,\tilde{\pi})\big)\right\}+(1-w)\overline{\lambda}^{(\ell-1)}V^*(X)\geqslant\\&\left[\left(1-\frac{w-L}{1+K}\right)\underline{\lambda}^{(\ell-1)}+\frac{w-L}{1+K}\right]V^*(X)\end{aligned} \quad (8\text{-}32)$$

和

$$
\begin{aligned}
&V^{(\ell)}(X)\leqslant w\min_{\pi}\left\{\left(1+K\frac{\overline{\lambda}^{(\ell-1)}-1}{1+K}\right)\mathcal{U}(X,\pi)+\right.\\
&\left.\left(\overline{\lambda}^{(\ell-1)}-\frac{\overline{\lambda}^{(\ell-1)}-1}{1+K}\right)V^{*}\left(F(X,\pi)\right)\right\}+(1-w)\underline{\lambda}^{(\ell-1)}V^{*}(X)\leqslant\\
&\left[\left(1-\frac{w-L}{1+K}\right)\overline{\lambda}^{(\ell-1)}+\frac{w-L}{1+K}\right]V^{*}(X)
\end{aligned}
\tag{8-33}
$$

因此，对于第ℓ次迭代，结合式（8-27）和式（8-32），迭代代价函数满足

$$
\begin{aligned}
&V^{(\ell)}(\boldsymbol{X})\geqslant\left[\left(1-\frac{w-L}{1+K}\right)^{\ell}\underline{\lambda}+\left(1-\frac{w-L}{1+K}\right)^{\ell-1}\frac{w-L}{1+K}+\cdots+\right.\\
&\left.\left(1-\frac{w-L}{1+K}\right)\frac{w-L}{1+K}+\frac{w-L}{1+K}\right]V^{*}(\boldsymbol{X})=\\
&\left[\left(1-\frac{w-L}{1+K}\right)^{\ell}\underline{\lambda}+\sum_{p=0}^{\ell-1}\frac{w-L}{1+K}\left(1-\frac{w-L}{1+K}\right)^{p}\right]V^{*}(X)=\\
&\left[\left(1-\frac{w-L}{1+K}\right)^{\ell}\underline{\lambda}+1-\left(1-\frac{w-L}{1+K}\right)^{\ell}\right]V^{*}(X)
\end{aligned}
\tag{8-34}
$$

根据式（8-28）和式（8-33），可以获得式（8-22）中迭代代价函数$V^{(\ell)}(X)$的上界。

考虑条件（8-21）和$L\in(0,1)$，可得

$$
1\leqslant w\leqslant 1+\frac{Ld_{\min}}{(1+K)(\overline{\lambda}-\underline{\lambda})}\leqslant 1+L \tag{8-35}
$$

进一步有

$$
0\leqslant\frac{w-L}{1+K}\leqslant\frac{1+L+K-L}{1+K}=1 \tag{8-36}
$$

因此，当$\ell\to\infty$，迭代代价函数$V^{(\ell)}(X)$的上界和下界满足

$$
\lim_{\ell\to\infty}\left[1-\left(1-\frac{w-L}{1+K}\right)^{\ell}(1-\underline{\lambda})\right]V^{*}(X)=V^{*}(X) \tag{8-37}
$$

和

$$
\lim_{\ell\to\infty}\left[1+\left(1-\frac{w-L}{1+K}\right)^{\ell}(\overline{\lambda}-1)\right]V^{*}(X)=V^{*}(X) \tag{8-38}
$$

上述结果阐明了$V^{(\infty)}(X)=V^{*}(X)$。证毕。

根据式（8-22），对于满足式（8-21）的松弛因子，参数w越大，则代价函数序列收敛得越快。由于松弛因子的引入，有必要保证新型迭代代价函数$V^{(\ell)}(X)$的正定性。

定理 8-3　假设条件$0\leqslant V^{*}\big(F(X,u)\big)\leqslant K\mathcal{U}(X,u)$和$0\leqslant \underline{\lambda}V^{*}(X)\leqslant V^{(0)}(X)\leqslant \overline{\lambda}V^{*}(X)$一致成立，其中$0<K<\infty$，$0\leqslant \underline{\lambda}\leqslant 1\leqslant \overline{\lambda}$。令新型迭代代价函数和控制策略由式（8-7）和式（8-8）更新。如果松弛因子满足

$$0<w\leqslant 1+\frac{\overline{\lambda}-\underline{\lambda}-d_{\max}}{K(\overline{\lambda}-\underline{\lambda})+d_{\max}} \tag{8-39}$$

其中，$d_{\max}=\max\left\{\overline{\lambda}-1,1-\underline{\lambda}\right\}$，则迭代代价函数$V^{(\ell)}(X)$是正定的。

证明：当$0<w\leqslant 1$，根据式（8-13），$V^{(\ell)}(X)$的下界是正定的，由此可得$V^{(\ell)}(X)$也是正定的。接下来，考虑正定条件（8-39）和$w>1$的情况，可得如下不等式

$$1<w\leqslant \frac{K(\overline{\lambda}-\underline{\lambda})+\overline{\lambda}-\underline{\lambda}}{K(\overline{\lambda}-\underline{\lambda})+d_{\max}} \tag{8-40}$$

根据式（8-40）和$d_{\max}$的表达式，可以得到如下所示的两个不等式

$$w\leqslant \frac{(K+1)(\overline{\lambda}-\underline{\lambda})}{K(\overline{\lambda}-\underline{\lambda})+\overline{\lambda}-1} \tag{8-41}$$

和

$$w\leqslant \frac{(K+1)(\overline{\lambda}-\underline{\lambda})}{K(\overline{\lambda}-\underline{\lambda})+1-\underline{\lambda}} \tag{8-42}$$

考虑$K(\overline{\lambda}-\underline{\lambda})+d_{\max}>0$和$1+K>0$，式（8-41）和式（8-42）等价于

$$w\frac{\underline{\lambda}K+1}{1+K}-w\overline{\lambda}=\frac{K(\underline{\lambda}-\overline{\lambda})+1-\overline{\lambda}}{1+K}w\geqslant \underline{\lambda}-\overline{\lambda} \tag{8-43}$$

和

$$w\frac{\overline{\lambda}K+1}{1+K}-w\underline{\lambda}=\frac{K(\overline{\lambda}-\underline{\lambda})+1-\underline{\lambda}}{1+K}w\leqslant \overline{\lambda}-\underline{\lambda} \tag{8-44}$$

结合式（8-43）和$V^{(1)}(X)\geqslant\left[w\dfrac{\underline{\lambda}K+1}{1+K}+(1-w)\overline{\lambda}\right]V^{*}(X)$可得

$$V^{(1)}(X) \geqslant \underline{\lambda} V^{*}(X) \tag{8-45}$$

$V^{(1)}(X)$ 的上界满足

$$V^{(1)}(X) \leqslant \bar{\lambda} V^{*}(X) \tag{8-46}$$

不等式（8-45）和不等式（8-46）阐明了 $V^{(1)}(X)$ 与 $V^{(0)}(X)$ 满足类似的不等式关系，即 $0 \leqslant \underline{\lambda} V^{*}(X) \leqslant V^{(1)}(X) \leqslant \bar{\lambda} V^{*}(X)$。因此，对于 $\ell \in \mathbf{N}$，利用同样分析可得 $0 \leqslant \underline{\lambda} V^{*}(X) \leqslant V^{(\ell)}(X) \leqslant \bar{\lambda} V^{*}(X)$ 成立。也就是说，在条件（8-40）约束下，由式（8-7）产生的迭代代价函数 $V^{(\ell)}(X)$ 是正定的。证毕。

在上述结论的基础上，进一步给出迭代控制策略的稳定性分析。

定理 8-4 令新型迭代代价函数和控制策略由式（8-7）和式（8-8）更新，且松弛因子满足式（8-39）。对于 $\forall X \neq 0$，如果迭代代价函数满足

$$V^{(\ell+1)}(X) - V^{(\ell)}(X) < wc\mathcal{Q}(X) \tag{8-47}$$

其中，$c \in (0,1)$，则迭代控制策略 $\pi^{(\ell)}(X)$ 是容许的。

证明： 考虑式（8-7）中的代价函数更新，上述不等式条件等价为

$$w\Big[\mathcal{U}\big(X,\pi^{(\ell)}(X)\big) + V^{(\ell)}\Big(F\big(X,\pi^{(\ell)}(X)\big)\Big) - V^{(\ell)}(X)\Big] < wc\mathcal{Q}(X) \tag{8-48}$$

进一步推导可得

$$V^{(\ell)}\Big(F\big(X,\pi^{(\ell)}(X)\big)\Big) - V^{(\ell)}(X) < c\mathcal{Q}(X) - \mathcal{U}\big(X,\pi^{(\ell)}(X)\big) < 0 \tag{8-49}$$

考虑式（8-49）以及定理 8-3，迭代代价函数 $V^{(\ell)}(X)$ 可视为一个 Lyapunov 函数。对于 $\forall X \neq 0$，函数的差分小于 0，且仅在 $X = 0$ 时，函数差分等于 0。因此，受控于迭代控制策略 $\pi^{(\ell)}(X)$ 的闭环系统渐近稳定。

定义 $F\big(X_k,\pi^{(\ell)}(X_k)\big)$ 为 $X_{k+1}^{\pi^{\ell}}$，对于 $X \in \Omega$，式（8-49）可以重写为

$$V^{(\ell)}(X_{k+1}^{\pi^{\ell}}) - V^{(\ell)}(X_{k}^{\pi^{\ell}}) \leqslant (c-1)\mathcal{Q}(X_{k}^{\pi^{\ell}}) - \mathcal{R}\Big(\pi^{(\ell)}(X_{k}^{\pi^{\ell}})\Big) \tag{8-50}$$

将式（8-50）运用到系统状态 $X_{k+1}^{\pi^{\ell}}, X_{k+2}^{\pi^{\ell}}, \cdots, X_{k+M}^{\pi^{\ell}}$，可得

$$\begin{cases} V^{(\ell)}(X_{k+2}^{\pi^{\ell}}) - V^{(\ell)}(X_{k+1}^{\pi^{\ell}}) \leqslant (c-1)\mathcal{Q}(X_{k+1}^{\pi^{\ell}}) - \mathcal{R}\Big(\pi^{(\ell)}(X_{k+1}^{\pi^{\ell}})\Big) \\ V^{(\ell)}(X_{k+3}^{\pi^{\ell}}) - V^{(\ell)}(X_{k+2}^{\pi^{\ell}}) \leqslant (c-1)\mathcal{Q}(X_{k+2}^{\pi^{\ell}}) - \mathcal{R}\Big(\pi^{(\ell)}(X_{k+2}^{\pi^{\ell}})\Big) \\ \qquad \vdots \\ V^{(\ell)}(X_{k+M}^{\pi^{\ell}}) - V^{(\ell)}(X_{k+M-1}^{\pi^{\ell}}) \leqslant (c-1)\mathcal{Q}(X_{k+M-1}^{\pi^{\ell}}) - \mathcal{R}\Big(\pi^{(\ell)}(X_{k+M-1}^{\pi^{\ell}})\Big) \end{cases} \tag{8-51}$$

根据渐近稳定结果，当 $M\to\infty$ 时，$V^{(\ell)}(X_{k+M}^{\pi^\ell})$ 满足

$$\lim_{M\to\infty} V^{(\ell)}(X_{k+M}^{\pi^\ell})=0 \tag{8-52}$$

结合式（8-50）～式（8-52），归纳可得

$$\begin{aligned}V^{(\ell)}(X_{k+1}^{\pi^\ell}) &\geqslant \sum_{p=0}^{\infty}\left[(1-c)\mathcal{Q}(X_{k+p}^{\pi^\ell})+\mathcal{R}\left(\pi^{(\ell)}(X_{k+p}^{\pi^\ell})\right)\right]\geqslant \\ &(1-c)\sum_{p=0}^{\infty}\left[\mathcal{Q}(X_{k+p}^{\pi^\ell})+\mathcal{R}\left(\pi^{(\ell)}(X_{k+p}^{\pi^\ell})\right)\right]\end{aligned} \tag{8-53}$$

这意味着

$$\sum_{p=0}^{\infty}\left[\mathcal{Q}(X_{k+p}^{\pi^\ell})+\mathcal{R}\left(\pi^{(\ell)}(X_{k+p}^{\pi^\ell})\right)\right]\leqslant \frac{1}{1-c}V^{(\ell)}(X_{k+1}^{\pi^\ell}) \tag{8-54}$$

由于上式右边部分是有界的代价函数，因此可得左边部分的 $\sum_{p=0}^{\infty}\mathcal{U}\left(X_{k+p}^{\pi^\ell},\pi^{(\ell)}(X_{k+p}^{\pi^\ell})\right)$ 是有界的，这意味着控制策略 $\pi^{(\ell)}(X)$ 是容许的。证毕。

考虑推论 8-1 中提到的情况，迭代代价函数 $V^{(\ell)}(X)$ 收敛过程以及上下界如图 8-1 所示。当 $w\in(0,1]$ 时，序列 $\left\{1-\left(1-w/(1+K)\right)^{\ell}\right\}_{\ell=0}^{\infty}$ 是单调非增的。这意味着存在一个迭代指标 ℓ_s，在此之后所有的代价函数 $V^{(\ell_s+j)}(X)$ 都满足条件（8-47）。

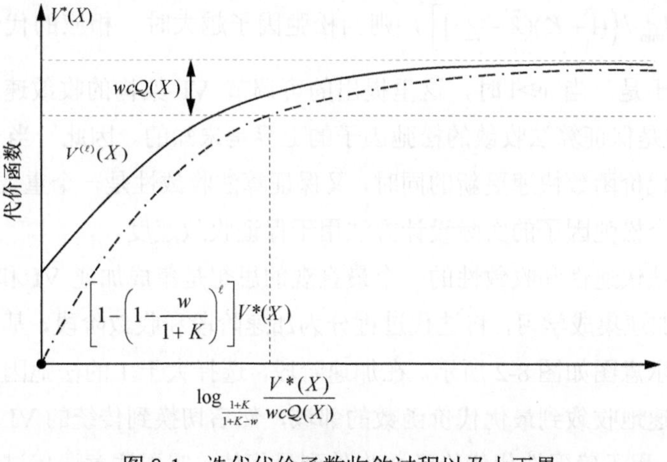

图 8-1　迭代代价函数收敛过程以及上下界

定理 8-5 假设$V^*\big(F(X,u)\big) \leqslant K\mathcal{U}(X,u)$和$0 \leqslant V^{(0)}(X) \leqslant V^*(X)$成立，如果松弛因子满足 0<$w$≤1，则一定存在一个迭代指标$\ell_s$使得$\pi^{(\ell_s+j)}(X), j \in \mathbf{N}$是容许的。

证明：根据推论 8-1 中的式（8-20），可得

$$V^{(\ell+1)}(X) - V^{(\ell)}(X) \leqslant V^*(X) - V^{(\ell)}(X) \leqslant \left[1 - \frac{w}{1+K}\right]^{\ell} V^*(X) \tag{8-55}$$

因为$0 < w \leqslant 1$，序列$\left\{\big(1 - w/(1+K)\big)^{\ell}\right\}_{\ell=0}^{\infty}$是单调非增的，且$\lim\limits_{\ell \to \infty}\big(1 - w/(1+K)\big)^{\ell} = 0$。根据定理 8-4，当$X \neq 0$时，式（8-55）中$\big(1 - w/(1+K)\big)^{\ell} V^*(X) < wcQ(X)$。因此，如果松弛因子满足

$$\ell_s > \log_{\frac{1+K}{1+K-w}} \frac{V^*(X)}{wcQ(X)}, X \neq 0 \tag{8-56}$$

则对于$j \in \mathbf{N}$，下述不等式成立

$$V^{(\ell_s+j+1)}(X) - V^{(\ell_s+j)}(X) < wcQ(X), X \neq 0 \tag{8-57}$$

根据定理 8-4，相应的控制策略$\pi^{(\ell_s+j)}(X)$是容许的。证毕。

8.3.3 加速值迭代算法的实际设计

根据逐次超松弛方法以及定理 8-1 和定理 8-2，如果松弛因子满足$w \in \Big(0, 1 + Ld_{\min} / \big((1+K)(\bar{\lambda} - \underline{\lambda})\big)\Big]$，则当松弛因子越大时，相应的代价函数收敛速度越快。于是，当w>1 时，这里提出的可调节 VI 架构的收敛速度大于传统 VI 形式，但是保证算法收敛的松弛因子的上界是未知的。因此，当w>1 时，如何保证迭代代价函数快速更新的同时，又保证算法收敛性是一个重要问题。接下来，提出一个松弛因子的实际设计方法用于保证收敛速度。

保证算法快速性和收敛性的一个最直观的思想是集成加速 VI 和传统 VI 的优势。引入加速集成学习，将迭代过程分为加速阶段和收敛阶段，基于加速区间的集成学习示意图如图 8-2 所示。在加速阶段，选择大于 1 的松弛因子使得迭代代价函数快速地收敛到最优代价函数的邻域，然后切换到传统的 VI 算法（松弛因子设为 1）用于确保迭代代价函数收敛到最优值。需要注意迭代过程中代价函数序列的单调性无法保证。当加速阶段太长或者松弛因子太大，迭代代价函数的

值$V^{(\ell)}(X)$可能大于最优值$V^{*}(X)$，这会导致波动出现。此外，在收敛阶段，需要满足传统代价函数收敛的前提条件，即初始化函数为半正定的。因此，加速阶段产生的迭代代价函数首先需要保证正定性，同时加速阶段选择的松弛因子不宜过大，否则容易导致加速集成学习算法的失效。

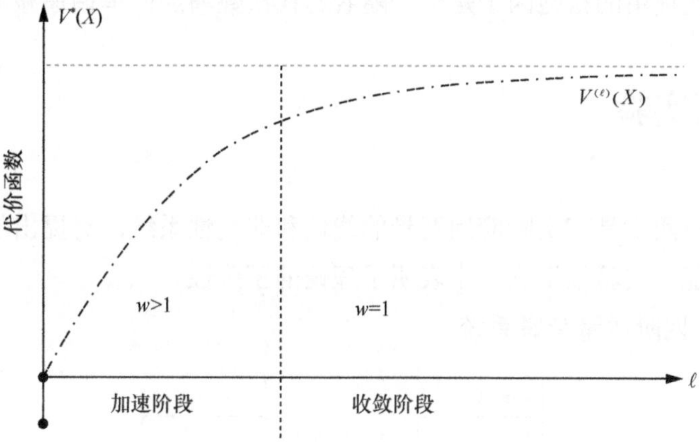

图 8-2　基于加速区间的集成学习示意图

此外，也可以将松弛因子考虑成一个关于迭代次数ℓ的函数，这里称之为松弛函数。松弛函数允许在不同的迭代步使用不同的松弛因子，这里设计的自适应松弛函数为

$$w(\ell)=(\beta-1)\mathrm{e}^{-\alpha\ell}+1 \tag{8-58}$$

其中，$\alpha>0$和$\beta>1$为松弛函数中的可调参数。对于所有$\ell\in\mathbf{N}$，$w(\ell)\in(1,\beta)$是一个单调递减的函数且满足

$$\lim_{\ell\to\infty}w(\ell)=\lim_{\ell\to\infty}(\beta-1)\mathrm{e}^{-\alpha\ell}+1=1 \tag{8-59}$$

通过松弛函数将松弛因子逐渐递减到 1，实现了从加速 VI 到传统 VI 的平滑过渡。下面给出具有松弛函数的新型代价函数更新计算式

$$\begin{aligned}&V^{(\ell)}(X)=w(\ell-1)\min_{\pi}\left\{\mathcal{U}(X,\pi)+V^{(\ell-1)}\left(F(X,\pi)\right)\right\}+[1-w(\ell-1)]V^{(\ell-1)}(X)=\\&\left((\beta-1)\mathrm{e}^{-\alpha(\ell-1)}+1\right)\left[\mathcal{U}\left(X,\pi^{(\ell-1)}(X)\right)+V^{(\ell-1)}\left(F\left(X,\pi^{(\ell-1)}(X)\right)\right)\right]-\\&(\beta-1)\mathrm{e}^{-\alpha(\ell-1)}V^{(\ell-1)}(X)\end{aligned} \tag{8-60}$$

如果$\beta = 1$，则$w(\ell) = 1$，此时基于松弛函数的加速 VI 算法和传统 VI 算法等价。值得注意的是，松弛函数不唯一。如果一个单调递减的函数$h(z)$满足$h(z) \in (1, C)$，其中C为大于 1 的常数，且$\lim\limits_{z \to \infty} h(z) = 1$，那么$h(z)$就可以选作松弛函数。基于松弛函数的加速学习算法结构与一般加速 VI 的结构完全一样，不同的是每次迭代使用的松弛因子是一个随着迭代次数增加而单调递减的函数。

8.4 仿真实验

本节针对两个具有实际应用背景的线性和非线性系统，对提出的可调节 VI 算法进行验证，实验结果进一步表明了理论的正确性。

例 8.1 四阶质量弹簧系统

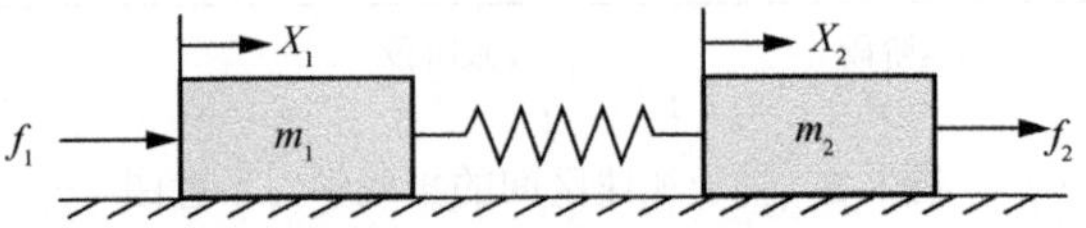

图 8-3 四阶质量弹簧装置示意图

考虑如图 8-3 所示的四阶质量弹簧系统[15]，其中，X_1和X_2是滑块 1 和滑块 2 的绝对位置，f_1和f_2分别是作用其上的力。令系统状态向量为$X = [X_1, X_2, \dot{X}_1, \dot{X}_2]^{\mathrm{T}} = [X_1, X_2, X_3, X_4]^{\mathrm{T}}$，控制输入向量为$u = [f_1, f_2]^{\mathrm{T}} = [u_1, u_2]^{\mathrm{T}}$，根据图 8-3，四阶质量弹簧的动力学模型为

$$\begin{cases} \dot{X}_1 = X_3 \\ \dot{X}_2 = X_4 \\ \dot{X}_3 = \dfrac{1}{m_1}\kappa(X_2 - X_1) + \dfrac{f_1}{m_1} \\ \dot{X}_4 = \dfrac{1}{m_2}\kappa(X_1 - X_2) + \dfrac{f_2}{m_2} \end{cases} \tag{8-61}$$

其中，m_1和m_2是滑块 1 和滑块 2 的质量，κ是弹簧的劲度系数。令滑块 1 和滑块 2 的质量分别为$m_1 = 2.5\,\mathrm{kg}$、$m_2 = 1\,\mathrm{kg}$，弹簧的劲度系数为$\kappa = 2$。使用 Euler 法将连续时间系统动态（8-61）离散化，采样间隔为$\Delta t = 0.02\ \mathrm{s}$。离散时间状态

空间表达式如下所示

$$X_{k+1} = \boldsymbol{A}X_k + \boldsymbol{B}u_k = \begin{bmatrix} 0.9998 & 0.00016 & 0.02 & 0 \\ 0.0004 & 0.9996 & 0 & 0.02 \\ -0.016 & 0.016 & 0.9998 & 0.00016 \\ 0.04 & -0.03999 & 0.0004 & 0.9996 \end{bmatrix} X_k + \begin{bmatrix} 0 & 0 \\ 0 & 0.00019999 \\ 0.0079996 & 0 \\ 0 & 0.019997 \end{bmatrix} u_k \tag{8-62}$$

考虑离散时间线性系统，二次型效用函数中的权重矩阵分别设为$\boldsymbol{Q} = \mathbf{I}_4$和$\boldsymbol{R} = 0.05\mathbf{I}_2$。初始化核矩阵为$\tilde{\boldsymbol{P}}^{(0)} = \mathbf{I}_4$。为了验证松弛因子对收敛速度的影响，分别选择 6 个不同的松弛因子进行实验，即$w_1 = 0.5$、$w_2 = 0.8$、$w_3 = 1$、$w_4 = 2$、$w_5 = 5$和$w_6 = 15$。令迭代核矩阵$\tilde{\boldsymbol{P}}^{(\ell)}$和状态反馈增益$\tilde{\boldsymbol{G}}^{(\ell)}$在式（8-11）和式（8-12）之间迭代更新。

为了验证提出的可调节 VI 架构的有效性，首先使用 MATLAB 直接求解代数 Riccati 方程的解，得到如下的最优核矩阵和最优状态反馈增益

$$\begin{aligned} \boldsymbol{P}^* &= \begin{bmatrix} 78.252 & -5.6542 & 20.313 & 3.3308 \\ -5.6542 & 67.09 & 7.1215 & 8.0654 \\ 20.313 & 7.1215 & 37.976 & 1.3887 \\ 3.3308 & 8.0654 & 1.3887 & 13.359 \end{bmatrix} \\ \boldsymbol{G}^* &= \begin{bmatrix} 3.1264 & 1.1486 & 5.8834 & 0.21711 \\ 1.3552 & 2.9615 & 0.5277 & 4.9105 \end{bmatrix} \end{aligned} \tag{8-63}$$

在迭代过程中，迭代核矩阵和状态反馈增益与相应最优值之间误差的收敛轨迹由图 8-4 给出，其中，实线代表传统 VI 的收敛轨迹（$w_3 = 1$）。实验结果表明，当$w>1$时，新型可调节 VI 算法比传统 VI 具有更快的收敛速度。此外，当$w_6 = 15$时，$\tilde{\boldsymbol{P}}^{(\ell)}$和$\tilde{\boldsymbol{G}}^{(\ell)}$不能收敛到代数 Riccati 方程的最优解。换句话说，当$w>1$时，新型可调节 VI 架构需要选择合适的松弛因子，而不是越大越好。

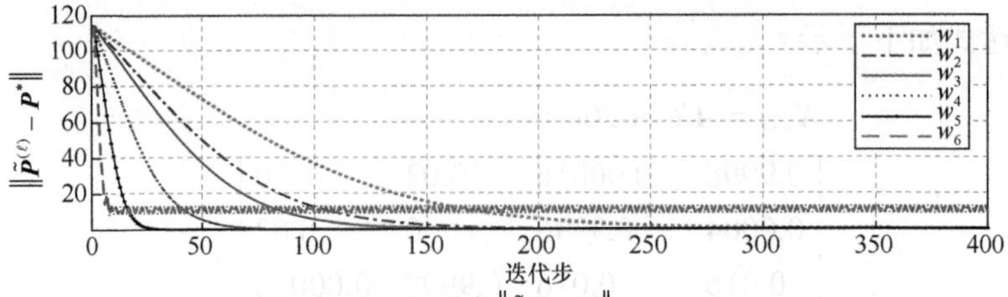

(a) $\|\tilde{\boldsymbol{P}}^{(\ell)}-\boldsymbol{P}^*\|$

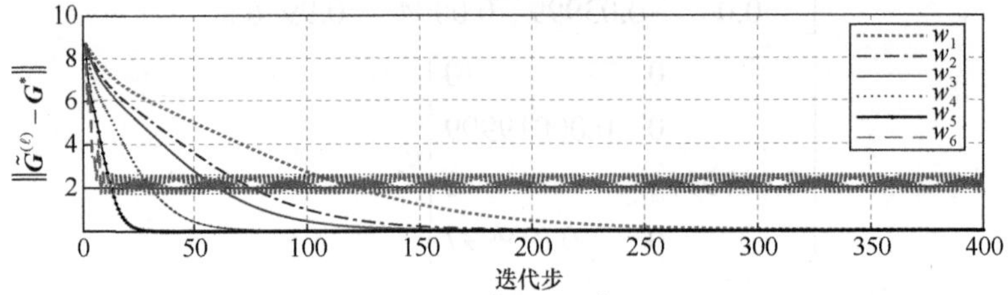

(b) $\|\tilde{\boldsymbol{G}}^{(\ell)}-\boldsymbol{G}^*\|$

图 8-4　不同松弛因子下 $\tilde{\boldsymbol{P}}^{(\ell)}$ 和 $\tilde{\boldsymbol{G}}^{(\ell)}$ 与最优值 $\boldsymbol{P}^*$ 和 $\boldsymbol{G}^*$ 误差的收敛轨迹

接下来验证基于加速区间的集成学习算法。设置 3 个不同的加速区间 $\ell_{a1}=[0,15]$、$\ell_{a2}=[0,10]$ 和 $\ell_{a3}=[0,5]$。加速区间中的松弛因子选择为 $w=7$，加速阶段结束后，将松弛因子置为 1。$\|\tilde{\boldsymbol{P}}^{(\ell)}-\boldsymbol{P}^*\|$ 和 $\|\tilde{\boldsymbol{G}}^{(\ell)}-\boldsymbol{G}^*\|$ 的收敛曲线由图 8-5 给出。阴影区域分别表示 3 个不同的加速区间。

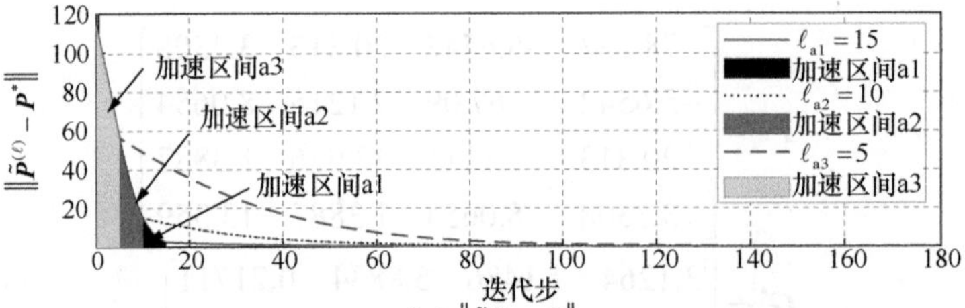

(a) $\|\tilde{\boldsymbol{P}}^{(\ell)}-\boldsymbol{P}^*\|$

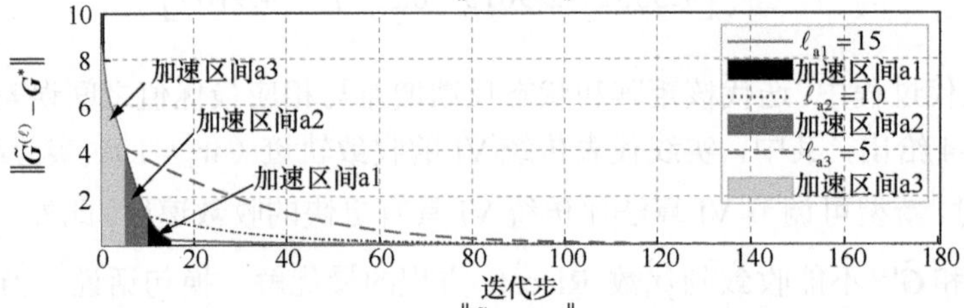

(b) $\|\tilde{\boldsymbol{G}}^{(\ell)}-\boldsymbol{G}^*\|$

图 8-5　不同加速区间下的 $\|\tilde{\boldsymbol{P}}^{(\ell)}-\boldsymbol{P}^*\|$ 和 $\|\tilde{\boldsymbol{G}}^{(\ell)}-\boldsymbol{G}^*\|$ 收敛曲线

从图 8-5 中可以看到，当加速区间较小时，其加速效果有限。如果加速区间太大而松弛因子不满足收敛条件，则代价函数可能无法收敛到最优代价函数。

接下来，设置不同的参数，进一步验证基于松弛函数的加速 VI 算法。选择 5 个参数元组(α_i,β_i)来产生 5 个松弛函数$w_i(\ell)$，见表 8-1。

表 8-1　松弛函数的参数选择

参数	取值				
α_i	0.05	0.15	0.3	0.5	0
β_i	15	15	15	15	1

值得注意的是，在α_5和β_5的取值下，松弛函数$w_5(\ell)$为常数，即$w_5(\ell)=1$，这意味着在该松弛函数下的可调节 VI 算法等价于传统 VI 算法。在迭代过程中，不同松弛函数下的$\|\tilde{\boldsymbol{P}}^{(\ell)}-\boldsymbol{P}^*\|$和$\|\tilde{\boldsymbol{G}}^{(\ell)}-\boldsymbol{G}^*\|$收敛曲线由图 8-6 给出，其中的实线反映了传统 VI 算法核矩阵$\tilde{\boldsymbol{P}}^{(\ell)}$和反馈增益$\tilde{\boldsymbol{G}}^{(\ell)}$的收敛过程。此外，相应的松弛函数收敛曲线如图 8-7 所示。

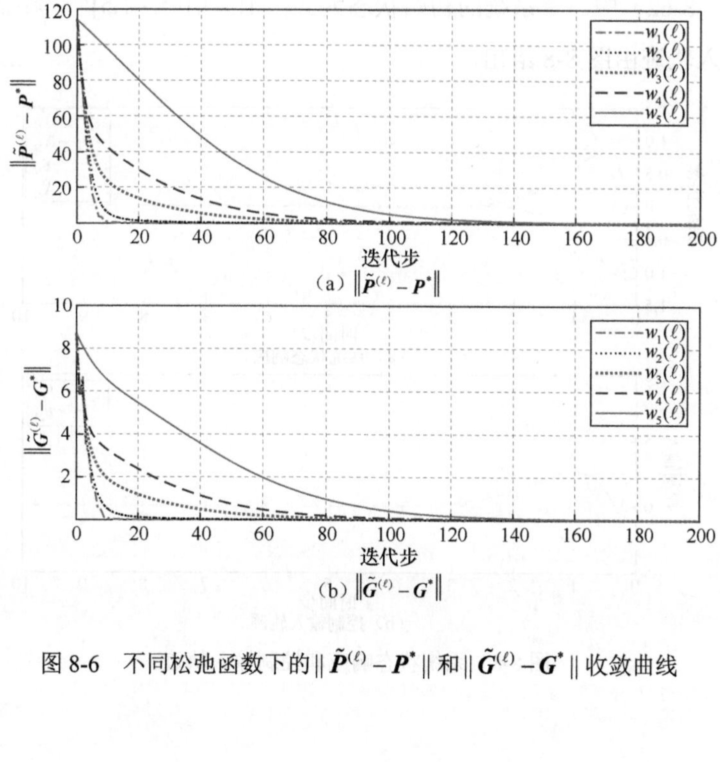

图 8-6　不同松弛函数下的$\|\tilde{\boldsymbol{P}}^{(\ell)}-\boldsymbol{P}^*\|$和$\|\tilde{\boldsymbol{G}}^{(\ell)}-\boldsymbol{G}^*\|$收敛曲线

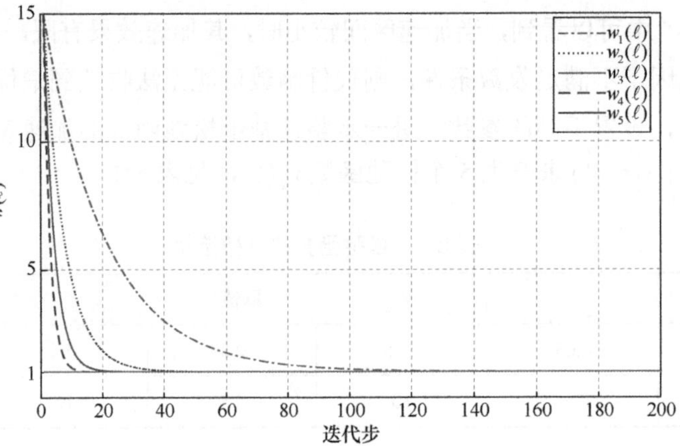

图 8-7 松弛函数收敛曲线

从图 8-6 中可以观察到，基于松弛函数的加速 VI 算法比传统 VI 算法收敛速度更快。因为松弛函数是单调递减到 1 的函数，所以在迭代初期，加速 VI 的收敛速度比传统 VI 快；随着松弛函数不断衰减到 1，加速 VI 的收敛速度也逐渐衰减直到和传统 VI 收敛速度相近。最后，将得到的迭代状态反馈增益 $\tilde{\boldsymbol{G}}^{(200)}$ 应用到系统动态（8-62）中。令系统的初始状态为 $X_0 = [1,-1,0.5,-1.5]^{\mathrm{T}}$，系统状态响应和控制输入轨迹由图 8-8 给出。

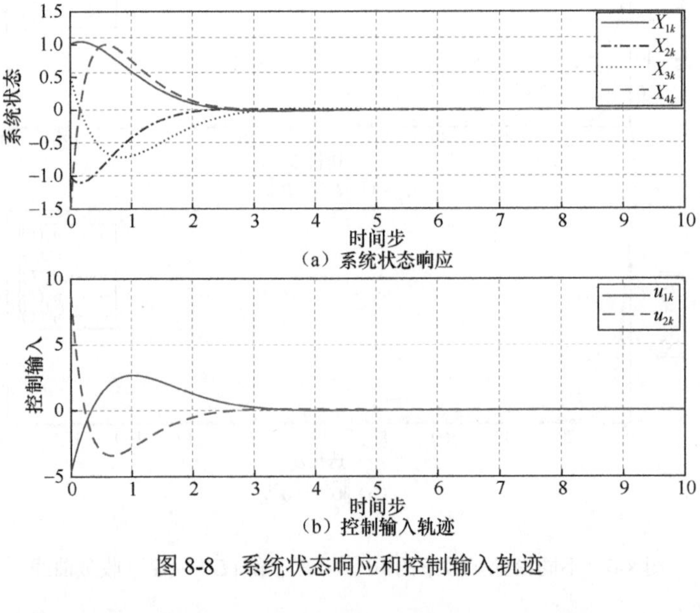

图 8-8 系统状态响应和控制输入轨迹

例 8.2　持续激励的轨道机动问题

考虑持续激励的轨道机动问题[16]。假设其为平面运动过程，航天器在重力场中运动的微分方程如下所示

$$\begin{cases}\ddot{x}-2\dot{y}+(1+x)\left(\dfrac{1}{r^3}-1\right)=f_x\\ \ddot{y}+2\dot{x}+y\left(\dfrac{1}{r^3}-1\right)=f_y\end{cases} \tag{8-64}$$

其中，$[x,y]^{\mathsf{T}}$ 为航天器质心相对于目标轨道上的轨道架中心的无量纲位移矢量，f_x 和 f_y 为作用在航天器上的无量纲总力的分量。这里需要注意，x 和 y 为该轨道框架中位移矢量的分量。令系统状态向量为 $X=[x,y,\dot{x},\dot{y}]^{\mathsf{T}}=[X_1,X_2,X_3,X_4]^{\mathsf{T}}$，且控制输入为 $u=[f_x,f_y]^{\mathsf{T}}=[u_1,u_2]^{\mathsf{T}}$，则航天器运动的状态空间表达式为

$$\dot{X}=\begin{bmatrix}X_3\\ X_4\\ 2X_4-(1+X_1)\left(\dfrac{1}{r^3}-1\right)\\ -2X_3-X_2\left(\dfrac{1}{r^3}-1\right)\end{bmatrix}+\begin{bmatrix}0&0\\0&0\\1&0\\0&1\end{bmatrix}u \tag{8-65}$$

使用 Euler 方法离散化连续时间系统动态（8-65），采样间隔设为 $\Delta t=0.01\,\mathrm{s}$，则离散时间状态空间表达式为

$$X_{k+1}=\begin{bmatrix}X_{1k}+0.01X_{3k}\\ X_{2k}+0.01X_{4k}\\ X_{3k}+0.02X_{4k}-0.01(1+X_{1k})\left(\dfrac{1}{r^3}-1\right)\\ X_{4k}-0.02X_{3k}-0.01X_{2k}\left(\dfrac{1}{r^3}-1\right)\end{bmatrix}+\begin{bmatrix}0&0\\0&0\\0.01&0\\0&0.01\end{bmatrix}u_k \tag{8-66}$$

选择效用函数为二次型形式 $\mathcal{U}(X,u)=X^{\mathsf{T}}X+0.01u^{\mathsf{T}}u$。本实验中选取的非线性函数逼近器为

$$\hat{V}^{(\ell)}(X)=\tilde{W}^{(\ell)\mathsf{T}}\Big[X_1^2,X_2^2,X_3^2,X_4^2,X_1^3,X_2^3,X_3^3,X_4^3,X_1X_2,X_1X_3,X_1X_4,$$
$$X_2X_3,X_2X_4,X_3X_4,X_1^2X_2,X_1^2X_3,X_1^2X_4,X_2^2X_1,X_2^2X_3,X_2^2X_4, \tag{8-67}$$
$$X_3^2X_1,X_3^2X_2,X_3^2X_4,X_4^2X_1,X_4^2X_2,X_4^2X_3\Big]^{\mathsf{T}}$$

其中，$\tilde{W}^{(\ell)}\in\mathbf{R}^{26}$ 为逼近器的参数向量。在每次迭代中，迭代控制策略 $\pi^{(\ell)}$ 可通过式（8-8）中的策略提升求解。迭代控制策略满足一阶必要条件，即

$$\hat{\pi}^{(\ell)}(X)=-\frac{1}{2}\left(\frac{\partial X_{k+1}}{\partial u_k}\right)^{\mathsf{T}}\nabla\hat{V}^{(\ell)}\Big(F\big(X,\hat{\pi}^{(\ell)}(X)\big)\Big) \tag{8-68}$$

其中，$\nabla\hat{V}^{(\ell)}(X)=\partial\hat{V}^{(\ell)}(X)/\partial X$。需要注意式（8-68）的等号两边均存在未知量 $\hat{\pi}^{(\ell)}(X)$，可以使用逐次逼近方法求解。随机在状态操作域 $\Omega=\{X\in\mathbf{R}^4:-0.3\leqslant X_{1,2,3,4}\leqslant 0.3\}$ 选择 100 个状态向量来逼近迭代代价函数 $\hat{V}^{(\ell)}(X)$。通过设置初始参数向量 $\tilde{W}^{(0)}$ 的所有元素为 0 来初始化代价函数。与例 8.1 类似，选择 6 个不同的松弛因子来验证给出的理论结果，即 $w_1=0.5$、$w_2=0.8$、$w_3=1$、$w_4=3$、$w_5=6$ 和 $w_6=7$。在迭代过程中，$\tilde{W}^{(\ell)}$ 的范数收敛曲线由图 8-9 给出，其中实线表示的是传统 VI 算法中 $\|\tilde{W}^{(\ell)}\|$ 的收敛曲线。

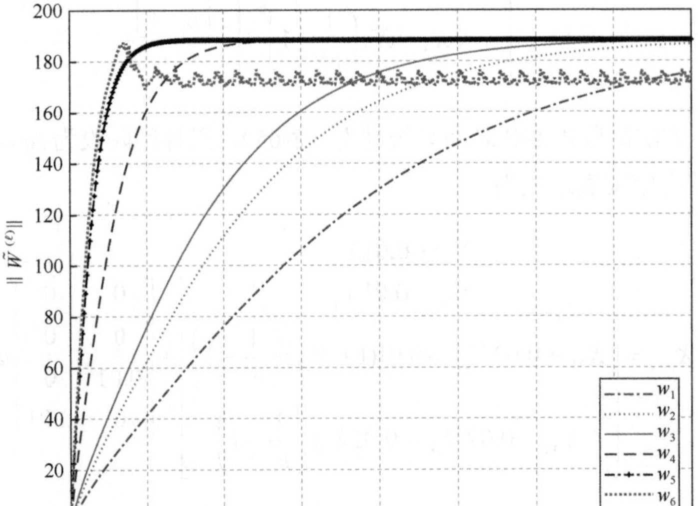

图 8-9　不同松弛因子下 $\|\tilde{W}^{(\ell)}\|$ 的收敛曲线

从图 8-9 中可看到，当 $w_6 = 7$ 时，由加速 VI 产生的迭代代价函数不收敛，即意味着该松弛因子的选择是不合适的。和传统 VI 相比，提出的新型可调节 VI 框架具有收敛速度可调节的特点。

接下来，分别选择加速区间为 $\ell_{a1} = [0,90]$、$\ell_{a2} = [0,60]$、$\ell_{a3} = [0,30]$，以进一步验证基于加速区间的集成学习方案。在加速阶段，选择松弛因子为 $w = 5$。迭代过程中 $\|\tilde{W}^{(\ell)}\|$ 的收敛曲线如图 8-10 所示，可以看到基于加速区间的集成学习算法具有比传统 VI 更快的收敛速度。

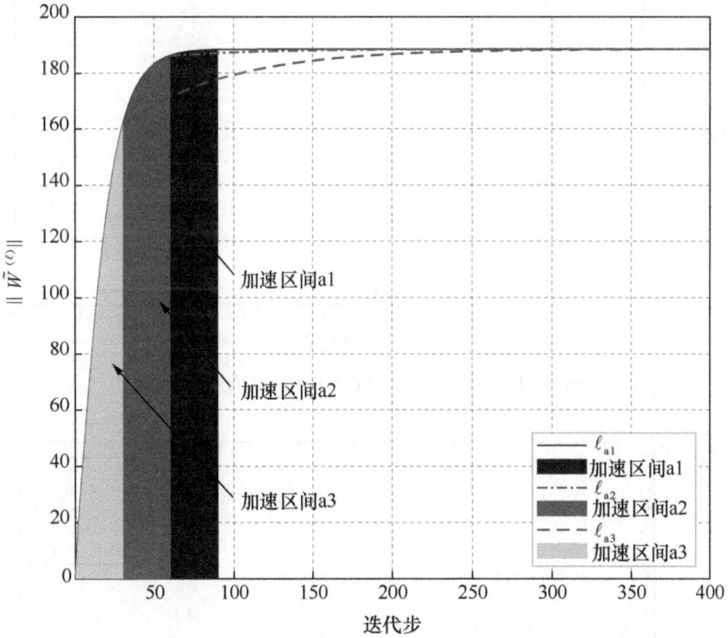

图 8-10　不同加速区间下 $\|\tilde{W}^{(\ell)}\|$ 的收敛曲线

下面，选择 5 个不同的松弛函数，验证基于松弛函数的加速学习算法，松弛函数中 α_i 和 β_i 的取值见表 8-2。$\|\tilde{W}^{(\ell)}\|$ 的收敛曲线和迭代过程中使用的松弛函数分别如图 8-11 和图 8-12 所示。使用松弛函数 $w_1(\ell)$ 的可调节 VI 算法等价于传统 VI，而使用松弛函数 $w_2(\ell)$、$w_3(\ell)$、$w_4(\ell)$ 和 $w_5(\ell)$ 的可调节 VI 算法比传统 VI 具备更快的收敛速度。

表 8-2　松弛函数的参数选择

参数	取值				
α_i	0.1	0.1	0.05	0.03	0.01
β_i	1	8	8	8	8

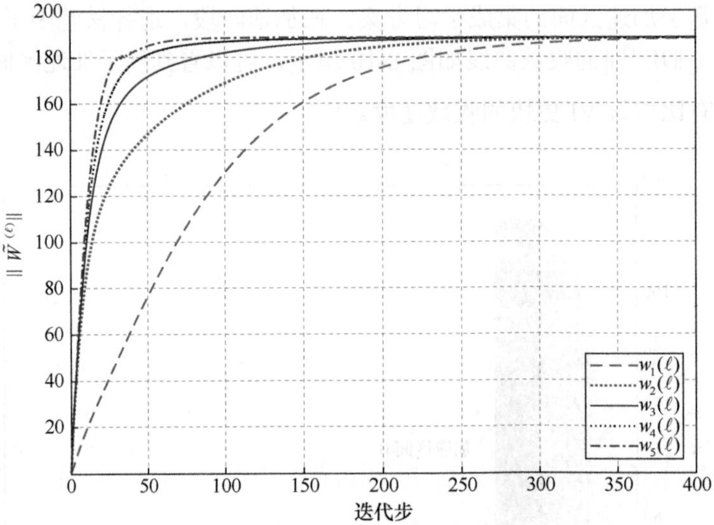

图 8-11　不同加速区间下 $\| \tilde{W}^{(\ell)} \|$ 的收敛曲线

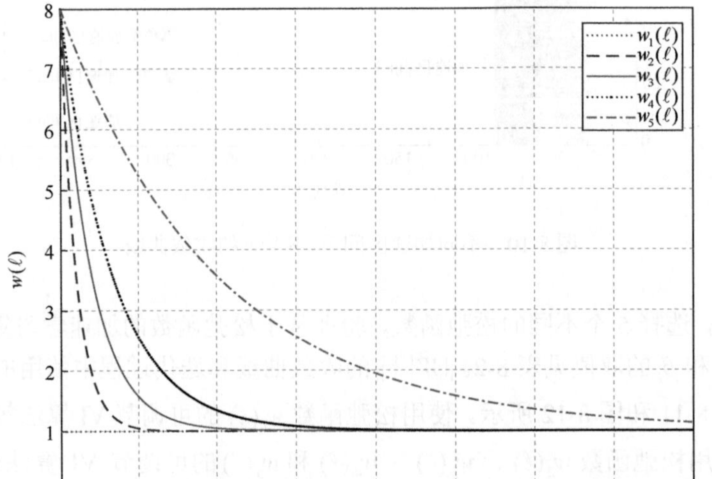

图 8-12　松弛函数

考虑基于松弛函数 $w_5(\ell)$ 的加速 VI 算法，在 400 次迭代更新后，可得参数向量 $\tilde{W}^{(400)}$ 为

$$\begin{aligned}\tilde{W}^{(400)} = [&126.78, 112.28, 11.648, 11.748, 6.5835, -20.734, 1.8374, -0.40831,\\ &-6.0669, 28.559, 4.4175, -3.9105, 20.122, 0.30085, -28.674,\\ &-7.1759, -2.4146, 61.839, 7.1632, -0.24009, 0.47234, 2.8619,\\ &-0.91728, 2.3311, -0.17597, -1.0809]^{\mathrm{T}}\end{aligned} \tag{8-69}$$

令初始状态向量为 $X_0 = [-0.2, 0.15, -0.2, 0.3]^{\mathrm{T}}$。利用迭代策略 $\hat{\pi}^{(400)}(X)$ 的系统状态轨迹和相应的控制输入轨迹如图 8-13 所示，可以看到该控制策略可使闭环系统渐近稳定。

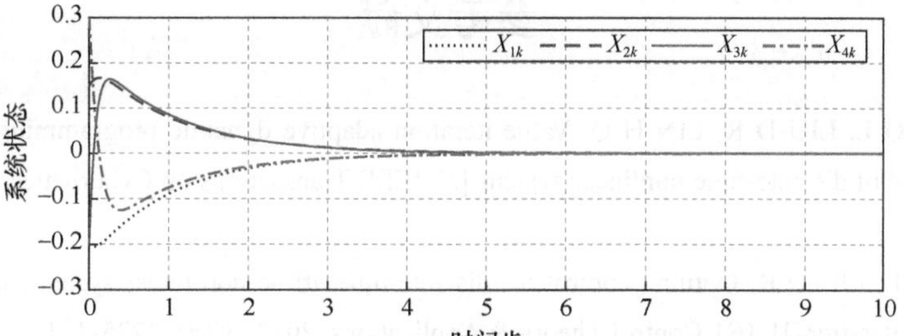

(a) 系统状态

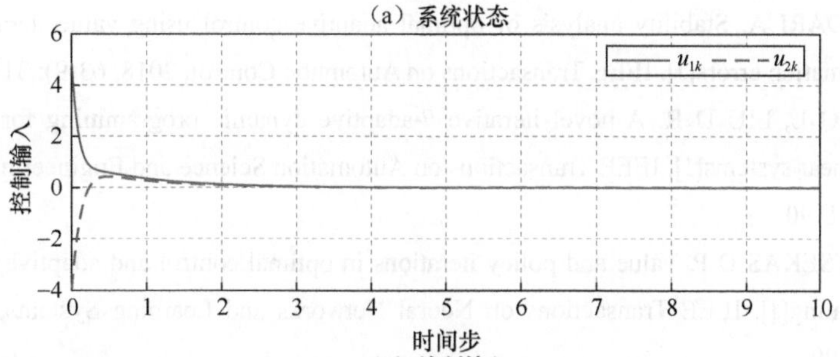

(b) 控制输入

图 8-13 系统状态响应和控制输入轨迹

8.5 小结

本章主要针对离散时间最优控制问题，通过引入松弛因子，提出了一种代价

函数序列收敛速度可调节的新型迭代 ADP 架构，深入分析了新型可调节 VI 架构在不同松弛因子条件下的收敛性、最优性和稳定性。传统的 VI 形式是可调节 VI 架构中的一种特殊情况。此外，为了保证新型可调节 VI 算法更新过程中的快速性和收敛性，提出了不同的加速学习方案。通过两个具有实际应用背景的仿真实例验证了集成加速学习方案的有效性和理论结果的正确性。此外，对于加速学习的思想，开发一套完整的理论框架是非常具有挑战性的。在应用层面将可调节 VI 算法推广到最优跟踪和零和博弈问题也是值得深入研究的主题之一。在未来的研究工作中，将致力于开发具有收敛性和稳定性保证的在线无模型加速 ADP 方法体系。

参考文献

[1] WEI Q L, LIU D R, LIN H Q. Value iteration adaptive dynamic programming for optimal control of discrete-time nonlinear systems[J]. IEEE Transactions on Cybernetics, 2016, 46(3): 840-853.

[2] LI H L, LIU D R. Optimal control for discrete-time affine non-linear systems using general value iteration[J]. IET Control Theory & Applications, 2012, 6(18): 2725-2736.

[3] HEYDARI A. Stability analysis of optimal adaptive control using value iteration with approximation errors[J]. IEEE Transactions on Automatic Control, 2018, 63(9): 3119-3126.

[4] WEI Q L, LIU D R. A novel iterative θ-adaptive dynamic programming for discrete-time nonlinear systems[J]. IEEE Transactions on Automation Science and Engineering, 2014, 11(4): 1176-1190.

[5] BERTSEKAS D P. Value and policy iterations in optimal control and adaptive dynamic programming[J]. IEEE Transactions on Neural Networks and Learning Systems, 2017, 28(3): 500-509.

[6] HEYDARI A. Theoretical and numerical analysis of approximate dynamic programming with approximation errors[J]. Journal of Guidance, Control, and Dynamics, 2016, 39(2): 301-311.

[7] HA M M, WANG D, LIU D R. Generalized value iteration for discounted optimal control with stability analysis[J]. Systems & Control Letters, 2021, 147: 104847.

[8] LIU D R, WEI Q L. Finite-approximation-error-based optimal control approach for discrete-time nonlinear systems[J]. IEEE Transactions on Cybernetics, 2013, 43(2): 779-789.

[9] HEYDARI A. Stability analysis of optimal adaptive control under value iteration using a stabilizing initial policy[J]. IEEE Transactions on Neural Networks and Learning Systems, 2018,

29(9): 4522-4527.

[10] LUO B, YANG Y, WU H N, et al. Balancing value iteration and policy iteration for discrete-time control[J]. IEEE Transactions on Systems, Man, and Cybernetics: Systems, 2020, 50(11): 3948-3958.

[11] LEWIS F L, VRABIE D, VAMVOUDAKIS K G. Reinforcement learning and feedback control: using natural decision methods to design optimal adaptive controllers[J]. IEEE Control Systems Magazine, 2012, 32(6): 76-105.

[12] LEWIS F L, VRABIE D. Reinforcement learning and adaptive dynamic programming for feedback control[J]. IEEE Circuits and Systems Magazine, 2009, 9(3): 32-50.

[13] HA M M, WANG D, LIU D R. A novel value iteration scheme with adjustable convergence rate[J]. IEEE Transactions on Neural Networks and Learning Systems, 2023, 34(10): 7430-7442.

[14] LINCOLN B, RANTZER A. Relaxing dynamic programming[J]. IEEE Transactions on Automatic Control, 2006, 51(8): 1249-1260.

[15] HEYDARI A. Optimal codesign of control input and triggering instants for networked control systems using adaptive dynamic programming[J]. IEEE Transactions on Industrial Electronics, 2019, 66(1): 482-490.

[16] PARK C, GUIBOUT V, SCHEERES D J. Solving optimal continuous thrust rendezvous problems with generating functions[J]. Journal of Guidance, Control, and Dynamics, 2006, 29(2): 321-331.

第 9 章

融合可调节与稳定值迭代的约束跟踪控制

9.1 引言

作为最优控制的一个重要分支，非线性系统的无约束最优跟踪问题得到了广泛研究[1-6]。然而在实际应用中，通常会对执行器的输出范围加以限制，避免输出过大造成不可逆的毁坏。非解析特性的存在，极大地增加了具有控制约束的非线性系统控制器设计难度。这些特征要求设计的控制策略能够有效地克服执行器饱和问题。通过建立非二次型函数，ADP 算法已广泛用于求解受对称约束非线性系统的近似最优控制律[7-11]。此外，实际工业系统的控制约束范围可能是不对称的，这使得传统面向对称约束的性能指标函数失去效果。因此，提出新型技术用于求解不对称约束问题具有重要意义[12]。针对非线性无折扣最优调节问题，可调节 VI[13]算法和稳定 VI[14]算法的理论性质已经得到了广泛讨论。目前，面向含有非对称控制约束的折扣最优跟踪问题，鲜有学者讨论可调节 VI 框架下迭代代价函数序列的单调性及迭代跟踪控制策略的容许性。另外，具有折扣因子的稳定 VI 框架下迭代跟踪控制策略的容许性分析也鲜有成果。

通过结合可调节 VI 和稳定 VI 算法的优势，本章解决含有不对称控制约束的非线性最优跟踪控制问题。首先，讨论可调节 VI 算法的相关性质，包括单调性、收敛性和容许性。基于建立的容许性判别准则，可以得到有效的容许跟踪控制策略，这也为后续稳定 VI 算法提供了初始条件。其次，讨论稳定 VI 算法的单调性和稳定性，通过建立关于折扣因子的稳定性条件，确保了稳定 VI 算法产生的迭代跟踪控制策略都能使得跟踪误差趋向于零。此外，由于稳定 VI 算法的良好性能，在吸引域策略更新机制的驱动下实现了演化跟踪控制，即在演化跟踪策略的作用下系统误差渐近稳定到平衡点。最后，通过仿真实例验证了所提算法的有效性。本章的主要内容来源于作者的研究成果[15]并对其进行了修改、补充和完善。

9.2　问题描述

考虑具有不对称控制约束的一类非线性系统

$$x(k+1)=\mathcal{F}\big(x(k),u(k)\big) \tag{9-1}$$

其中，状态向量 $x(k)\in\mathbf{R}^n$，控制输入 $u(k)=\big[u_1(k),u_2(k),\cdots,u_m(k)\big]^\mathsf{T}\in\mathbf{R}^m$，$\mathcal{F}(\cdot,\cdot)$ 已知且可微。值得注意的是，控制输入的各分量满足 $u_j^{\min}\leqslant u_j(k)\leqslant u_j^{\max}$，$\forall j=1,2,\cdots,m$，其中，$u_j^{\min}$ 和 $u_j^{\max}$ 分别为第 j 个控制器的约束下界和上界。

定义有界的参考轨迹为

$$s(k+1)=\varphi\big(s(k)\big) \tag{9-2}$$

其中，参考状态向量 $s(k)\in\mathbf{R}^n$，$\varphi(\cdot)$ 表示参考轨迹的动态方程。假设存在稳态控制 $\psi(k)=[\psi_1(k),\psi_2(k),\cdots,\psi_m(k)]^\mathsf{T}\in\mathbf{R}^m$ 并且满足

$$s(k+1)=\mathcal{F}\big(s(k),\psi(k)\big) \tag{9-3}$$

设第 j 个稳态控制分量的上下边界为 $\psi_j^{\max}$ 和 $\psi_j^{\min}$，即 $\psi_j^{\min}\leqslant\psi_j(k)\leqslant\psi_j^{\max}$。根据式（9-1）和式（9-2），定义跟踪误差

$$e(k)=x(k)-s(k) \tag{9-4}$$

以及跟踪控制律

$$\omega(k)=u(k)-\psi(k) \tag{9-5}$$

通过合并式（9-1）～式（9-5），可以得到误差系统方程为

$$\begin{aligned}&e(k+1)=x(k+1)-s(k+1)=\\&\mathcal{F}\big(e(k)+s(k),\omega(k)+\psi(k)\big)-\varphi\big(s(k)\big)\end{aligned} \tag{9-6}$$

接下来，令 $v(k)=[e^{\mathsf{T}}(k),s^{\mathsf{T}}(k)]^{\mathsf{T}}\in\mathbf{R}^{2n}$，建立一个包含跟踪误差和参考轨迹的增广系统

$$v(k+1)=F\big(v(k),\omega(k)\big)=\begin{bmatrix}\mathcal{F}\big(e(k)+s(k),\omega(k)+\psi(k)\big)-\varphi\big(s(k)\big)\\ \varphi\big(s(k)\big)\end{bmatrix}\tag{9-7}$$

为了解决最优跟踪问题，定义无限时域的折扣代价函数为

$$\mathcal{J}\big(v(k),\underline{\omega}(k)\big)=\sum_{l=k}^{\infty}\gamma^{l-k}\mathcal{U}\big(v(l),\omega(l)\big)\tag{9-8}$$

其中，$\underline{\omega}(k)=\{\omega(k),\omega(k+1),\cdots\}$ 是一个跟踪控制输入序列，效用函数的形式设计为

$$\begin{aligned}\mathcal{U}(v(l),\omega(l))&=v^{\mathsf{T}}(l)\begin{bmatrix}\boldsymbol{Q}&0\\0&0\end{bmatrix}v(l)+D(\omega(l))=\\&e^{\mathsf{T}}(l)\boldsymbol{Q}e(l)+D\big(\omega(l)\big)=\\&\mathcal{U}\big(e(l),\omega(l)\big)\end{aligned}\tag{9-9}$$

其中，$\boldsymbol{Q}\in\mathbf{R}^{n\times n}$ 和 $D(\cdot)\in\mathbf{R}$ 均正定。不难看出代价函数只与跟踪误差 $e(k)$ 和跟踪控制 $\omega(k)$ 相关，因此可以将式（9-6）中的误差系统简化为

$$e(k+1)=\mathcal{H}\big(e(k),\omega(k)\big)\tag{9-10}$$

通过这个操作，受约束系统（9-1）的折扣最优跟踪控制问题转化为关于跟踪误差系统（9-10）的最优调节问题。本章的目标是寻求能够最小化性能指标 $\mathcal{J}\big(e(k)\big)=\mathcal{J}\big(v(k),\underline{\omega}(k)\big)$ 且镇定系统（9-10）的最优反馈跟踪控制律 $\omega^{*}\big(e(k)\big)$，其中性能指标的最小值为最优代价函数 $\mathcal{J}^{*}\big(e(k)\big)$。另外，也需要关注跟踪控制律的不对称约束问题。

由于关于 $u(k)$ 和 $\psi(k)$ 的约束条件均已知，根据式（9-5）可以得到跟踪控制律的范围为

$$u_j^{\min}-\psi_j^{\min}\leqslant\omega_j\big(e(k)\big)\leqslant u_j^{\max}-\psi_j^{\max}\tag{9-11}$$

其中，$u_j^{\min}<\psi_j^{\min}<0,\ \ u_j^{\max}>\psi_j^{\max}>0$。

为了克服不对称控制约束，定义 $D\big(\omega\big(e(k)\big)\big)$ 为

$$D\Big(\omega\big(e(k)\big)\Big)=2\int_0^{\omega(e(k))}\theta^{-\mathsf{T}}(\epsilon)\boldsymbol{R}\mathrm{d}\epsilon \tag{9-12}$$

其中，$\theta^{-1}(\epsilon)=\left[\theta_1^{-1}(\epsilon_1),\theta_2^{-1}(\epsilon_2),\cdots,\theta_m^{-1}(\epsilon_m)\right]^{\mathsf{T}}$，$\epsilon=[\epsilon_1,\epsilon_2,\cdots,\epsilon_m]^{\mathsf{T}}\in\mathbf{R}^m$，$\boldsymbol{R}=\mathrm{diag}\{r_{11},r_{22},\cdots,r_{mm}\}\in\mathbf{R}^{m\times m}$ 正定。根据文献[12]，设计约束函数为

$$\theta_j(\epsilon_j)=\frac{e^{\epsilon_j}-e^{-\epsilon_j}}{\dfrac{1}{u_j^{\max}-\psi_j^{\max}}e^{\epsilon_j}-\dfrac{1}{u_j^{\min}-\psi_j^{\min}}e^{-\epsilon_j}} \tag{9-13}$$

为了更清晰地理解式（9-12），将其展开为

$$\begin{aligned}D\Big(\omega\big(e(k)\big)\Big)=&2\int_0^{\omega_1(e(k))}\theta_1^{-1}(\epsilon_1)r_{11}\mathrm{d}\epsilon_1+2\int_0^{\omega_2(e(k))}\theta_2^{-1}(\epsilon_2)r_{22}\mathrm{d}\epsilon_2+\cdots+\\&2\int_0^{\omega_m(e(k))}\theta_m^{-1}(\epsilon_m)r_{mm}\mathrm{d}\epsilon_m\end{aligned} \tag{9-14}$$

根据 Bellman 最优性原理，最优代价函数满足

$$\mathcal{J}^*\big(e(k)\big)=\min_{\omega}\Big\{\mathcal{U}\Big(e(k),\omega\big(e(k)\big)\Big)+\gamma\mathcal{J}^*\big(e(k+1)\big)\Big\} \tag{9-15}$$

进一步，可以得到最优跟踪控制律

$$\begin{aligned}\omega^*\big(e(k)\big)=&\arg\min_{\omega}\Big\{\mathcal{U}\Big(e(k),\omega\big(e(k)\big)\Big)+\gamma\mathcal{J}^*\big(e(k+1)\big)\Big\}=\\&\theta\left[-\frac{\gamma}{2}\boldsymbol{R}^{-1}\left(\frac{\partial e(k+1)}{\partial\omega^*\big(e(k)\big)}\right)^{\mathsf{T}}\frac{\partial\mathcal{J}^*\big(e(k+1)\big)}{\partial e(k+1)}\right]\end{aligned} \tag{9-16}$$

其中，

$$\begin{aligned}\frac{\partial e(k+1)}{\partial\omega^*\big(e(k)\big)}=&\frac{\partial\Big(\mathcal{F}\Big(e(k)+s(k),\omega^*\big(e(k)\big)+\psi(k)\Big)-\varphi\big(s(k)\big)\Big)}{\partial\omega^*\big(e(k)\big)}=\\&\frac{\partial\mathcal{F}\Big(e(k)+s(k),\omega^*\big(e(k)\big)+\psi(k)\Big)}{\partial\Big(\omega^*\big(e(k)\big)+\psi(k)\Big)}=\\&\frac{\partial x(k+1)}{\partial u^*(k)}\end{aligned} \tag{9-17}$$

由于 HJB 方程难以求解，本章提出可调节 VI 算法和稳定 VI 算法用于求解近似最优跟踪控制律。值得一提的是，稳定 VI 算法可用于实现在线演化跟踪控制。

9.3 面向最优跟踪的可调节值迭代算法

在本节中，详细介绍可调节 VI 算法的推导过程，并分析其相应的理论性质。

9.3.1 约束跟踪问题的可调节值迭代算法推导

令 $\mathcal{J}^0\big(e(k)\big)=e^{\mathsf{T}}(k)\boldsymbol{P}e(k)$，其中 $\boldsymbol{P}\in\mathbf{R}^{n\times n}$ 为半正定矩阵。对于迭代指标 $i=0$，跟踪控制律为

$$\omega^0\big(e(k)\big)=\boldsymbol{\theta}\left[-\frac{\gamma}{2}\boldsymbol{R}^{-1}\left(\frac{\partial e(k+1)}{\partial\omega\big(e(k)\big)}\right)^{\mathsf{T}}\frac{\partial\mathcal{J}^0\big(e(k+1)\big)}{\partial e(k+1)}\right] \tag{9-18}$$

进一步可得迭代代价函数为

$$\begin{aligned}&\mathcal{J}^1\big(e(k)\big)=\rho\min_{\omega}\Big\{\mathcal{U}\Big(e(k),\omega\big(e(k)\big)\Big)+\gamma\mathcal{J}^0\big(e(k+1)\big)\Big\}+(1-\rho)\mathcal{J}^0\big(e(k)\big)=\\&\rho\Big[\mathcal{U}\Big(e(k),\omega^0\big(e(k)\big)\Big)+\gamma\mathcal{J}^0\big(e(k+1)\big)\Big]+(1-\rho)\mathcal{J}^0\big(e(k)\big)\end{aligned} \tag{9-19}$$

其中，松弛因子满足$0<\rho\leqslant1$。于是，可调节 VI 算法在策略提升

$$\omega^i\big(e(k)\big)=\theta\left[-\frac{\gamma}{2}\boldsymbol{R}^{-1}\left(\frac{\partial e(k+1)}{\partial\omega\big(e(k)\big)}\right)^{\mathsf{T}}\frac{\partial\mathcal{J}^i\big(e(k+1)\big)}{\partial e(k+1)}\right] \tag{9-20}$$

和代价函数更新

$$\begin{aligned}&\mathcal{J}^{i+1}\big(e(k)\big)=\rho\min_{\omega}\Big\{\mathcal{U}\Big(e(k),\omega\big(e(k)\big)\Big)+\gamma\mathcal{J}^i\big(e(k+1)\big)\Big\}+(1-\rho)\mathcal{J}^i\big(e(k)\big)=\\&\rho\Big[\mathcal{U}\Big(e(k),\omega^i\big(e(k)\big)\Big)+\gamma\mathcal{J}^i\big(e(k+1)\big)\Big]+(1-\rho)\mathcal{J}^i\big(e(k)\big)\end{aligned} \tag{9-21}$$

之间不断迭代直到算法收敛，其中 $e(k+1)=\mathcal{H}\Big(e(k),\omega^i\big(e(k)\big)\Big)$。不难发现，当 $\rho=1$ 时，可调节 VI 等价于广义 VI 算法。

9.3.2 约束跟踪问题的可调节值迭代算法性质

本部分重点关注迭代代价函数序列的收敛性和单调性，以及迭代跟踪控制策

略的容许性。

定理 9-1　假设$0\leqslant\gamma\mathcal{J}^*\big(e(k+1)\big)\leqslant W\mathcal{U}\Big(e(k),\omega\big(e(k)\big)\Big)$且$0\leqslant\underline{\vartheta}\mathcal{J}^*\big(e(k)\big)\leqslant\mathcal{J}^0\big(e(k)\big)\leqslant\overline{\vartheta}\mathcal{J}^*\big(e(k)\big)$，其中$W\in(0,\infty)$，$0\leqslant\underline{\vartheta}\leqslant1\leqslant\overline{\vartheta}$。$\omega^i\big(e(k)\big)$和$\mathcal{J}^i\big(e(k)\big)$分别由式（9-20）和式（9-21）进行更新，$\forall i\in\mathbf{N}$，则迭代代价函数$\mathcal{J}^i\big(e(k)\big)$根据式（9-22）逼近最优代价函数

$$
\begin{aligned}
&\left[1-\left(1-\frac{\rho}{1+W}\right)^i(1-\underline{\vartheta})\right]\mathcal{J}^*\big(e(k)\big)\leqslant\mathcal{J}^i\big(e(k)\big)\leqslant\\
&\left[1+\left(1-\frac{\rho}{1+W}\right)^i(\overline{\vartheta}-1)\right]\mathcal{J}^*\big(e(k)\big)
\end{aligned}
\tag{9-22}
$$

证明：显然，$\mathcal{J}^0\big(e(k)\big)$满足式（9-22）。然后，当$i=1$时，根据式（9-19）可得

$$
\begin{aligned}
&\mathcal{J}^1\big(e(k)\big)=\rho\min_{\omega}\Big\{\mathcal{U}\Big(e(k),\omega\big(e(k)\big)\Big)+\gamma\mathcal{J}^0\big(e(k+1)\big)\Big\}+(1-\rho)\mathcal{J}^0\big(e(k)\big)\geqslant\\
&\rho\min_{\omega}\Bigg\{\left(1-W\frac{1-\underline{\vartheta}}{1+W}\right)\mathcal{U}\Big(e(k),\omega\big(e(k)\big)\Big)+\\
&\left(\underline{\vartheta}+\frac{1-\underline{\vartheta}}{1+W}\right)\gamma\mathcal{J}^*\big(e(k+1)\big)\Bigg\}+(1-\rho)\underline{\vartheta}\mathcal{J}^*\big(e(k)\big)=\\
&\left[1-\left(1-\frac{\rho}{1+W}\right)(1-\underline{\vartheta})\right]\mathcal{J}^*\big(e(k)\big)
\end{aligned}
\tag{9-23}
$$

假设$\mathcal{J}^{i-1}\big(e(k)\big)\geqslant\hat{\vartheta}\mathcal{J}^*\big(e(k)\big)$成立，$\forall i\in\mathbf{N}^+$，其中$\hat{\vartheta}=\left[1-\left(1-\frac{\rho}{1+W}\right)^{i-1}(1-\underline{\vartheta})\right]$且$0\leqslant\hat{\vartheta}\leqslant1$。类似地，根据式（9-21），可以推出

$$
\begin{aligned}
&\mathcal{J}^i\big(e(k)\big)=\rho\min_{\omega}\Big\{\mathcal{U}\Big(e(k),\omega\big(e(k)\big)\Big)+\gamma\mathcal{J}^{i-1}\big(e(k+1)\big)\Big\}+(1-\rho)\mathcal{J}^{i-1}\big(e(k)\big)\geqslant\\
&\rho\min_{\omega}\Big\{\mathcal{U}\Big(e(k),\omega\big(e(k)\big)\Big)+\gamma\hat{\vartheta}\mathcal{J}^*\big(e(k+1)\big)\Big\}+(1-\rho)\mathcal{J}^{i-1}\big(e(k)\big)\geqslant\\
&\left[1-\left(1-\frac{\rho}{1+W}\right)(1-\hat{\vartheta})\right]\mathcal{J}^*\big(e(k)\big)\geqslant\\
&\left[1-\left(1-\frac{\rho}{1+W}\right)^i(1-\underline{\vartheta})\right]\mathcal{J}^*\big(e(k)\big)
\end{aligned}
\tag{9-24}
$$

由数学归纳法，可推出式（9-22）的左边部分。类似地，其右边部分也成立。证毕。

根据式（9-22）不难看出，松弛因子越大，迭代代价函数越接近最优值。换句话说，松弛因子越大，迭代代价函数序列收敛速度越快。

定理 9-2 令初始代价函数为$\mathcal{J}^0\left(e(k)\right)=e^{\mathsf{T}}(k)\boldsymbol{P}e(k)$。$\omega^i\left(e(k)\right)$和$\mathcal{J}^i\left(e(k)\right)$分别由式（9-20）和式（9-21）进行更新，$\forall i\in\mathbf{N}$。如果$\mathcal{J}^0\left(e(k)\right)\leqslant\mathcal{J}^1\left(e(k)\right)$，则迭代代价函数序列单调非减。如果$\mathcal{J}^0\left(e(k)\right)\geqslant\mathcal{J}^1\left(e(k)\right)$，则迭代代价函数单调非增。

证明： 若$\mathcal{J}^0\left(e(k)\right)\leqslant\mathcal{J}^1\left(e(k)\right)$，根据式（9-21），推导可得

$$\begin{aligned}&\mathcal{J}^2\left(e(k)\right)=\rho\min_{\omega}\left\{\mathcal{U}\left(e(k),\omega\left(e(k)\right)\right)+\gamma\mathcal{J}^1\left(e(k+1)\right)\right\}+(1-\rho)\mathcal{J}^1\left(e(k)\right)\geqslant\\&\rho\min_{\omega}\left\{\mathcal{U}\left(e(k),\omega\left(e(k)\right)\right)+\gamma\mathcal{J}^0\left(e(k+1)\right)\right\}+(1-\rho)\mathcal{J}^0\left(e(k)\right)=\\&\mathcal{J}^1\left(e(k)\right)\end{aligned}\tag{9-25}$$

假设$\mathcal{J}^{i-1}\left(e(k)\right)\leqslant\mathcal{J}^i\left(e(k)\right)$成立，$\forall i\in\mathbf{N}^+$。同样，可以得到

$$\begin{aligned}&\mathcal{J}^{i+1}\left(e(k)\right)=\rho\min_{\omega}\left\{\mathcal{U}\left(e(k),\omega\left(e(k)\right)\right)+\gamma\mathcal{J}^i\left(e(k+1)\right)\right\}+(1-\rho)\mathcal{J}^i\left(e(k)\right)\geqslant\\&\rho\min_{\omega}\left\{\mathcal{U}\left(e(k),\omega\left(e(k)\right)\right)+\gamma\mathcal{J}^{i-1}\left(e(k+1)\right)\right\}+(1-\rho)\mathcal{J}^{i-1}\left(e(k)\right)=\\&\mathcal{J}^i\left(e(k)\right)\end{aligned}\tag{9-26}$$

根据数学归纳法，可以推出迭代代价函数序列单调非减。当$\mathcal{J}^0\left(e(k)\right)\geqslant\mathcal{J}^1\left(e(k)\right)$时，通过相似的方法，可以推出迭代代价函数序列单调非增。证毕。

定理 9-3 令初始代价函数为$\mathcal{J}^0\left(e(k)\right)=e^{\mathsf{T}}(k)\boldsymbol{P}e(k)$。$\omega^i\left(e(k)\right)$和$\mathcal{J}^i\left(e(k)\right)$分别由式（9-20）和式（9-21）进行更新，$\forall i\in\mathbf{N}$。如果不等式

$$\mathcal{J}^{i+1}\left(e(k)\right)-\left[1-\rho(1-\gamma)\right]\mathcal{J}^i\left(e(k)\right)<\xi\rho e^{\mathsf{T}}(k)\boldsymbol{Q}e(k)\tag{9-27}$$

成立，$\forall e(k)\in\Omega-\{0\}$，其中$\xi\in(0,1)$，则迭代跟踪控制律$\omega^i\left(e(k)\right)$是容许的。

证明： 根据式（9-21）和式（9-27），对任意$e(k)\in\Omega-\{0\}$，可得

$$\begin{aligned}&\gamma\rho\Delta\mathcal{J}^i=\gamma\rho\left[\mathcal{J}^i\left(e(k+1)\right)-\mathcal{J}^i\left(e(k)\right)\right]=\\&\mathcal{J}^{i+1}\left(e(k)\right)-\rho\mathcal{U}\left(e(k),\omega^i\left(e(k)\right)\right)-\gamma\rho\mathcal{J}^i\left(e(k)\right)-(1-\rho)\mathcal{J}^i\left(e(k)\right)<\\&(\xi-1)\rho e^{\mathsf{T}}(k)\boldsymbol{Q}e(k)-\rho D\left(\omega^i\left(e(k)\right)\right)<0\end{aligned}\tag{9-28}$$

可以发现，当且仅当$e(k)=0$时，有$\Delta\mathcal{J}^i=0$。因此，根据 Lyapunov 稳定性理论，跟踪控制策略$\omega^i\left(e(k)\right)$能够使得误差系统（9-10）渐近稳定到零。令$\breve{e}(k+1)\triangleq\mathcal{H}\left(e(k),\omega^i\left(e(k)\right)\right)$且$\breve{e}(k)\triangleq e(k)$。由式（9-28）可以推出

$$(1-\xi)\rho\breve{e}^{\mathsf{T}}(k)\boldsymbol{Q}\breve{e}(k)+\rho D\Big(\omega^{i}\big(\breve{e}(k)\big)\Big)\leqslant\gamma\rho\Big[\mathcal{J}^{i}\big(\breve{e}(k)\big)-\mathcal{J}^{i}\big(\breve{e}(k+1)\big)\Big] \tag{9-29}$$

进而，对于跟踪误差集合 $\{\breve{e}(k+1),\breve{e}(k+2),\cdots,\breve{e}(k+M)\}$，可得一系列不等式

$$\begin{cases}(1-\xi)\rho\breve{e}^{\mathsf{T}}(k+1)\boldsymbol{Q}\breve{e}(k+1)+\rho D\Big(\omega^{i}\big(\breve{e}(k+1)\big)\Big)\leqslant\\ \gamma\rho\Big[\mathcal{J}^{i}\big(\breve{e}(k+1)\big)-\mathcal{J}^{i}\big(\breve{e}(k+2)\big)\Big]\\ \qquad\vdots\\ (1-\xi)\rho\breve{e}^{\mathsf{T}}(k+M)\boldsymbol{Q}\breve{e}(k+M)+\rho D\Big(\omega^{i}\big(\breve{e}(k+M)\big)\Big)\leqslant\\ \gamma\rho\Big[\mathcal{J}^{i}\big(\breve{e}(k+M)\big)-\mathcal{J}^{i}\big(\breve{e}(k+M+1)\big)\Big]\end{cases} \tag{9-30}$$

合并式（9-30），可推出如下不等式

$$\begin{aligned}&\sum_{z=0}^{M}\Big[(1-\xi)\rho\breve{e}^{\mathsf{T}}(k+z)\boldsymbol{Q}\breve{e}(k+z)+\rho D\Big(\omega^{i}\big(\breve{e}(k+z)\big)\Big)\Big]\leqslant\\ &\gamma\rho\Big[\mathcal{J}^{i}\big(\breve{e}(k)\big)-\mathcal{J}^{i}\big(\breve{e}(k+M+1)\big)\Big]\end{aligned} \tag{9-31}$$

对上式两边同时取极限，可以得到

$$\begin{aligned}&(1-\xi)\rho\lim_{M\to\infty}\sum_{z=0}^{M}\Big[\breve{e}^{\mathsf{T}}(k+z)\boldsymbol{Q}\breve{e}(k+z)+D\Big(\omega^{i}\big(\breve{e}(k+z)\big)\Big)\Big]\leqslant\\ &\rho\lim_{M\to\infty}\sum_{z=0}^{M}\Big[(1-\xi)\breve{e}^{\mathsf{T}}(k+z)\boldsymbol{Q}\breve{e}(k+z)+D\Big(\omega^{i}\big(\breve{e}(k+z)\big)\Big)\Big]\leqslant\\ &\lim_{M\to\infty}\gamma\rho\Big[\mathcal{J}^{i}\big(\breve{e}(k)\big)-\mathcal{J}^{i}\big(\breve{e}(k+M+1)\big)\Big]=\\ &\gamma\rho\mathcal{J}^{i}\big(\breve{e}(k)\big)\end{aligned} \tag{9-32}$$

由于代价函数 $\mathcal{J}^{i}\big(\breve{e}(k)\big)$ 有界，这意味着 $\lim_{M\to\infty}\sum_{z=0}^{M}\Big[\breve{e}^{\mathsf{T}}(k+z)\boldsymbol{Q}\breve{e}(k+z)+D\Big(\omega^{i}\big(\breve{e}(k+z)\big)\Big)\Big]\leqslant$ $\big[\gamma/(1-\xi)\big]\mathcal{J}^{i}\big(\breve{e}(k)\big)$ 也是有限的。因此，迭代跟踪控制律 $\omega^{i}\big(e(k)\big)$ 是容许的。证毕。

9.4　稳定值迭代算法及演化控制设计

在广义 VI 框架下，若迭代代价函数序列单调非减，则迭代跟踪控制策略的容许性难以判断，因此，该框架不适合进行演化推广。为了克服这个困难，本节基于一个初始容许跟踪控制律，建立具有稳定性保证的稳定 VI 算法。然后，基

于吸引域策略更新机制，进一步利用稳定 VI 实现演化跟踪控制。

9.4.1 约束跟踪问题的稳定值迭代算法推导

给定一个容许跟踪控制策略$\omega_S\left(e(k)\right)$，然后根据式（9-33）进行策略评估

$$\mathcal{J}_S\left(e(k)\right)=\mathcal{U}\left(e(k),\omega_S\left(e(k)\right)\right)+\gamma\mathcal{J}_S\left(e(k+1)\right) \tag{9-33}$$

令$\mathcal{J}^0\left(e(k)\right)=\mathcal{J}_S\left(e(k)\right)$。对任意$e(k)\in\Omega$和$i\in\mathbf{N}$，$\omega^i\left(e(k)\right)$和$\mathcal{J}^{i+1}\left(e(k)\right)$分别由策略提升

$$\omega^i\left(e(k)\right)=\theta\left[-\frac{\gamma}{2}R^{-1}\left(\frac{\partial e(k+1)}{\partial\omega\left(e(k)\right)}\right)^{\mathsf{T}}\frac{\partial\mathcal{J}^i\left(e(k+1)\right)}{\partial e(k+1)}\right] \tag{9-34}$$

和代价函数更新

$$\begin{aligned}&\mathcal{J}^{i+1}\left(e(k)\right)=\min_{\omega}\left\{\mathcal{U}\left(e(k),\omega\left(e(k)\right)\right)+\gamma\mathcal{J}^i\left(e(k+1)\right)\right\}=\\&\mathcal{U}\left(e(k),\omega^i\left(e(k)\right)\right)+\gamma\mathcal{J}^i\left(e(k+1)\right)\end{aligned} \tag{9-35}$$

迭代求得，其中$e(k+1)=\mathcal{H}\left(e(k),\omega^i(k)\right)$。接下来，讨论稳定 VI 框架下迭代代价函数序列的单调性和迭代跟踪控制策略的稳定性条件。

定理 9-4 给定一个容许跟踪控制策略$\omega_S\left(e(k)\right)$。如果$\omega^i\left(e(k)\right)$和$\mathcal{J}^i\left(e(k)\right)$由式（9-33）～式（9-35）进行更新，$\forall i\in\mathbf{N}$，则可以推出下列结论

（1）迭代代价函数序列$\left\{\mathcal{J}^i\left(e(k)\right)\right\}$单调非增。

（2）若存在折扣因子使得$\gamma>1-\left[e^{\mathsf{T}}(k)\boldsymbol{Q}e(k)/\mathcal{J}^0\left(e(k)\right)\right]$成立，$\forall e(k)\in\Omega-\{0\}$，则所有的迭代跟踪控制策略都能使得跟踪误差收敛到零，即$\lim\limits_{k\to\infty}e(k)=0$。

证明：（1）当$i=0$时，根据式（9-33）可以得到

$$\begin{aligned}&\mathcal{J}^1\left(e(k)\right)=\min_{\omega}\left\{\mathcal{U}\left(e(k),\omega\left(e(k)\right)\right)+\gamma\mathcal{J}^0\left(e(k+1)\right)\right\}\leqslant\\&\mathcal{U}\left(e(k),\omega_S\left(e(k)\right)\right)+\gamma\mathcal{J}_S\left(e(k+1)\right)=\\&\mathcal{J}_S\left(e(k)\right)=\mathcal{J}^0\left(e(k)\right)\end{aligned} \tag{9-36}$$

假定对任意$i\in\mathbf{N}^+$，$\mathcal{J}^i\left(e(k)\right)\leqslant\mathcal{J}^{i-1}\left(e(k)\right)$成立。根据式（9-35），可以推出

$$
\begin{aligned}
&\mathcal{J}^{i+1}\left(e(k)\right)=\min_{\omega}\left\{\mathcal{U}\left(e(k),\omega\left(e(k)\right)\right)+\gamma\mathcal{J}^{i}\left(e(k+1)\right)\right\}\leqslant\\
&\min_{\omega}\left\{\mathcal{U}\left(e(k),\omega\left(e(k)\right)\right)+\gamma\mathcal{J}^{i-1}\left(e(k+1)\right)\right\}=\\
&\mathcal{J}^{i}\left(e(k)\right)
\end{aligned}
\tag{9-37}
$$

根据数学归纳法，可以得到迭代代价函数序列是单调非增的。

（2）根据式（9-35），对任意 $e(k)\in\Omega-\{0\}$，可得到下列不等式

$$
\begin{aligned}
&\gamma\Delta\mathcal{J}^{i}=\gamma\left[\mathcal{J}^{i}\left(e(k+1)\right)-\mathcal{J}^{i}\left(e(k)\right)\right]=\\
&\mathcal{J}^{i+1}\left(e(k)\right)-\mathcal{U}\left(e(k),\omega^{i}\left(e(k)\right)\right)-\gamma\mathcal{J}^{i}\left(e(k)\right)<\\
&\mathcal{J}^{i+1}\left(e(k)\right)-\mathcal{U}\left(e(k),\omega^{i}\left(e(k)\right)\right)-\left[1-\frac{e^{\mathsf{T}}(k)\boldsymbol{Q}e(k)}{\mathcal{J}^{0}\left(e(k)\right)}\right]\mathcal{J}^{i}\left(e(k)\right)<\\
&\mathcal{J}^{i+1}\left(e(k)\right)-\mathcal{U}\left(e(k),\omega^{i}\left(e(k)\right)\right)-\left[1-\frac{e^{\mathsf{T}}(k)\boldsymbol{Q}e(k)}{\mathcal{J}^{i}\left(e(k)\right)}\right]\mathcal{J}^{i}\left(e(k)\right)=\\
&\mathcal{J}^{i+1}\left(e(k)\right)-\mathcal{J}^{i}\left(e(k)\right)-\mathcal{U}\left(e(k),\omega^{i}\left(e(k)\right)\right)+e^{\mathsf{T}}(k)\boldsymbol{Q}e(k)<0
\end{aligned}
\tag{9-38}
$$

显然，当且仅当 $e(k)=0$ 时，$\Delta\mathcal{J}^{i}\left(e(k)\right)=0$ 成立。根据 Lyapunov 稳定性理论，$\omega^{i}\left(e(k)\right)$ 的稳定性得以保证。证毕。

值得注意的是，稳定 VI 算法的初始化需要容许跟踪控制策略。在定理 9-3 中，给出了可调节 VI 算法的容许条件，这也为稳定 VI 算法的实现提供了可能。

9.4.2 约束跟踪问题的稳定值迭代演化控制

在演化控制过程中，跟踪控制策略会实时更新。此外，一旦跟踪误差离开操作域，跟踪控制器可能会失效，从而影响整个演化跟踪过程。为了避免这种情况，有必要在操作域中寻找吸引域，以保证跟踪误差轨迹始终在吸引域内。

定理 9-5 给定一个容许跟踪控制策略 $\omega_{S}\left(e(k)\right)$。$\omega^{i}\left(e(k)\right)$ 和 $\mathcal{J}^{i}\left(e(k)\right)$ 由式（9-33）～式（9-35）进行更新，$\forall i\in\mathbf{N}$。如果 $\gamma>1-\left[e^{\mathsf{T}}(k)\boldsymbol{Q}e(k)/\mathcal{J}^{0}\left(e(k)\right)\right]$ 成立，则紧集 $\zeta_{a}^{i}=\left\{e(k)\in\Omega\,|\,\mathcal{J}^{i}\left(e(k)\right)\leqslant a\right\}\subseteq\Omega$ 是一个吸引域，其中 $a>0$。

证明：若当前跟踪误差 $e(k)\in\zeta_{a}^{i}$，即 $\mathcal{J}^{i}\left(e(k)\right)\leqslant a$，则根据式（9-38）可得

$$
\mathcal{J}^{i}\left(e(k+1)\right)\leqslant\mathcal{J}^{i}\left(e(k)\right)\leqslant a
\tag{9-39}
$$

这意味着 $e(k+1)\in\zeta_a^i$。换言之，只要初始跟踪误差在 ζ_a^i 内，那么跟踪误差轨迹将始终保持在 ζ_a^i 内。同时，系统在跟踪控制律 ω^i 的作用下能够跟踪上参考轨迹。此外，因为 Ω 有界且 $\mathcal{J}^i\in[0,a]$ 在操作域上连续，所以 $\zeta_a^i\subseteq\Omega$ 有界且封闭。综上，可得出结论：ζ_a^i 是一个吸引域。证毕。

在演化跟踪控制中，需要对跟踪控制策略不断地进行优化调整，直到达到近似最优效果。当 $\gamma>1-\left[e^{\mathrm{T}}(k)\boldsymbol{Q}e(k)/\mathcal{J}^0\left(e(k)\right)\right]$ 成立时，定义 $\{\omega^y\}_{y=c}^{\overline{i}}$ 为稳定 VI 算法产生的演化跟踪控制策略集合，$c\in\{\underline{i},\underline{i}+1,\cdots,\overline{i}-1\}$。接下来，给出跟踪误差系统的演化控制过程。

定理 9-6 给定一个跟踪控制策略集合 $\{\omega^y\}_{y=c}^{\overline{i}}$。假定初始跟踪误差 $e(0)$ 在吸引域 ζ_a^c 和 ζ_a^{c-1} 的范围内。如果集合中每一个跟踪控制策略 ω^y 用于控制系统 T_y 时间步，则跟踪误差最终趋近于零。

证明： 令 $\breve{e}(t+1)\triangleq\mathcal{H}\left(e(t),\omega^y\left(e(k)\right)\right)$ 且 $\breve{e}(0)\triangleq e(0)$。根据式(9-35)和式(9-37)，可以推出

$$\begin{aligned}&\mathcal{J}^c\left(\breve{e}(0)\right)\geqslant\mathcal{J}^{c+1}\left(\breve{e}(0)\right)=\\&\mathcal{U}\left(\breve{e}(0),\omega^c\left(\breve{e}(0)\right)\right)+\gamma\mathcal{J}^c\left(\breve{e}(1)\right)\end{aligned}\tag{9-40}$$

进而可得

$$\mathcal{U}\left(\breve{e}(0),\omega^c\left(\breve{e}(0)\right)\right)\leqslant\mathcal{J}^c\left(\breve{e}(0)\right)-\gamma\mathcal{J}^c\left(\breve{e}(1)\right)\tag{9-41}$$

然后，将 ω^c 作用于跟踪误差系统 T_c 个时间步，可以推出一系列不等式

$$\begin{cases}\gamma\mathcal{U}\left(\breve{e}(1),\omega^c\left(\breve{e}(1)\right)\right)\leqslant\gamma\left[\mathcal{J}^c\left(\breve{e}(1)\right)-\gamma\mathcal{J}^c\left(\breve{e}(2)\right)\right]\\\gamma^2\mathcal{U}\left(\breve{e}(2),\omega^c\left(\breve{e}(2)\right)\right)\leqslant\gamma^2\left[\mathcal{J}^c\left(\breve{e}(2)\right)-\gamma\mathcal{J}^c\left(\breve{e}(3)\right)\right]\\\qquad\vdots\\\gamma^{T_c-1}\mathcal{U}\left(\breve{e}(T_c-1),\omega^c\left(\breve{e}(T_c-1)\right)\right)\leqslant\gamma^{T_c-1}\left[\mathcal{J}^c\left(\breve{e}(T_c-1)\right)-\gamma\mathcal{J}^c\left(\breve{e}(T_c)\right)\right]\end{cases}\tag{9-42}$$

叠加式（9-41）和式（9-42）可得

$$\frac{1-\gamma^{T_c}}{1-\gamma}\sum_{z=0}^{T_c-1}\mathcal{U}\left(\breve{e}(z),\omega^c\left(\breve{e}(z)\right)\right)\leqslant\mathcal{J}^c\left(\breve{e}(0)\right)-\gamma^{T_c}\mathcal{J}^c\left(\breve{e}(T_c)\right)\tag{9-43}$$

根据上式，在控制策略集$\left\{\omega^{c+1},\omega^{c+2},\cdots,\omega^{\bar{i}}\right\}$的作用下，最终可推出

$$\begin{aligned}&\frac{1-\gamma^{T_{\bar{i}}}}{1-\gamma}\sum_{z=0}^{T_{\bar{i}}-1}\mathcal{U}\left(\breve{e}\left(\sum\nolimits_{v=0}^{\bar{i}-1-c}T_{v+c}+z\right),\omega^{\bar{i}}\left(\breve{e}\left(\sum\nolimits_{v=0}^{\bar{i}-1-c}T_{v+c}+z\right)\right)\right)\leqslant\\&\mathcal{J}^{\bar{i}}\left(\breve{e}\left(\sum\nolimits_{v=0}^{\bar{i}-1-c}T_{v+c}\right)\right)-\gamma^{T_{\bar{i}}}\mathcal{J}^{\bar{i}}\left(\breve{e}\left(\sum\nolimits_{v=0}^{\bar{i}-c}T_{v+c}\right)\right)\end{aligned} \tag{9-44}$$

方便起见，定义$\left\{\mathcal{U}\left(\breve{e}(t),\omega^{\bar{i}}\left(\breve{e}(t)\right)\right)\right\}_{z=0}^{\infty}$的部分和函数为

$$\mathcal{V}(T_{\bar{i}})=\frac{1-\gamma^{T_{\bar{i}}}}{1-\gamma}\sum_{z=0}^{T_{\bar{i}}-1}\mathcal{U}\left(\breve{e}\left(\sum\nolimits_{v=0}^{\bar{i}-1-c}T_{v+c}+z\right),\omega^{\bar{i}}\left(\breve{e}\left(\sum\nolimits_{v=0}^{\bar{i}-1-c}T_{v+c}+z\right)\right)\right) \tag{9-45}$$

其中，$t=\sum\nolimits_{v=0}^{\bar{i}-1-c}T_{v+c}+z$。根据式（9-44），不难发现$\{\mathcal{V}(T_{\bar{i}})\}_{T_{\bar{i}}=1}^{\infty}$有上界$\mathcal{J}^{\bar{i}}\left(\breve{e}\left(\sum\nolimits_{v=0}^{\bar{i}-1-c}T_{v+c}\right)\right)$。因为式(9-45)中$\mathcal{U}\left(\breve{e}(t),\omega^{\bar{i}}\left(\breve{e}(t)\right)\right)$是非负的，序列$\{\mathcal{V}(T_{\bar{i}})\}_{T_{\bar{i}}=1}^{\infty}$单调非减，由此得到$\lim\limits_{t\to\infty}e(t)=0$。证毕。

9.5 仿真实验

考虑如下的非仿射非线性系统

$$\begin{aligned}&x(k+1)=\mathcal{F}\left(x(k),u(k)\right)=\\&\begin{bmatrix}\tanh\left(x_1(k)\right)+0.05\tanh\left(x_2(k)\right)\\-0.3\tanh\left(x_1(k)\right)+\tanh\left(x_2(k)\right)\end{bmatrix}+\begin{bmatrix}0\\\sin\left(u(k)\right)\end{bmatrix}\end{aligned} \tag{9-46}$$

其中，状态向量$x(k)=[x_1(k),x_2(k)]^{\mathsf{T}}\in\mathbf{R}^2$，控制输入$u(k)\in\mathbf{R}$。参考轨迹的动态方程为

$$s(k+1)=\begin{bmatrix}0.9963s_1(k)+0.0498s_2(k)\\-0.2492s_1(k)+0.9888s_2(k)\end{bmatrix} \tag{9-47}$$

其中，$s(k)\in\mathbf{R}^2$，$s(0)=[0.1,0.2]^{\mathsf{T}}$。根据式（9-3），稳态控制律可由式（9-48）解出

$$\psi(k)=\arcsin\left(-0.2492s_1(k)+0.9888s_2(k)+0.3\tanh\left(s_1(k)\right)-\tanh\left(s_2(k)\right)\right) \tag{9-48}$$

设置原系统控制输入的约束范围为$[-0.407,0.307]$。因为$\psi(k)\in[-0.007,0.007]$，所以由式（9-11），可以推出$\omega\left(e(k)\right)\in[-0.4,0.3]$。定义操作域为

$\{-1 \leqslant e_1 \leqslant 1, -1 \leqslant e_2 \leqslant 1\}$，在平面 $\{-1 \leqslant s_1 \leqslant 1, -1 \leqslant s_2 \leqslant 1\}$ 中随机选取 441 个参考轨迹样本点。其余的参数设置为 $\boldsymbol{Q} = 0.5\mathbf{I}_2$、$\boldsymbol{R} = 1.5\mathbf{I}$、$\rho = 0.4$、$\gamma = 0.99$、$\varrho = 10^{-7}$ 和 $T_y = 2$。为了近似代价函数和跟踪控制律，采用如下形式的多项式

$$\mathcal{J}^i\left(e(k)\right) = B^{i\mathsf{T}}[e_1^2(k), e_2^2(k), e_1(k), e_2(k), e_1(k)e_2(k)]^\mathsf{T} \tag{9-49}$$

和

$$\omega^i\left(e(k)\right) = A^{i\mathsf{T}}[e_1^2(k), e_2^2(k), e_1(k), e_2(k), e_1(k)e_2(k)]^\mathsf{T} \tag{9-50}$$

其中，B^i 和 A^i 分别为两个多项式的权值向量。首先，可调节 VI 算法的 $\Delta\mathcal{J}^i = \mathcal{J}^{i+1} - \mathcal{J}^i$ 变化过程如图 9-1 所示，其中代价函数序列单调非减且只需一步迭代即可获得容许跟踪控制策略，这也为后续稳定 VI 算法的实施提供了初始条件。

为了验证得到的跟踪控制律的容许性，选择初始状态 $x(0) = [0.4, -0.5]^\mathsf{T}$，相应的跟踪误差和控制输入轨迹如图 9-2 所示。不难看出，ω^1 是容许的跟踪控制律，能够保证系统状态跟踪上参考轨迹。此外，为了验证可调节 VI 算法在不同松弛因子下的收敛速度，图 9-3 中给出了 $\rho_1 = 0.5$、$\rho_2 = 0.8$ 和 $\rho_3 = 1$ 情况下 $\|B^i\|$ 的收敛过程。从图中可以得出结论，松弛因子越大，收敛速度越快。

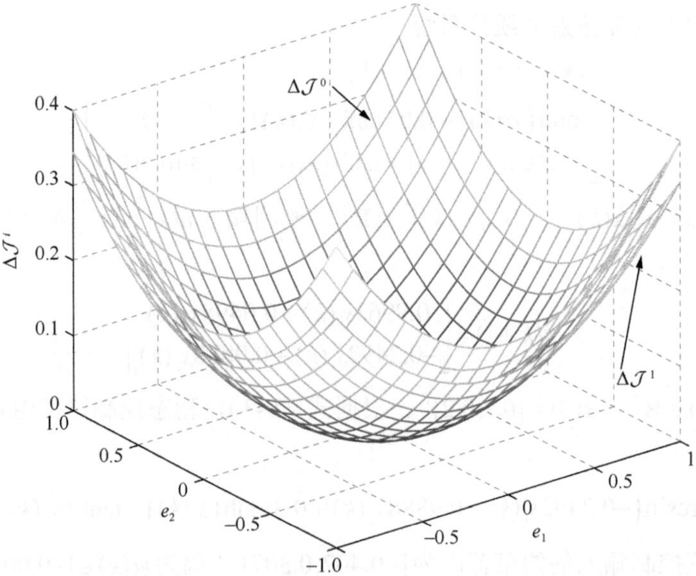

图 9-1　可调节 VI 算法的 $\Delta\mathcal{J}^i = \mathcal{J}^{i+1} - \mathcal{J}^i$ 变化过程

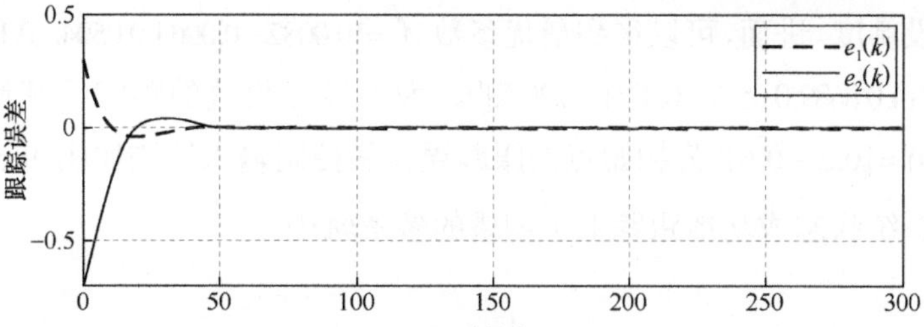

（a）跟踪误差

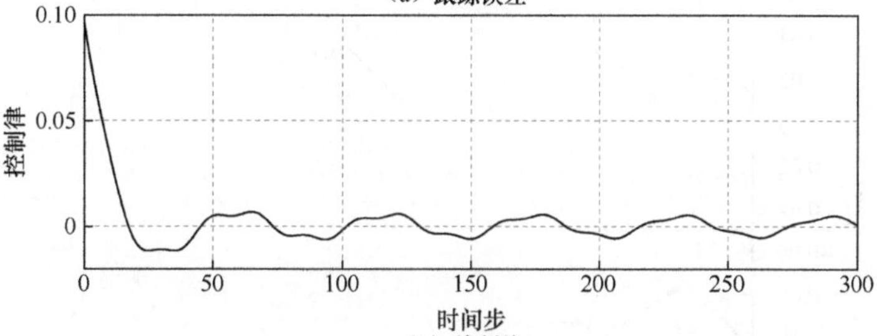

（b）控制律

图 9-2　ω^1 作用下的跟踪误差和控制输入轨迹

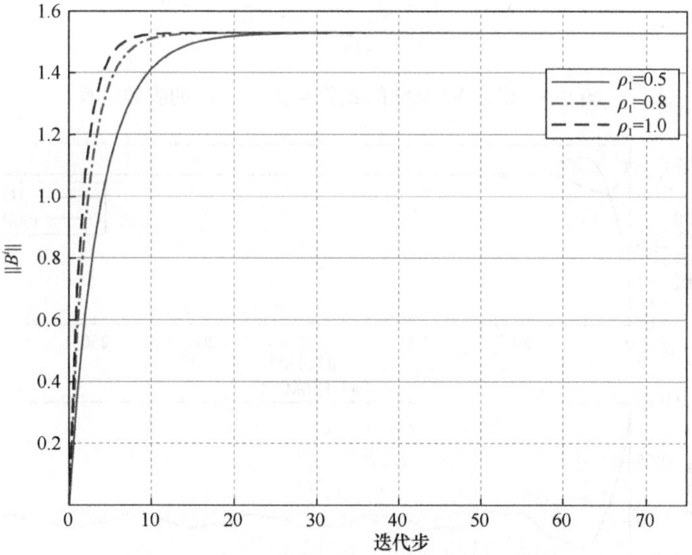

图 9-3　3 种不同松弛因子下 $\|B^i\|$ 的收敛过程

基于一个初始容许跟踪控制律，稳定 VI 算法的 $\Delta\mathcal{J}^i=\mathcal{J}^{i+1}-\mathcal{J}^i$ 收敛过程如图 9-4 所示，可以看到代价函数序列单调非增。当 $i=31$ 时，迭代代价函数的差分达到预设精度。进而，可以得到最优参数 $A^* = [0.0082, -0.0064, 0.0504, -0.1062, 0.0079]^{\mathrm{T}}$ 和 $B^* = [1.2214, 0.8689, 0.0537, -0.0241, -0.2972]^{\mathrm{T}}$。为了验证收敛的跟踪控制策略的有效性，以 $x(0) = [0.2, -0.6]^{\mathrm{T}}$ 为初始点的跟踪误差和控制输入轨迹如图 9-5 所示。不难发现，系统状态成功地跟踪上了期望的参考轨迹。

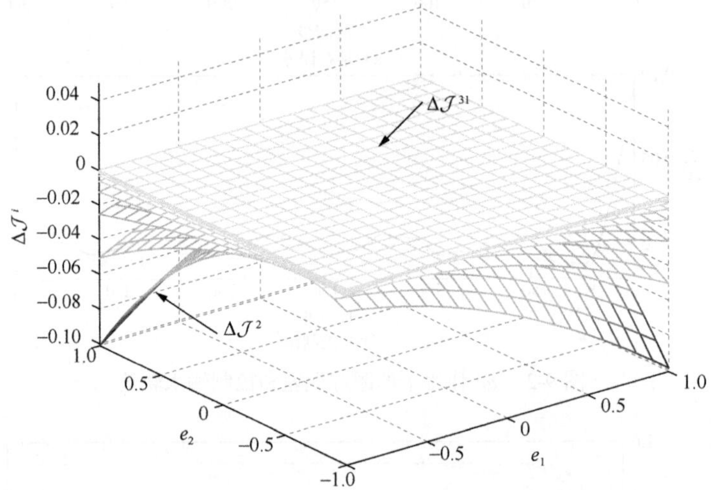

图 9-4　稳定 VI 算法的 $\Delta\mathcal{J}^i = \mathcal{J}^{i+1} - \mathcal{J}^i$ 的收敛过程

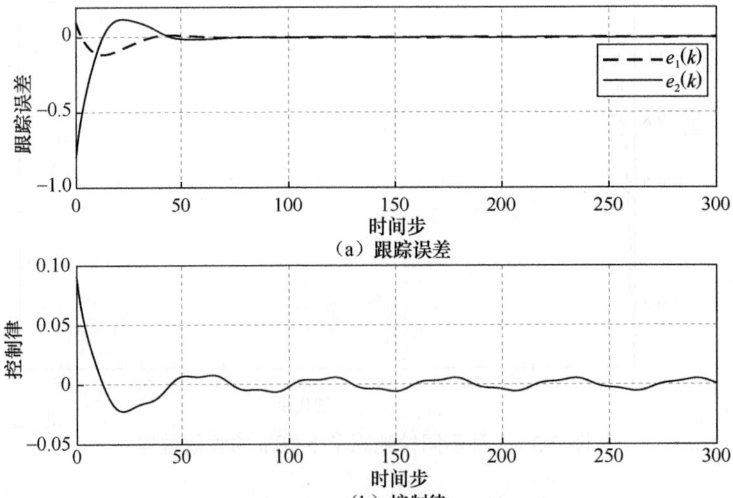

（a）跟踪误差

（b）控制律

图 9-5　ω^{31} 作用下的跟踪误差和控制律轨迹

接下来，验证稳定 VI 框架下演化跟踪控制的有效性。令 $\gamma=0.99$ 且 $a=0.8$，在演化跟踪过程中，4 个不同初始状态下的演化跟踪误差轨迹如图 9-6 所示。值得注意的是，$e^{\{1\}}(0)$ 和 $e^{\{4\}}(0)$ 均在 $\zeta_{0.8}^{2}$ 内部，$e^{\{2\}}(0)$ 处于 $\zeta_{0.8}^{2}$ 和 $\zeta_{0.8}^{3}$ 之间，$e^{\{3\}}(0)$ 位于 $\zeta_{0.8}^{3}$ 和 $\zeta_{0.8}^{4}$ 之间。

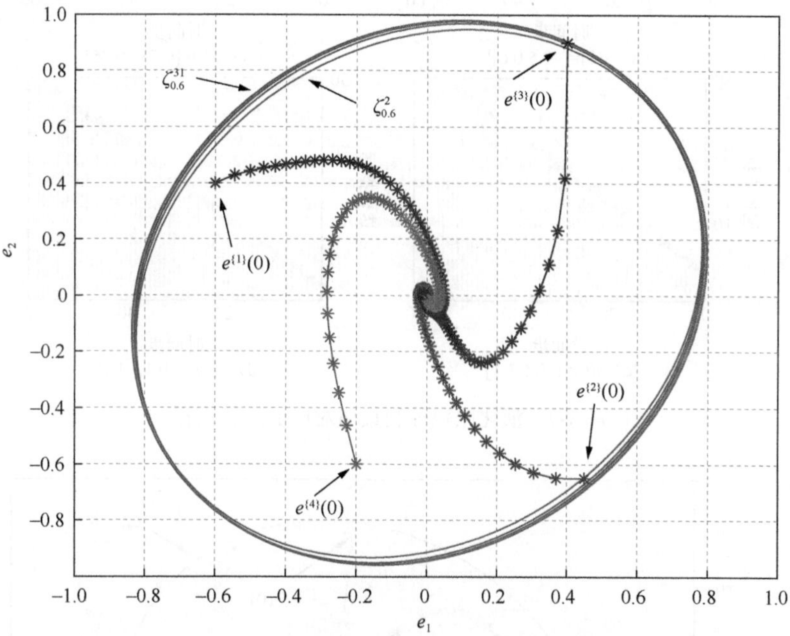

图 9-6　4 个不同初始状态下的演化跟踪误差轨迹

此外，演化跟踪过程中跟踪控制策略对应的迭代指标如图 9-7 所示。不难看出，4 个初始状态对应的演化跟踪控制策略序列分别为 $\{\omega^{y}\}_{y=2}^{31}$、$\{\omega^{y}\}_{y=3}^{31}$、$\{\omega^{y}\}_{y=4}^{31}$ 和 $\{\omega^{y}\}_{y=2}^{31}$。需要强调的是，演化跟踪控制策略序列元素数量的差异导致系统运行时间的不同。

最后，定义区域 $\zeta_{0.6}^{2}=\left\{e(k)\in\mathbf{R}^{2}\mid\mathcal{J}^{2}\left(e(k)\right)\leqslant 0.6\right\}$ 并选择 4 个初始跟踪误差。4 个不同初始状态在 ω^{2} 作用下的跟踪误差轨迹如图 9-8 所示，表明跟踪误差轨迹始终保持在 $\zeta_{0.6}^{2}$ 中。综上，本章理论结果均得到验证。

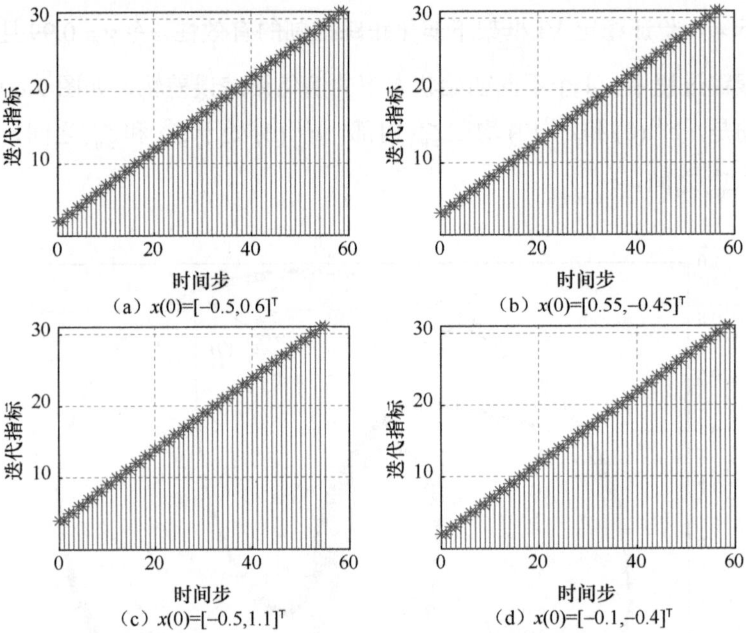

（a）$x(0)=[-0.5,0.6]^{\mathrm{T}}$　（b）$x(0)=[0.55,-0.45]^{\mathrm{T}}$

（c）$x(0)=[-0.5,1.1]^{\mathrm{T}}$　（d）$x(0)=[-0.1,-0.4]^{\mathrm{T}}$

图 9-7　演化跟踪控制策略对应的迭代指标

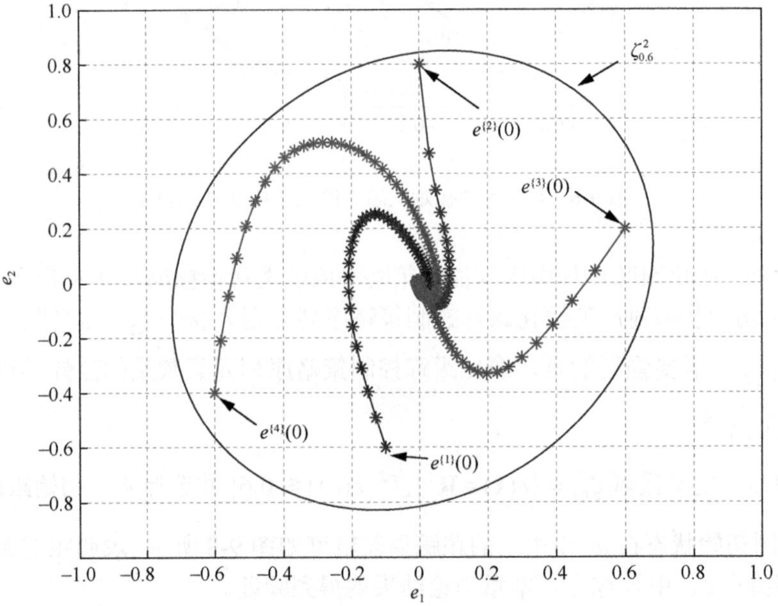

图 9-8　4 个不同初始状态在 ω^2 作用下的跟踪误差轨迹

9.6 小结

本章提出了可调节 VI 和稳定 VI 算法以解决约束非线性离散时间系统的折扣最优跟踪控制问题。首先，给出了可调节 VI 算法框架并深度分析了迭代代价函数序列的收敛性以及迭代跟踪控制律的容许性。基于一个初始容许跟踪控制律，进一步给出了稳定 VI 算法框架，详细讨论了具有折扣因子的迭代代价函数序列的单调性以及迭代跟踪控制策略的稳定性。依托稳定 VI 算法的优势，建立了具有稳定性保证的演化跟踪控制方法，其核心是基于单调非增迭代代价函数序列的吸引域策略更新准则。通过证明，误差系统在演化控制过程中的渐近稳定性得到充分保证。本章是对可调节 VI 和折扣稳定 VI 算法在最优跟踪方面的一个延伸。随着数据驱动技术的快速发展，在未来工作中，应该开展更多具有实际意义的无模型自适应评判控制研究。

参考文献

[1] WANG D, LIU D R, WEI Q L. Finite-horizon neuro-optimal tracking control for a class of discrete-time nonlinear systems using adaptive dynamic programming approach[J]. Neurocomputing, 2012, 78(1): 14-22.

[2] ZHANG H G, WEI Q L, LUO Y H. A novel infinite-time optimal tracking control scheme for a class of discrete-time nonlinear systems via the greedy HDP iteration algorithm[J]. IEEE Transactions on Systems, Man, and Cybernetics, Part B (Cybernetics), 2008, 38(4): 937-942.

[3] SONG R Z, XIAO W D, SUN C Y. Optimal tracking control for a class of unknown discrete-time systems with actuator saturation via data-based ADP algorithm[J]. Acta Automatica Sinica, 2013, 39(9): 1413-1420.

[4] HA M M, WANG D, LIU D R. Data-based nonaffine optimal tracking control using iterative DHP approach[C]//Proceedings of 21st IFAC World Congress, [S.l.:s.n.], 2020, 53(2): 4246-4251.

[5] WANG D, HA M M, QIAO J F. Data-driven iterative adaptive critic control toward an urban wastewater treatment plant[J]. IEEE Transactions on Industrial Electronics, 2021, 68(8): 7362-7369.

[6] 王鼎, 赵明明, 哈明鸣, 等. 基于折扣广义值迭代的智能最优跟踪及应用验证[J]. 自动化学报, 2022, 48(1): 182-193.

[7] ZHANG H G, LUO Y H, LIU D R. Neural-network-based near-optimal control for a class of discrete-time affine nonlinear systems with control constraints[J]. IEEE Transactions on Neural Networks, 2009, 20(9): 1490-1503.

[8] HA M M, WANG D, LIU D R. Event-triggered adaptive critic control design for discrete-time constrained nonlinear systems[J]. IEEE Transactions on Systems, Man, and Cybernetics: Systems, 2020, 50(9): 3158-3168.

[9] HA M M, WANG D, LIU D R. Event-triggered constrained control with DHP implementation for nonaffine discrete-time systems[J]. Information Sciences, 2020(519): 110-123.

[10] MODARES H, LEWIS F L, NAGHIBI-SISTANI M B. Adaptive optimal control of unknown constrained-input systems using policy iteration and neural networks[J]. IEEE Transactions on Neural Networks and Learning Systems, 2013, 24(10): 1513-1525.

[11] ABU-KHALAF M, LEWIS F L. Nearly optimal control laws for nonlinear systems with saturating actuators using a neural network HJB approach[J]. Automatica, 2005, 41(5): 779-791.

[12] WANG D, ZHAO M M, QIAO J F. Intelligent optimal tracking with asymmetric constraints of a nonlinear wastewater treatment system[J]. International Journal of Robust and Nonlinear Control, 2021, 31(14): 6773-6787.

[13] HA M M, WANG D, LIU D R. A novel value iteration scheme with adjustable convergence rate[J]. IEEE Transactions on Neural Networks and Learning Systems, 2023, 34(10): 7430-7442.

[14] HEYDARI A. Stability analysis of optimal adaptive control under value iteration using a stabilizing initial policy[J]. IEEE Transactions on Neural Networks and Learning Systems, 2018, 29(9): 4522-4527.

[15] WANG D, WU J L, REN J, et al. Novel discounted optimal tracking design under offline and online formulations for asymmetric constrained systems[J]. IEEE Transactions on Systems, Man, and Cybernetics: Systems, 2023, 53(11): 6886-6896.

第10章

面向非线性零和博弈的演化与增量值迭代

10.1 引言

许多实际的控制过程，会不可避免地遇到扰动，若不及时处理将会导致系统性能恶化[1-4]。作为鲁棒控制的一个重要分支，H_∞最优控制在微卫星姿态控制[5]、自动车辆系统[6]等领域已受到了广泛关注。减弱扰动的初衷极大地促进了H_∞最优控制和零和博弈的理论发展[7-8]。零和博弈是指在竞争的形势下，一方最小化代价函数，而另一方最大化代价函数。与调节器问题的 HJB 方程不同，处理零和博弈问题的主流思想是求解 HJI 方程。然而，由于 HJI 方程的固有非线性特征，通常难以获取其解析解。基于执行–评判技术，ADP 方法可以为求解 HJI 方程的近似最优解提供有效的解决方案。文献[9]运用广义 VI 算法解决了零和博弈调节问题，并证明了迭代代价函数序列的收敛性。随后，文献[10]针对零和博弈给出了一种新的收敛性分析方法，详细说明了代价函数序列的上界和下界都趋近于最优值。文献[11]设计了一个无模型的H_∞最优控制器用于处理约束非线性系统的跟踪问题。为了充分利用系统运行数据，文献[12-13]提出 Q 学习算法用于处理线性系统的零和博弈问题。然而，面向零和博弈的 VI 驱动在线演化控制和快速学习至今鲜有成果。对于在线最优控制问题，已有一些有效的方法用于获得 HJI 方程近似最优解并给出了系统的一致最终有界稳定性[14]。然而，考虑零和博弈问题，目前对于 VI 算法下闭环系统的渐近稳定性仍缺乏讨论。为了达到 VI 算法的加速学习，文献[15-16]使用 VI 和 PI 混合的框架来调节迭代代价函数序列的收敛速度，不足的是初始代价函数不能为零且 PI 需要较大的计算量。后来，文献[17-18]提出了一种 n 步值梯度学习 ADP 方法来提升优化学习速度。然而，这个算法的实现需要两个评判神经网络，引入了额外的计算负担。毫无疑问，改善零和博弈问题的 VI 算法收敛速度是一个亟待解决的课题。

第 7 章中着重描述了无折扣演化 VI 算法的控制过程，但是未考虑折扣因子对系统稳定性的影响以及算法的收敛速度。第 8 章中引入松弛因子建立了可调节 VI 算法用于加快学习速度，但是未指明加速原理且仅限于最优调节问题。基于上述讨论，本章提出折扣演化 VI 和增量 VI 两种机制，解决离散时间系统的零和博弈最优调节和最优跟踪问题。首先，建立了一个新型容许性判别准则用以判断演化策略对的稳定性，然后在折扣演化 VI 框架下证明稳定的演化策略对能够镇定受控系统。其次，基于迭代历史信息，提出一种新型增量 VI 算法来调节迭代代价函数序列的收敛速度，这有助于更快地获得近似最优的决策。最后，给出了自励机制下增量 VI 算法的收敛性，并将其用于零和博弈的最优跟踪问题。本章的主要内容来源于作者的研究成果[19]并对其进行了修改、补充和完善。

10.2 问题描述

考虑一类具有仿射形式的离散时间动态系统

$$x_{k+1} = \mathcal{F}(x_k, u_k, w_k) = \\ F(x_k) + G(x_k)u_k + S(x_k)w_k \tag{10-1}$$

其中，$x_k \in \mathbf{R}^n$ 是 n 维状态变量，$u_k \in \mathbf{R}^m$ 是 m 维控制输入，$w_k \in \mathbf{R}^z$ 是 z 维扰动。令 $x_k = 0 \in \Omega$ 是系统（10-1）的一个平衡点。假设系统函数 $\mathcal{F}(\cdot) \in \mathbf{R}^n$ 在集合 Ω 上是 Lipschitz 连续的。

定义无限时域的代价函数如下所示

$$\mathcal{J}(x_k, u_k, w_k) = \sum_{\zeta=k}^{\infty} \gamma^{\zeta-k} \mathcal{U}(x_\zeta, u_\zeta, w_\zeta) = \\ \sum_{\zeta=k}^{\infty} \gamma^{\zeta-k} \{x_\zeta^\mathsf{T} \boldsymbol{Q} x_\zeta + u_\zeta^\mathsf{T} \boldsymbol{R} u_\zeta - \delta^2 w_\zeta^\mathsf{T} w_\zeta\} \tag{10-2}$$

其中，$\mathcal{U}(\cdot,\cdot,\cdot)$ 是效用函数，$\boldsymbol{Q}\in\mathbf{R}^{n\times n}$ 和 $\boldsymbol{R}\in\mathbf{R}^{m\times m}$ 是正定的矩阵，$\gamma\in(0,1]$ 是折扣因子，$\delta>0$ 是一个常数。目标是找到一个最优策略对 $\left(u^*(x_k),w^*(x_k)\right)$ 使得代价函数满足 $\mathcal{J}(x_k,u_k^*,w_k)\leqslant\mathcal{J}(x_k,u_k^*,w_k^*)\leqslant\mathcal{J}(x_k,u_k,w_k^*)$。简便起见，这里将 $\mathcal{J}(x_k,u_k,w_k)$ 记为 $\mathcal{J}(x_k)$。需要注意，鞍点存在的充分条件是

$$\min_u\max_w\mathcal{J}(x_k,u_k,w_k)=\max_w\min_u\mathcal{J}(x_k,u_k,w_k)\tag{10-3}$$

对于零和博弈问题，最优代价函数应该满足如下所示的离散时间 HJI 方程

$$\mathcal{J}^*(x_k)=\min_u\max_w\left\{\mathcal{U}(x_k,u_k,w_k)+\gamma\mathcal{J}^*(x_{k+1})\right\}\tag{10-4}$$

相应地，彼此竞争的最优策略对 $u^*(x_k)$ 和 $w^*(x_k)$ 应该满足

$$\begin{cases}u^*(x_k)=\arg\min\limits_u\left\{\mathcal{U}(x_k,u_k,w_k)+\gamma\mathcal{J}^*(x_{k+1})\right\}\\ w^*(x_k)=\arg\max\limits_w\left\{\mathcal{U}(x_k,u_k,w_k)+\gamma\mathcal{J}^*(x_{k+1})\right\}\end{cases}\tag{10-5}$$

令代价函数相对于策略对的一阶偏导为 0，可得

$$\begin{cases}u^*(x_k)=-\dfrac{\gamma}{2}\boldsymbol{R}^{-1}G^{\mathsf{T}}(x_k)\dfrac{\partial\mathcal{J}^*(x_{k+1})}{\partial x_{k+1}}\\ w^*(x_k)=\dfrac{\gamma}{2}\delta^{-2}S^{\mathsf{T}}(x_k)\dfrac{\partial\mathcal{J}^*(x_{k+1})}{\partial x_{k+1}}\end{cases}\tag{10-6}$$

上述方程（10-4）～式（10-6）是获得最优策略对的基本框架，但是直接求解 HJI 方程相当困难。因此，提出折扣演化 VI 和增量 VI 算法以寻求近似的最优解。

10.3　面向零和博弈的演化值迭代算法

本节包含两个部分，首先给出了零和博弈 VI 算法的一般更新形式，其次给出了演化 VI 框架下的在线演化控制方案。

10.3.1　零和博弈问题的折扣值迭代算法推导

在这一部分中，构造 3 个迭代序列 $\{V_l(x_k)\}$、$\{u_l(x_k)\}$ 和 $\{w_l(x_k)\}$，其中 $l\in\mathbf{N}$ 是迭代指标。设初始代价函数为 $V_0(x_k)=x_k^{\mathsf{T}}\boldsymbol{\Phi}x_k$，其中 $\boldsymbol{\Phi}$ 是半正定矩阵。对于

$x\in\Omega$，VI 算法迭代地进行策略对提升

$$\begin{cases} u_l(x_k)=\arg\min\limits_u\left\{\mathcal{U}\big(x_k,u(x_k),w(x_k)\big)+\gamma V_l(x_{k+1})\right\} \\ w_l(x_k)=\arg\max\limits_w\left\{\mathcal{U}\big(x_k,u(x_k),w(x_k)\big)+\gamma V_l(x_{k+1})\right\} \end{cases} \tag{10-7}$$

和策略对评估

$$\begin{aligned} V_{l+1}(x_k)&=\min_u\max_w\left\{\mathcal{U}\big(x_k,u(x_k),w(x_k)\big)+\gamma V_l(x_{k+1})\right\}= \\ &\mathcal{U}\big(x_k,u_l(x_k),w_l(x_k)\big)+\gamma V_l(x_{k+1}) \end{aligned} \tag{10-8}$$

VI 算法可以使用任意的半正定函数进行初始化，不要求初始稳定策略。文献[9]已经给出了无折扣情况下零和博弈 VI 算法的单调性和收敛性，引入折扣因子后这两个特性不发生改变。对于单调性而言，一方面，如果$V_0(x_k)\leqslant V_1(x_k)$成立，则代价函数序列是单调非减的，即$V_l(x_k)\leqslant V_{l+1}(x_k),\ \forall l\in\mathbf{N}$。另一方面，如果$V_0(x_k)\geqslant V_1(x_k)$成立，则代价函数序列是单调非增的，即$V_l(x_k)\geqslant V_{l+1}(x_k)$, $\forall l\in\mathbf{N}$。对于收敛性而言，当迭代指标增大到无穷时，迭代代价函数收敛到最优代价函数，即$\lim\limits_{l\to\infty}V_l(x)=\mathcal{J}^*(x)$。但是需要注意，引入折扣因子后会影响迭代策略对的稳定性，这关系到稳定性判别准则的建立。

VI 和 PI 是解决零和博弈问题的两种重要迭代算法。与 VI 方法不同，PI 算法要求初始策略对$\big(u_0(x_k),w_0(x_k)\big)$是容许的。这样一来，PI 算法迭代过程中的策略都是稳定的，因此 PI 更适合在线演化控制，其中策略随着时间改变。也就是说，当前迭代策略(u_l,w_l)用于控制系统$t_l\in\mathbf{N}^+$个时间步，而下一次策略用于控制系统$t_{l+1}\in\mathbf{N}^+$个时间步。为了保证 VI 也能够实现演化控制，接下来建立具有稳定性保证的折扣演化 VI 框架。

10.3.2 零和博弈问题的演化值迭代算法特性

定理 10-1 令迭代策略对$\big(u_l(x_k),w_l(x_k)\big)$和代价函数序列$V_{l+1}(x_k)$的更新过程如式（10-7）和式（10-8）所示。对于任意的$x_k\neq 0$，如果效用函数$\mathcal{U}\big(x_k,u_l(x_k),w_l(x_k)\big)>0$，且迭代代价函数满足

$$V_{l+1}(x_k)-\gamma V_l(x_k)\leqslant\eta\,\mathcal{U}\big(x_k,u_l(x_k),w_l(x_k)\big),\ 0<\eta<1 \tag{10-9}$$

则迭代策略对$\big(u_l(x_k),w_l(x_k)\big)$是容许的。

证明： 根据式（10-8），可将上述不等式重写为

$$V_l(x_{k+1})-V_l(x_k)\leqslant\frac{\eta-1}{\gamma}\mathcal{U}\big(x_k,u_l(x_k),w_l(x_k)\big)\leqslant 0 \tag{10-10}$$

对于初始状态 x_0，运用策略对 $\big(u_l(x_k),w_l(x_k)\big)$ 可得

$$\begin{cases}V_l(x_1)-V_l(x_0)\leqslant 0\\ V_l(x_2)-V_l(x_1)\leqslant 0\\ \quad\vdots\\ V_l(x_N)-V_l(x_{N-1})\leqslant 0\\ V_l(x_{N+1})-V_l(x_N)\leqslant 0\end{cases} \tag{10-11}$$

归纳可得

$$V_l(x_{N+1})\leqslant V_l(x_0) \tag{10-12}$$

自然地，$V_l(x_0)$ 和 $V_l(x_{N+1})$ 都是有界的函数。根据式（10-10），可以得到以下不等式

$$\begin{cases}\dfrac{1-\eta}{\gamma}\mathcal{U}\big(x_0,u_l(x_0),w_l(x_0)\big)\leqslant V_l(x_0)-V_l(x_1)\\ \dfrac{1-\eta}{\gamma}\mathcal{U}\big(x_1,u_l(x_1),w_l(x_1)\big)\leqslant V_l(x_1)-V_l(x_2)\\ \quad\vdots\\ \dfrac{1-\eta}{\gamma}\mathcal{U}\big(x_N,u_l(x_N),w_l(x_N)\big)\leqslant V_l(x_N)-V_l(x_{N+1})\end{cases} \tag{10-13}$$

观察式（10-13）可得

$$\sum_{j=0}^{N}\mathcal{U}\big(x_j,u_l(x_j),w_l(x_j)\big)\leqslant\frac{\gamma}{1-\eta}V_l(x_0) \tag{10-14}$$

从式（10-14）可以清楚地看到左边的累加和序列有上界 $(1-\eta)^{-1}\gamma V_l(x_0)$，并且 $\sum_{j=0}^{N}\mathcal{U}\big(x_j,u_l(x_j),w_l(x_j)\big)$ 是单调非减的，进而可得 $\lim\limits_{j\to\infty}x_j=0$，这意味着迭代策略对 (u_l,w_l) 是容许的。证毕。

在算法的迭代过程中，需要根据式（10-9）连续地判断迭代策略对的容许性，并依次将满足条件的策略对存进集合 $A_s\triangleq\big\{\big(u_{s_0}(x),w_{s_0}(x)\big),\big(u_{s_1}(x),w_{s_1}(x)\big),\cdots,\big(u_{s_N}(x),w_{s_N}(x)\big)\big\}$ 中，其中 s_ℓ 代表了迭代策略对第 ℓ 次满足稳定条件的迭代指标，

其中 $\ell=\{0,1,\cdots,N\}$ 。

定理 10-2 对于集合 A_s 和 $x\in\Omega$，如果每一个演化策略对 $\left(u_{s_\ell}(x),w_{s_\ell}(x)\right)$ 用于控制系统 t_ℓ 个时间步，则系统状态最终收敛到平衡点。

证明： 使用策略对 $\left(u_{s_\ell}(x),w_{s_\ell}(x)\right)$ 可得

$$\frac{1-\eta}{\gamma}\mathcal{U}\left(x_k,u_{s_\ell}(x_k),w_{s_\ell}(x_k)\right)\leqslant V_{s_\ell}(x_k)-V_{s_\ell}(x_{k+1}) \tag{10-15}$$

其中， $x_{k+1}=\mathcal{F}\left(x_k,u_{s_\ell}(x_k),w_{s_\ell}(x_k)\right)$ 。

与式（10-15）类似，对于状态 $x_0,x_1,\cdots,x_{t_0}$ ，使用策略对 $\left(u_{s_0}(x),w_{s_0}(x)\right)$ 可得

$$\begin{cases}\dfrac{1-\eta}{\gamma}\mathcal{U}\left(x_0,u_{s_0}(x_0),w_{s_0}(x_0)\right)+V_{s_0}(x_1)\leqslant V_{s_0}(x_0)\\ \dfrac{1-\eta}{\gamma}\mathcal{U}\left(x_1,u_{s_0}(x_1),w_{s_0}(x_1)\right)+V_{s_0}(x_2)\leqslant V_{s_0}(x_1)\\ \qquad\vdots\\ \dfrac{1-\eta}{\gamma}\mathcal{U}\left(x_{t_0-1},u_{s_0}(x_{t_0-1}),w_{s_0}(x_{t_0-1})\right)+V_{s_0}(x_{t_0})\leqslant V_{s_0}(x_{t_0-1})\end{cases} \tag{10-16}$$

进一步有

$$\sum_{j=0}^{t_0-1}\frac{1-\eta}{\gamma}\mathcal{U}\left(x_j,u_{s_0}(x_j),w_{s_0}(x_j)\right)+V_{s_0}(x_{t_0})\leqslant V_{s_0}(x_0) \tag{10-17}$$

对于迭代策略对 $(u_{s_1},w_{s_1}),(u_{s_2},w_{s_2}),\cdots,(u_{s_N},w_{s_N})$ ，重复上述操作过程可得

$$\begin{aligned}&\sum_{j=0}^{t_1-1}\frac{1-\eta}{\gamma}\mathcal{U}\left(x_{t_0+j},u_{s_1}(x_{t_0+j}),w_{s_1}(x_{t_0+j})\right)+V_{s_1}(x_{t_0+t_1})\leqslant V_{s_1}(x_{t_0})\\&\sum_{j=0}^{t_2-1}\frac{1-\eta}{\gamma}\mathcal{U}\left(x_{t_0+t_1+j},u_{s_2}(x_{t_0+t_1+j}),w_{s_2}(x_{t_0+t_1+j})\right)+V_{s_2}(x_{t_0+t_1+t_2})\leqslant V_{s_2}(x_{t_0+t_1})\\&\qquad\vdots\\&\sum_{j=0}^{t_N-1}\frac{1-\eta}{\gamma}\mathcal{U}\left(x_{t_0+\cdots+t_{N-1}+j},u_{s_N}\left(x_{t_0+\cdots+t_{N-1}+j}\right),w_{s_N}\left(x_{t_0+\cdots+t_{N-1}+j}\right)\right)+V_{s_N}\left(x_{t_0+\cdots+t_N}\right)\leqslant V_{s_N}\left(x_{t_0+\cdots+t_{N-1}}\right)\end{aligned} \tag{10-18}$$

合并式（10-17）和式（10-18）可得

$$\begin{aligned}&\sum_{j=0}^{t_0-1}\frac{1-\eta}{\gamma}\mathcal{U}\left(x_j,u_{s_0}(x_j),w_{s_0}(x_j)\right)+\sum_{j=0}^{t_1-1}\frac{1-\eta}{\gamma}\mathcal{U}\left(x_{t_0+j},u_{s_1}(x_{t_0+j}),w_{s_1}(x_{t_0+j})\right)+\\&\sum_{\ell=2}^{N}\sum_{j=0}^{t_\ell-1}\mathcal{U}\left(x_{t_0+\cdots+t_{\ell-1}+j},u_{s_\ell}(x_{x_{t_0+\cdots+t_{\ell-1}+j}}),w_{s_\ell}(x_{x_{t_0+\cdots+t_{\ell-1}+j}})\right)\leqslant\frac{\gamma}{1-\eta}V_{s_0}(x_0)\end{aligned}\tag{10-19}$$

可以看出，左边的序列单调非减并且有上界，这意味着当 $j\to\infty$ 时，$x_j\to 0$。证毕。

对于非线性系统，需要近似工具来实现演化 VI 算法。在此，构建一个评判网络用于近似式（10-8）中的代价函数，即

$$\hat{V}_{l+1}(x)=T_{l+1}^{\mathsf{T}}\varphi(x)\tag{10-20}$$

其中，$T_{l+1}\in\mathbf{R}^{\mathcal{H}_c}$ 是第 $l+1$ 次迭代的权值矩阵，$\mathcal{H}_c$ 是隐藏层神经元的个数，$\varphi(\cdot)$ 是激活函数。定义误差函数为

$$\begin{aligned}&\epsilon_{l+1}(x)=\hat{V}_{l+1}(x)-V_{l+1}(x)=\\&T_{l+1}^{\mathsf{T}}\varphi(x)-\left[\mathcal{U}\left(x,\hat{u}_l(x),\hat{w}_l(x)\right)+\gamma T_l^{\mathsf{T}}\varphi\left(\mathcal{F}\left(x,\hat{u}_l(x),\hat{w}_l(x)\right)\right)\right]\end{aligned}\tag{10-21}$$

进一步给出需要最小化的误差性能函数为 $E_{l+1}(x)=0.5\epsilon_{l+1}^{\mathsf{T}}(x)\epsilon_{l+1}(x_k)$。根据常用的最小二乘法，能够得到唯一的解 T_{l+1}，然后进一步可得迭代策略对的表达式为

$$\begin{cases}\hat{u}_{l+1}(x_k)=-\dfrac{\gamma}{2}\boldsymbol{R}^{-1}G^{\mathsf{T}}(x_k)\dfrac{\partial\left(T_{l+1}^{\mathsf{T}}\varphi(x_{k+1})\right)}{\partial x_{k+1}}\\[2ex]\hat{w}_{l+1}(x_k)=\dfrac{\gamma}{2}\delta^{-2}S^{\mathsf{T}}(x_k)\dfrac{\partial\left(T_{l+1}^{\mathsf{T}}\varphi(x_{k+1})\right)}{\partial x_{k+1}}\end{cases}\tag{10-22}$$

对于零和博弈问题，本节结论证明折扣演化 VI 算法能够基于稳定的演化策略对来镇定非线性系统。总的来说，演化控制可以看作是具有稳定性保证的在线控制。

10.4 面向零和博弈的增量值迭代算法

本节主要包含 3 个部分，首先给出考虑迭代代价函数之间增量信息的 VI 机制，其次给出具有自励形式的增量 VI 机制，最后给出增量 VI 算法的收敛性条件。注意到折扣因子不影响对于算法收敛速度的分析，这里将其设置为 1。

10.4.1 考虑历史迭代信息的值迭代算法

为了更好地理解增量 VI 机制，这里首先引入一个新的代价函数序列 $\{\mathcal{K}_l(\boldsymbol{x}_k)\}$ 如下所示

$$\mathcal{K}_l(x_k)=\begin{cases}V_0(x_k), & l=0\\ V_l(x_k)+\lambda\big(V_l(x_k)-V_{l-1}(x_k)\big), & l\in\mathbf{N}^+\end{cases}\tag{10-23}$$

其中，$\lambda\in(-1,a)$ 是增量因子，a 是一个有界的正数，代价函数 $V_l(x_k)$ 在式（10-8）中给出。值得注意的是，式（10-23）中考虑了当前迭代步 l 和上一次迭代步 $l-1$ 对应代价函数的增量信息 $V_l(x_k)-V_{l-1}(x_k)$。由于 $\lim\limits_{l\to\infty}V_l(x)=\lim\limits_{l\to\infty}V_{l-1}(x)=\mathcal{J}^*(x)$，可以推导得

$$\begin{aligned}&\mathcal{K}_\infty(x_k)=\\&\mathcal{J}^*(x_k)+\lambda\big(\mathcal{J}^*(x_k)-\mathcal{J}^*(x_k)\big)=\mathcal{J}^*(x_k)\end{aligned}\tag{10-24}$$

随着迭代指标增大到无穷，式（10-24）意味着代价函数序列 $\{\mathcal{K}_l(x_k)\}$ 收敛于最优代价函数 $\mathcal{J}^*(x_k)$。假如代价函数 $V_l(x_k)$ 是单调非减的，可得以下不等式

$$\begin{cases}\mathcal{K}_l(x_k)\leqslant V_l(x_k), & \lambda\in(-1,0)\\ \mathcal{K}_l(x_k)=V_l(x_k), & \lambda=0\\ \mathcal{K}_l(x_k)\geqslant V_l(x_k), & \lambda\in(0,a)\end{cases}\tag{10-25}$$

代价函数 $\mathcal{K}_l(x_k)$ 的核心思想是将两个迭代代价函数之间的差值信息考虑在内，进而可以通过调节 λ 的值来调节 $\mathcal{K}_l(x_k)$ 的收敛速度。当 $\lambda\in(-1,0)$ 时，$\mathcal{K}_l(x_k)$ 比 $V_l(x_k)$ 收敛得慢。当 $\lambda=0$ 时，$\mathcal{K}_l(x_k)=V_l(x_k)$。当 $\lambda\in(0,a)$ 时，若参数 λ 能够保证 $\mathcal{K}_l(x_k)$ 是单调非减的，则能够实现 $\mathcal{K}_l(x_k)$ 比 $V_l(x_k)$ 收敛更快的目标。然而，$\mathcal{K}_l(x_k)$ 的缺点是必须提前获得 $V_l(x_k)$，这导致新序列收敛速度的变化对 $V_l(x_k)$ 的收敛速度没有影响。但是，考虑迭代代价函数之间增量信息的操作，却为实现加快学习速度提供了一种可行的途径。

10.4.2 零和博弈最优调节的增量值迭代算法

基于迭代代价函数之间的差值信息，本节提出一种新的无折扣增量 VI 算

法。令初始代价函数为$\mathcal{V}_0(x_k)=x_k^{\mathsf{T}}\boldsymbol{\Phi}x_k$，对于迭代指标$l\in\mathbf{N}$，迭代策略对的更新过程为

$$\begin{cases}\nu_l(x_k)=\arg\min\limits_{\nu}\left\{\mathcal{U}\left(x_k,\nu(x_k),\varpi(x_k)\right)+\mathcal{V}_l(x_{k+1})\right\}\\ \varpi_l(x_k)=\arg\max\limits_{\varpi}\left\{\mathcal{U}\left(x_k,\nu(x_k),\varpi(x_k)\right)+\mathcal{V}_l(x_{k+1})\right\}\end{cases}\tag{10-26}$$

迭代代价函数的更新过程为

$$\begin{aligned}&\mathcal{V}_{l+1}(x_k)=\min_{\nu}\max_{\varpi}\left\{\mathcal{U}\left(x_k,\nu(x_k),\varpi(x_k)\right)+\mathcal{V}_l(x_{k+1})\right\}+\\&\lambda\left(\min_{\nu}\max_{\varpi}\left\{\mathcal{U}\left(x_k,\nu(x_k),\varpi(x_k)\right)+\mathcal{V}_l(x_{k+1})\right\}-\mathcal{V}_l(x_k)\right)=\\&(1+\lambda)\left(\mathcal{U}\left(x_k,\nu_l(x_k),\varpi_l(x_k)\right)+\mathcal{V}_l(x_{k+1})\right)-\lambda\mathcal{V}_l(x_k)\end{aligned}\tag{10-27}$$

需要注意式（10-27）中的迭代形式是一种自我激励机制，这区别于式（10-23）中的形式。类似地，两种代价函数序列都有可调节的收敛速度。如果$\lambda\in(-1,0)$，则增量 VI 产生的$\mathcal{V}_l(x_k)$比传统 VI 产生的$V_l(x_k)$收敛得更慢。如果$\lambda\in(0,a)$，则$\mathcal{V}_l(x_k)$比$V_l(x_k)$收敛得更快。特别地，如果$\lambda=0$，则增量 VI 就是传统 VI。另外，式（10-25）也直观地展示了λ对收敛速度的影响，这从理论上阐明了加速学习的原理。

考虑一种特殊情况，即离散时间线性系统

$$x_{k+1}=\boldsymbol{A}x_k+\boldsymbol{B}u_k+\boldsymbol{C}w_k\tag{10-28}$$

其中，$\boldsymbol{A}$、$\boldsymbol{B}$和$\boldsymbol{C}$是常数矩阵。定义新型增量代价函数和控制策略对分别为$\mathcal{V}_l(x)=x^{\mathsf{T}}\boldsymbol{P}_lx$、$\nu_l(x)=\mathcal{L}_l^1x$和$\varpi_l(x)=\mathcal{L}_l^2x$。令初始矩阵$\boldsymbol{P}_0=\boldsymbol{\Phi}$，则增量 VI 算法的迭代过程为

$$\begin{cases}\mathcal{L}_l^1=\left[\boldsymbol{R}+\boldsymbol{C}^{\mathsf{T}}\boldsymbol{P}_l\boldsymbol{C}-\boldsymbol{C}^{\mathsf{T}}\boldsymbol{P}_l\boldsymbol{B}(\boldsymbol{B}^{\mathsf{T}}\boldsymbol{P}_l\boldsymbol{B}-\delta^2\mathbf{I}_z)^{-1}\boldsymbol{B}^{\mathsf{T}}\boldsymbol{P}_l\boldsymbol{C}\right]^{-1}\times\\ \qquad\left[\boldsymbol{C}^{\mathsf{T}}\boldsymbol{P}_l\boldsymbol{B}(\boldsymbol{B}^{\mathsf{T}}\boldsymbol{P}_l\boldsymbol{B}-\delta^2\mathbf{I}_z)^{-1}\boldsymbol{B}^{\mathsf{T}}\boldsymbol{P}_l\boldsymbol{A}-\boldsymbol{C}^{\mathsf{T}}\boldsymbol{P}_l\boldsymbol{A}\right]\\ \mathcal{L}_l^2=\left[\boldsymbol{B}^{\mathsf{T}}\boldsymbol{P}_l\boldsymbol{B}-\delta^2\mathbf{I}_z-\boldsymbol{B}^{\mathsf{T}}\boldsymbol{P}_l\boldsymbol{C}(\boldsymbol{R}+\boldsymbol{C}^{\mathsf{T}}\boldsymbol{P}_l\boldsymbol{C})^{-1}\boldsymbol{C}^{\mathsf{T}}\boldsymbol{P}_l\boldsymbol{B}\right]^{-1}\times\\ \qquad\left[\boldsymbol{B}^{\mathsf{T}}\boldsymbol{P}_l\boldsymbol{C}(\boldsymbol{R}+\boldsymbol{C}^{\mathsf{T}}\boldsymbol{P}_l\boldsymbol{C})^{-1}\boldsymbol{C}^{\mathsf{T}}\boldsymbol{P}_l\boldsymbol{A}-\boldsymbol{B}^{\mathsf{T}}\boldsymbol{P}_l\boldsymbol{A}\right]\end{cases}\tag{10-29}$$

和

$$\boldsymbol{P}_{l+1}=(1+\lambda)\left(\boldsymbol{A}^{\mathrm{T}}\boldsymbol{P}_l\boldsymbol{A}+\boldsymbol{Q}-[\boldsymbol{A}^{\mathrm{T}}\boldsymbol{P}_l\boldsymbol{C}\quad \boldsymbol{A}^{\mathrm{T}}\boldsymbol{P}_l\boldsymbol{B}]\begin{bmatrix}\boldsymbol{R}+\boldsymbol{C}^{\mathrm{T}}\boldsymbol{P}_l\boldsymbol{C} & \boldsymbol{C}^{\mathrm{T}}\boldsymbol{P}_l\boldsymbol{B}\\ \boldsymbol{B}^{\mathrm{T}}\boldsymbol{P}_l\boldsymbol{C} & \boldsymbol{B}^{\mathrm{T}}\boldsymbol{P}_l\boldsymbol{B}-\delta^2\mathbf{I}\end{bmatrix}^{-1}\begin{bmatrix}\boldsymbol{C}^{\mathrm{T}}\boldsymbol{P}_l\boldsymbol{A}\\ \boldsymbol{B}^{\mathrm{T}}\boldsymbol{P}_l\boldsymbol{A}\end{bmatrix}\right)-\lambda\boldsymbol{P}_l \tag{10-30}$$

当$\lambda=0$，由于增量 VI 就是传统 VI，因此式（10-29）和式（10-30）的迭代过程也正是式（10-7）和式（10-8）对于离散时间线性系统的迭代过程。接下来，重点讨论增量 VI 算法的收敛性。

定理 10-3 假设条件$0\leqslant\mathcal{J}^*\big(\mathcal{F}\big(x,u(x),w(x)\big)\big)\leqslant\beta\mathcal{U}\big(x,u(x),w(x)\big)$成立，其中 $0<\beta<\infty$。初始代价函数满足 $0\leqslant\underline{\theta}\mathcal{J}^*(x)\leqslant\mathcal{V}_0(x)\leqslant\overline{\theta}\mathcal{J}^*(x)$，其中 $0\leqslant\underline{\theta}\leqslant1\leqslant\overline{\theta}<\infty$。迭代策略对$\big\{\big(\nu_l(x),\varpi_l(x)\big)\big\}$和代价函数序列$\{\mathcal{V}_l(x)\}$的更新过程如式（10-26）和式（10-27）所示。如果$-1<\lambda\leqslant0$，则迭代代价函数根据式（10-31）收敛到最优

$$\begin{aligned}&\left[1-(1-\underline{\theta})\left(1-\frac{1+\lambda}{1+\beta}\right)^l\right]\mathcal{J}^*(x)\leqslant\mathcal{V}_l(x)\leqslant\\&\left[1+(\overline{\theta}-1)\left(1-\frac{1+\lambda}{1+\beta}\right)^l\right]\mathcal{J}^*(x)\end{aligned} \tag{10-31}$$

证明： 首先证明不等式的左边部分。对于$l=0$，可得$0\leqslant\underline{\theta}\mathcal{J}^*(x)\leqslant\mathcal{V}_0(x)$。对于$l=1$，可以得到

$$\begin{aligned}&\mathcal{V}_1(x)=(1+\lambda)\min_{\nu}\max_{\varpi}\big\{\mathcal{U}\big(x,\nu(x),\varpi(x)\big)+\mathcal{V}_0\big(\mathcal{F}\big(x,\nu(x),\varpi(x)\big)\big)\big\}-\lambda\mathcal{V}_0(x)\geqslant\\&(1+\lambda)\min_{\nu}\max_{\varpi}\big\{\mathcal{U}\big(x,\nu(x),\varpi(x)\big)+\underline{\theta}\mathcal{J}^*\big(\mathcal{F}\big(x,\nu(x),\varpi(x)\big)\big)\big\}-\lambda\underline{\theta}\mathcal{J}^*(x)\geqslant\\&(1+\lambda)\min_{\nu}\max_{\varpi}\big\{\mathcal{U}\big(x,\nu(x),\varpi(x)\big)+\underline{\theta}\mathcal{J}^*\big(\mathcal{F}\big(x,\nu(x),\varpi(x)\big)\big)+\\&\frac{1-\underline{\theta}}{1+\beta}\big(\mathcal{J}^*\big(\mathcal{F}\big(x,\nu(x),\varpi(x)\big)\big)-\beta\mathcal{U}\big(x,\nu(x),\varpi(x)\big)\big)\big\}-\lambda\underline{\theta}\mathcal{J}^*(x)=\\&\left[\frac{(1+\lambda)(1+\underline{\theta}\beta)}{1+\beta}-\lambda\underline{\theta}\right]\mathcal{J}^*(x)=\\&\left[\left(1-\frac{1+\lambda}{1+\beta}\right)\underline{\theta}+\frac{1+\lambda}{1+\beta}\right]\mathcal{J}^*(x)\end{aligned} \tag{10-32}$$

方便起见，将式（10-32）最终结果记为$\mathcal{V}_1(x)\geqslant\underline{\mathfrak{B}}\mathcal{J}^*(x)$，其中$\underline{\mathfrak{B}}$的范围可以由式（10-33）得到

$$\begin{aligned}\underline{\mathfrak{B}}&=\frac{(1+\lambda)(1+\underline{\theta}\beta)}{1+\beta}-\lambda\underline{\theta}=\\&\frac{(1+\lambda)(1+\underline{\theta}\beta)}{1+\beta}-(1+\lambda)\underline{\theta}+\underline{\theta}=\\&(1+\lambda)\left(\frac{1+\underline{\theta}\beta}{1+\beta}-\underline{\theta}\right)+\underline{\theta}\leqslant\\&(1-\underline{\theta})+\underline{\theta}=1\end{aligned}\tag{10-33}$$

因此，可以得到$0\leqslant\underline{\mathfrak{B}}\leqslant1$。事实上，参数$\underline{\mathfrak{B}}$与$\underline{\theta}$具有类似的作用，可用于$l=2$时的结论分析。这时，

$$\begin{aligned}&\mathcal{V}_2(x)=(1+\lambda)\min_{\nu}\max_{\varpi}\left\{\mathcal{U}\left(x,\nu(x),\varpi(x)\right)+\mathcal{V}_1\left(\mathcal{F}\left(x,\nu(x),\varpi(x)\right)\right)\right\}-\lambda\mathcal{V}_1(x)\geqslant\\&(1+\lambda)\min_{\nu}\max_{\varpi}\left\{\mathcal{U}\left(x,\nu(x),\varpi(x)\right)+\underline{\mathfrak{B}}\mathcal{J}^*\left(\mathcal{F}\left(x,\nu(x),\varpi(x)\right)\right)\right\}-\lambda\underline{\mathfrak{B}}\mathcal{J}^*(x)\geqslant\\&(1+\lambda)\min_{\nu}\max_{\varpi}\left\{\mathcal{U}\left(x,\nu(x),\varpi(x)\right)+\underline{\mathfrak{B}}\mathcal{J}^*\left(\mathcal{F}\left(x,\nu(x),\varpi(x)\right)\right)+\right.\\&\left.\frac{1-\underline{\mathfrak{B}}}{1+\beta}\left(\mathcal{J}^*\left(\mathcal{F}\left(x,\nu(x),\overline{w}(x)\right)\right)-\beta\mathcal{U}\left(x,\nu(x),\varpi(x)\right)\right)\right\}-\lambda\underline{\mathfrak{B}}\mathcal{J}^*(x)=\\&\left[\frac{(1+\lambda)(1+\underline{\mathfrak{B}}\beta)}{1+\beta}-\lambda\underline{\mathfrak{B}}\right]\mathcal{J}^*(x)=\left[\left(1-\frac{1+\lambda}{1+\beta}\right)\underline{\mathfrak{B}}+\frac{1+\lambda}{1+\beta}\right]\mathcal{J}^*(x)=\\&\left[\left(1-\frac{1+\lambda}{1+\beta}\right)^2\underline{\theta}+\left(1-\frac{1+\lambda}{1+\beta}\right)^2\frac{1+\lambda}{1+\beta}+\frac{1+\lambda}{1+\beta}\right]\mathcal{J}^*(x)\end{aligned}\tag{10-34}$$

重复上述过程$l-2$次可得

$$\begin{aligned}&\mathcal{V}_l(x)\geqslant\left[\left(1-\frac{1+\lambda}{1+\beta}\right)^l\underline{\theta}+\left(1-\frac{1+\lambda}{1+\beta}\right)^{l-1}\frac{1+\lambda}{1+\beta}+\cdots+\left(1-\frac{1+\lambda}{1+\beta}\right)\frac{1+\lambda}{1+\beta}+\frac{1+\lambda}{1+\beta}\right]\mathcal{J}^*(x)=\\&\left[\left(1-\frac{1+\lambda}{1+\beta}\right)^l\underline{\theta}+\sum_{j=0}^{l-1}\frac{1+\lambda}{1+\beta}\left(1-\frac{1+\lambda}{1+\beta}\right)^j\right]\mathcal{J}^*(x)=\\&\left[1+\left(1-\frac{1+\lambda}{1+\beta}\right)^l\underline{\theta}-\left(1-\frac{1+\lambda}{1+\beta}\right)^l\right]\mathcal{J}^*(x)=\\&\left[1-(1-\underline{\theta})\left(1-\frac{1+\lambda}{1+\beta}\right)^l\right]\mathcal{J}^*(x)\end{aligned}\tag{10-35}$$

至此，不等式（10-31）的左边部分证明完毕。右边的部分可采用类似的分

析。考虑条件 $\mathcal{V}_0(x) \leqslant \overline{\theta}\mathcal{J}^*(x)$ 和 $l=1$，进一步有

$$
\begin{aligned}
&\mathcal{V}_1(x)=(1+\lambda)\min_{\nu}\max_{\varpi}\left\{\mathcal{U}\left(x,\nu(x),\varpi(x)\right)+\mathcal{V}_0\left(\mathcal{F}\left(x,\nu(x),\varpi(x)\right)\right)\right\}-\lambda\mathcal{V}_0(x)\leqslant\\
&(1+\lambda)\min_{\nu}\max_{\varpi}\left\{\mathcal{U}\left(x,\nu(x),\varpi(x)\right)+\overline{\theta}\mathcal{J}^*\left(\mathcal{F}\left(x,\nu(x),\varpi(x)\right)\right)+\right.\\
&\left.\frac{\overline{\theta}-1}{1+\beta}\left(\beta\mathcal{U}\left(x,\nu(x),\varpi(x)\right)-\mathcal{J}^*\left(\mathcal{F}\left(x,\nu(x),\varpi(x)\right)\right)\right)\right\}-\lambda\overline{\theta}\mathcal{J}^*(x)=\\
&\left[\frac{(1+\lambda)(1+\overline{\theta}\beta)}{1+\beta}-\lambda\overline{\theta}\right]\mathcal{J}^*(x)=\\
&\left[\left(1-\frac{1+\lambda}{1+\beta}\right)\overline{\theta}+\frac{1+\lambda}{1+\beta}\right]\mathcal{J}^*(x)\triangleq\overline{\mathfrak{B}}\mathcal{J}^*(x)
\end{aligned}
\tag{10-36}
$$

当 $-1<\lambda\leqslant 0$ 时，参数 $\overline{\mathfrak{B}}$ 的范围为

$$
\begin{aligned}
\overline{\mathfrak{B}}&=\frac{(1+\lambda)(1+\overline{\theta}\beta)}{1+\beta}-\lambda\overline{\theta}\geqslant\\
&1+\lambda-\lambda\overline{\theta}\geqslant 1
\end{aligned}
\tag{10-37}
$$

这意味着 $\overline{\mathfrak{B}}$ 和 $\overline{\theta}$ 具有类似的作用，可用于 $l=2$ 时的结论分析。这里，

$$
\begin{aligned}
&\mathcal{V}_2(x)\leqslant(1+\lambda)\min_{\nu}\max_{\varpi}\left\{\mathcal{U}\left(x,\nu(x),\varpi(x)\right)+\overline{\mathfrak{B}}\mathcal{J}^*\left(\mathcal{F}\left(x,\nu(x),\varpi(x)\right)\right)+\right.\\
&\left.\frac{\overline{\mathfrak{B}}-1}{1+\beta}\left(\beta\mathcal{U}\left(x,\nu(x),\varpi(x)\right)-\mathcal{J}^*\left(\mathcal{F}\left(x,\nu(x),\varpi(x)\right)\right)\right)\right\}-\lambda\overline{\mathfrak{B}}\mathcal{J}^*(x)=\\
&\left[\frac{(1+\lambda)(1+\overline{\mathfrak{B}}\beta)}{1+\beta}-\lambda\overline{\mathfrak{B}}\right]\mathcal{J}^*(x)=\\
&\left[\left(1-\frac{1+\lambda}{1+\beta}\right)\overline{\mathfrak{B}}+\frac{1+\lambda}{1+\beta}\right]\mathcal{J}^*(x)=\\
&\left[\left(1-\frac{1+\lambda}{1+\beta}\right)^2\overline{\theta}+\left(1-\frac{1+\lambda}{1+\beta}\right)\frac{1+\lambda}{1+\beta}+\frac{1+\lambda}{1+\beta}\right]\mathcal{J}^*(x)
\end{aligned}
\tag{10-38}
$$

通过将上述过程重复 $l-2$ 次可得

$$
\begin{aligned}
&\mathcal{V}_l(x) \leqslant \left[\left(1-\frac{1+\lambda}{1+\beta}\right)^l \bar{\theta} + \sum_{j=0}^{l-1} \frac{1+\lambda}{1+\beta}\left(1-\frac{1+\lambda}{1+\beta}\right)^j \right] \mathcal{J}^*(x) = \\
&\left[1+\left(1-\frac{1+\lambda}{1+\beta}\right)^l \bar{\theta} - \left(1-\frac{1+\lambda}{1+\beta}\right)^l \right] \mathcal{J}^*(x) = \\
&\left[1+(\bar{\theta}-1)\left(1-\frac{1+\lambda}{1+\beta}\right)^l \right] \mathcal{J}^*(x)
\end{aligned} \tag{10-39}
$$

到此，右边部分证明完毕。根据不等式（10-35）和式（10-39），当$l \to \infty$时，可得

$$
\begin{aligned}
&\lim_{l\to\infty} \left[1-(1-\underline{\theta})\left(1-\frac{1+\lambda}{1+\beta}\right)^l \right] \mathcal{J}^*(x) = \\
&\lim_{l\to\infty} \left[1+(\bar{\theta}-1)\left(1-\frac{1+\lambda}{1+\beta}\right)^l \right] \mathcal{J}^*(x) = \mathcal{J}^*(x)
\end{aligned} \tag{10-40}
$$

这意味着$\mathcal{V}_\infty(x)=\mathcal{J}^*(x)$，即迭代代价函数收敛于最优代价。证毕。

应该注意，参数$\lambda \in (-1,a)$的选取需要保证算法的收敛性。如果上界a的值太大，增量 VI 算法的收敛性无法确定。结合定理 10-3 以及第 8 章中的定理 8-2，这里参数λ的上界为$\lambda \leqslant Ld_{\min} \big/ ((1+\beta)(\bar{\theta}-\underline{\theta}))$，其中$L\in(0,1)$，$d_{\min}=\min\{1-\underline{\theta}, \bar{\theta}-1\}$。目前，针对离散时间线性与非线性零和博弈的增量 VI 算法只适用于离线实现。

对于增量 VI，建立一个评判网络用于近似式（10-27）中的迭代代价函数

$$
\widehat{\mathcal{V}}_{l+1}(x)=T_{l+1}^{\mathsf{T}}\varphi(x) \tag{10-41}
$$

定义近似值与目标值之间的误差为

$$
\begin{aligned}
&\epsilon_{l+1}(x)=\widehat{\mathcal{V}}_{l+1}(x)-\mathcal{V}_{l+1}(x)=T_{l+1}^{\mathsf{T}}\varphi(x)- \\
&\left[(1+\lambda)\Big(\mathcal{U}\big(x,\hat{\nu}_l(x),\hat{\varpi}_l(x)\big)+T_l^{\mathsf{T}}\varphi\Big(\mathcal{F}\big(x,\hat{\nu}_l(x),\hat{\varpi}_l(x)\big)\Big)\Big)-\lambda T_l^{\mathsf{T}}\varphi(x)\right]
\end{aligned} \tag{10-42}
$$

定义需要最小化的误差性能指标函数为$E_{l+1}(x)=0.5\epsilon_{l+1}^{\mathsf{T}}(x)\epsilon_{l+1}(x_k)$，利用最小二乘

法可以解得向量T_{l+1}。进一步，通过式（10-43）获得新的迭代策略对

$$\begin{cases} \hat{v}_{l+1}(x_k) = -\dfrac{1}{2}\boldsymbol{R}^{-1}G^{\mathsf{T}}(x_k)\dfrac{\partial\left(T_{l+1}^{\mathsf{T}}\varphi(x_{k+1})\right)}{\partial x_{k+1}} \\ \hat{\varpi}_{l+1}(x_k) = \dfrac{1}{2}\delta^{-2}S^{\mathsf{T}}(x_k)\dfrac{\partial\left(T_{l+1}^{\mathsf{T}}\varphi(x_{k+1})\right)}{\partial x_{k+1}} \end{cases} \tag{10-43}$$

10.4.3 零和博弈最优跟踪的增量值迭代算法

值得一提的是，增量 VI 算法不仅适用于零和博弈最优调节问题，也适用于解决跟踪问题。本部分设计一个基于增量 VI 的跟踪控制器，使得系统（10-1）的状态跟踪上参考轨迹

$$r_{k+1} = \psi(r_k) \tag{10-44}$$

定义跟踪误差为$e_k = x_k - r_k$，受文献[9]的启发，定义相对于参考轨迹的稳态控制为

$$u(r_k) = G^{+}(r_k)\left(\psi(r_k) - F(r_k)\right) \tag{10-45}$$

其中，G^{+}是G的广义逆矩阵。不失一般性，给出误差系统的表达式为

$$e_{k+1} = F(e_k + r_k) + G(e_k + r_k)\left(u(e_k) + u(r_k)\right) + S(e_k + r_k)w(e_k) - \psi(r_k) \tag{10-46}$$

其中，$u(e_k) = u_k - u(r_k)$是跟踪控制，且$w(e_k) = w_k$。因此，系统（10-1）的跟踪问题被转换为系统（10-46）的调节问题。根据文献[9]，定义跟踪问题的无折扣代价函数为

$$\mathcal{J}\left(e_k, u(e_k), w(e_k)\right) = \sum_{\zeta=k}^{\infty}\mathcal{U}\left(e_\zeta, u(e_\zeta), w(e_\zeta)\right) \tag{10-47}$$

相对于传统的迭代代价函数

$$V_{l+1}(e_k) = \min_{u(e_k)}\max_{w(e_k)}\left\{e_k^{\mathsf{T}}\boldsymbol{Q}e_k + u^{\mathsf{T}}(e_k)\boldsymbol{R}u(e_k) - \delta^2 w^{\mathsf{T}}(e_k)w(e_k) + V_l(e_{k+1})\right\} \tag{10-48}$$

这里，给出基于增量 VI 的新型迭代代价函数

$$\mathcal{V}_{l+1}(e_k) = (1+\lambda)\min_{u(e_k)}\max_{w(e_k)}\left\{e_k^{\mathsf{T}}\boldsymbol{Q}e_k + u^{\mathsf{T}}(e_k)\boldsymbol{R}u(e_k) - \delta^2 w^{\mathsf{T}}(e_k)w(e_k) + \mathcal{V}_l(e_{k+1})\right\} - \lambda\mathcal{V}_l(e_k) \tag{10-49}$$

需要注意的是，针对调节问题的增量 VI 算法的收敛性可以推广到跟踪问题，

因此通过式（10-49）能够获得近似最优的跟踪控制策略。

10.5 仿真实验

在本节中，使用线性和非线性两个系统来验证演化 VI 和增量 VI 算法的有效性。对于线性系统而言，迭代算法的实现不需要近似工具；而对于非线性系统，需要引入评判网络来近似代价函数。对于演化 VI 机制，通过选取不同的初始矩阵 $\boldsymbol{\Phi}$ 使得 $V_0(x_k) \geqslant V_1(x_k)$ 和 $V_0(x_k) \leqslant V_1(x_k)$ 成立，分别讨论单调非增和单调非减两种代价函数序列。对于增量 VI 机制，重点关注在不同增量因子作用下的代价函数的单调性和收敛性。

例 10.1 考虑 F-16 飞机自动驾驶仪的系统动态为[8]

$$x_{k+1} = \begin{bmatrix} 0.906488 & 0.0816012 & -0.0005 \\ 0.0741349 & 0.90121 & -0.000708383 \\ 0 & 0 & 0.132655 \end{bmatrix} x_k + \begin{bmatrix} -0.00150808 \\ -0.0096 \\ 0.867345 \end{bmatrix} u_k + \begin{bmatrix} -0.00951892 \\ 0.00038373 \\ 0 \end{bmatrix} w_k \tag{10-50}$$

其中，状态 $x = \left[x^{[1]}, x^{[2]}, x^{[3]}\right]^{\mathsf{T}}$。考虑到较大的折扣因子有利于提高系统的稳定性，且参数 $\boldsymbol{Q}$、$\boldsymbol{R}$ 和 δ 需要保证算法的收敛性，在此，效用函数中各个参数的取值分别为 $\boldsymbol{Q} = 0.5\mathbf{I}_3$、$\boldsymbol{R} = \mathbf{I}$、$\delta = 5$，以及 $\gamma = 1$。

对于面向线性系统的演化 VI 算法，矩阵 $\boldsymbol{P}_l$ 以及增益 $(\mathcal{L}_l^1, \mathcal{L}_l^2)$ 的更新过程如式（10-29）和式（10-30）所示，需要注意增量因子 $\lambda = 0$。此外，式（10-9）的稳定性条件转换为

$$\boldsymbol{P}_{l+1} - \boldsymbol{P}_l - \eta\left(\boldsymbol{Q} + \mathcal{L}_l^{1\mathsf{T}} \boldsymbol{R} \mathcal{L}_l^1 - \delta^2 \mathcal{L}_l^{2\mathsf{T}} \mathcal{L}_l^2\right) \prec 0 \tag{10-51}$$

其中，$\eta = 0.8$。如果式（10-51）中的矩阵负定，则相应的迭代策略对 $(\mathcal{L}_l^1 x, \mathcal{L}_l^2 x)$ 是容许的。

令 $\boldsymbol{P}_0 = 15\mathbf{I}_3$，根据 VI 算法的更新过程可得 $V_0 \geqslant V_1$，这意味着序列是单调非增的，即 $V_l \geqslant V_{l+1}$，进而可得所有的迭代策略对都是容许的。在演化 VI 框架下，

将每一个演化策略对 $(\mathcal{L}_l^1 x, \mathcal{L}_l^2 x)$ 用于控制系统 3 个时间步。在系统运行 600 个时间步后，迭代过程中的矩阵 $\boldsymbol{P}_l$ 以及增益 $(\mathcal{L}_l^1, \mathcal{L}_l^2)$ 的范数收敛过程如图 10-1 所示，而系统状态和控制输入曲线如图 10-2 所示。

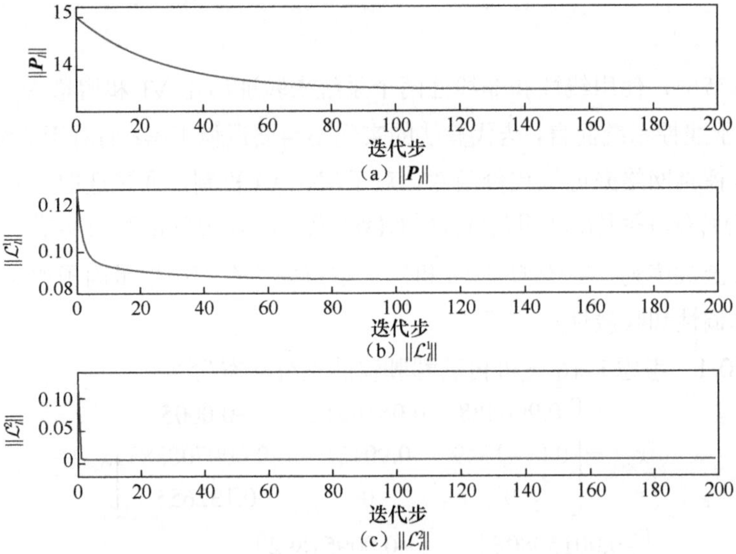

图 10-1　矩阵 $\boldsymbol{P}_l$ 以及增益（$\mathcal{L}_l^1, \mathcal{L}_l^2$）的范数收敛过程（$V_0 \geqslant V_1$）

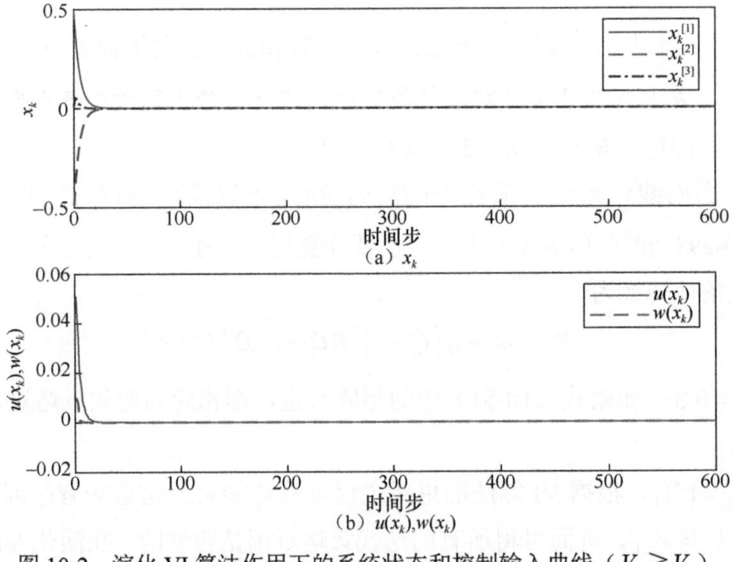

图 10-2　演化 VI 算法作用下的系统状态和控制输入曲线（$V_0 \geqslant V_1$）

令 $\boldsymbol{P}_0=0$，可得 $V_0\leqslant V_1$ 和 $V_l\leqslant V_{l+1}$。根据演化 VI 算法不断地更新代价函数，将每一个满足条件（10-51）的演化策略对 $(\mathcal{L}_l^1x,\mathcal{L}_l^2x)$ 用于控制系统 3 个时间步。在算法的迭代阶段，如果迭代策略对满足（10-51），则将标志位设为 $\text{Flag}=1$，否则将标志位设为 $\text{Flag}=0$。在 200 个迭代步后，$\boldsymbol{P}_l$ 的范数以及标志位变化情况如图 10-3 所示，从中可看出演化策略对 $(\mathcal{L}_l^1x,\mathcal{L}_l^2x)$，$l=7,8,\cdots,200$ 都是容许的。此外，相应的系统状态和控制输入曲线如图 10-4 所示。从图 10-2 和图 10-4 可以看出，这里建立的稳定性判别准则以及演化控制方案是有效的。

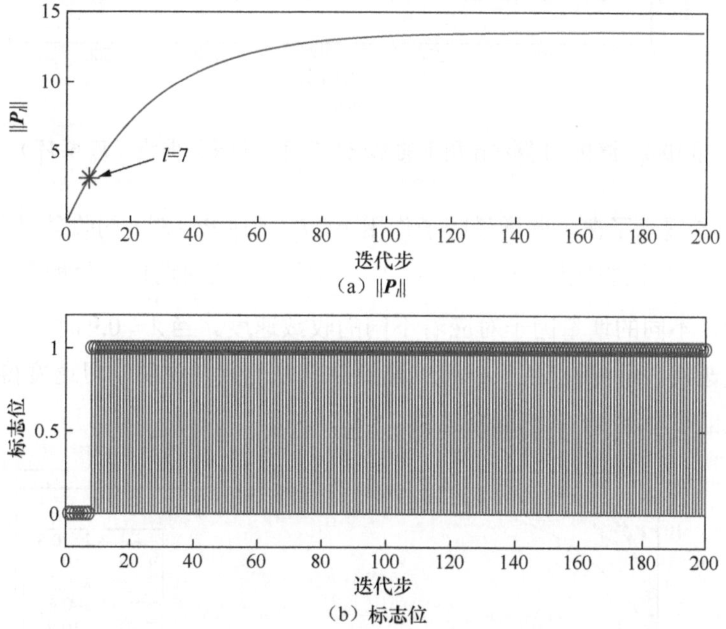

图 10-3 演化 VI 算法作用下的 $\|\boldsymbol{P}_l\|$ 以及标志位变化（$V_0\leqslant V_1$）

根据增量 VI 算法，选取 5 个不同的增量因子 $\lambda\in\{-0.5,0,0.3,0.6,0.9\}$，矩阵 $\boldsymbol{P}_l$ 以及增益 $(\mathcal{L}_l^1,\mathcal{L}_l^2)$ 的更新过程如式（10-29）和式（10-30）所示，其中初始矩阵设为 $\boldsymbol{P}_0=0$。这里给出最优矩阵 $\boldsymbol{P}^*$ 为

$$\boldsymbol{P}^*=\begin{bmatrix}7.5477 & 6.0114 & -0.0093\\ 6.0114 & 7.6222 & -0.0097\\ -0.0093 & -0.0097 & 0.5091\end{bmatrix}\tag{10-52}$$

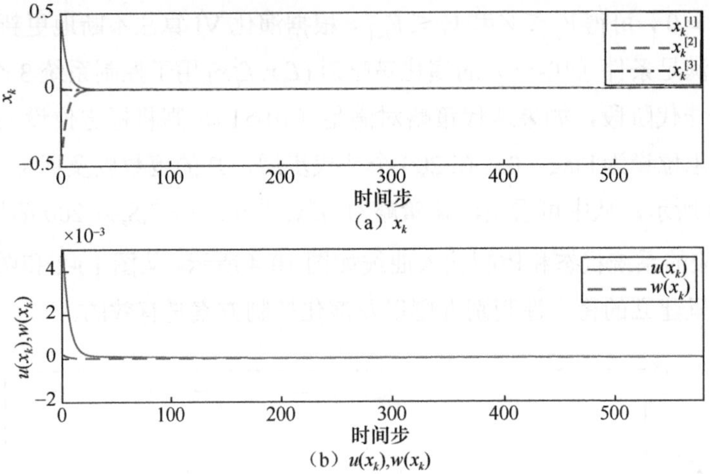

图 10-4　演化 VI 算法作用下的系统状态和控制输入曲线（$V_0 \leqslant V_1$）

图 10-5 展示了在不同增量因子作用下$\|\boldsymbol{P}_l\|$和$\|\boldsymbol{P}_l-\boldsymbol{P}^*\|$的收敛过程。定义增量 VI 算法的终止准则为$\|\boldsymbol{P}_l-\boldsymbol{P}^*\| \leqslant 10^{-4}$，满足该准则的迭代步数如图 10-6 所示。可以看到，不同的增量因子对应着不同的收敛速度。当$\lambda=0.9$时，学习过程需要 164 次迭代，而传统 VI（$\lambda=0$）需要 317 次迭代，说明学习速度得到了明显改善，验证了增量 VI 算法的有效性。

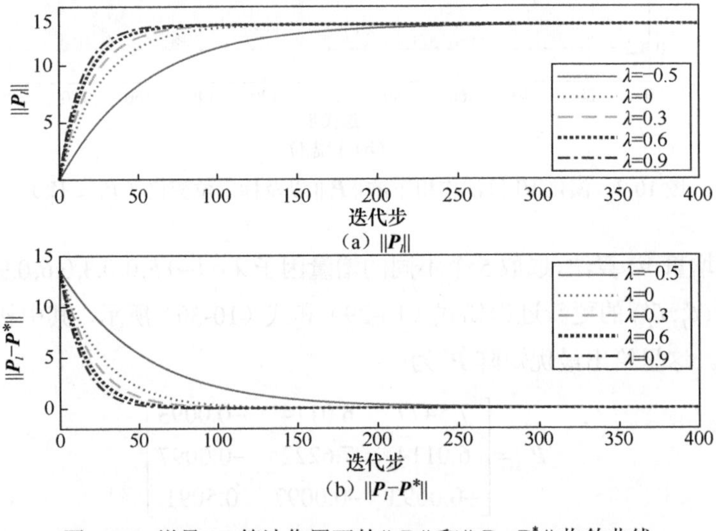

图 10-5　增量 VI 算法作用下的$\|\boldsymbol{P}_l\|$和$\|\boldsymbol{P}_l-\boldsymbol{P}^*\|$收敛曲线

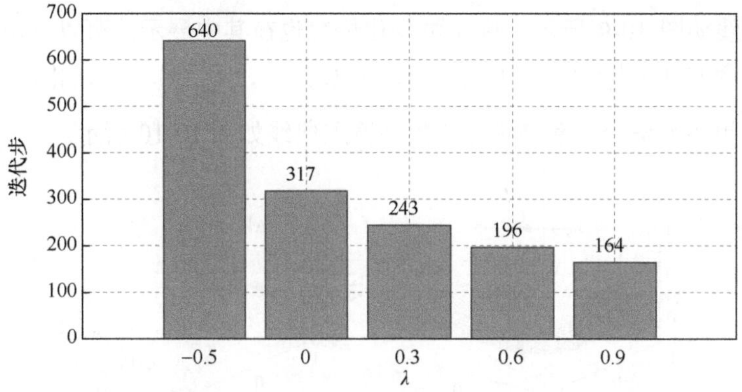

图 10-6　增量 VI 算法作用下不同增量因子的迭代步数

例 10.2　考虑以下非线性零和博弈系统[10]

$$x_{k+1}=\begin{bmatrix} x_k^{[1]}+0.1x_k^{[2]} \\ -0.1x_k^{[1]}+1.1x_k^{[2]}-0.1(x_k^{[1]})^2x_k^{[2]} \end{bmatrix}+\begin{bmatrix} 0.35 & 0 \\ 0 & 0.35 \end{bmatrix}u_k+\begin{bmatrix} 0.4 & 0 \\ 0 & 0.3 \end{bmatrix}w_k \quad (10\text{-}53)$$

定义操作域为 $-1\leqslant x^{[1]}\leqslant 1,\ -1\leqslant x^{[2]}\leqslant 1$，将其分割为 21×21 的网格，即 $(x^{[1]},x^{[2]})$ 平面上网格的横纵间距都设为 0.1。因此，操作域中的 441 个状态用于训练评判神经网络。效用函数中的参数选为 $\boldsymbol{Q}=\mathbf{I}_2$、$\boldsymbol{R}=5\mathbf{I}_2$、$\delta=5$ 以及 $\gamma=1$。此外，容许性判别条件中的参数设为 $\eta=0.99$。需要注意式（10-20）中评判网络的激活函数选为

$$\varphi(x)=\left[(x^{[1]})^2,x^{[1]}x^{[2]},(x^{[2]})^2,(x^{[1]})^4,(x^{[1]})^3x^{[2]},(x^{[1]})^2(x^{[2]})^2,x^{[1]}(x^{[2]})^3,(x^{[2]})^4\right]^{\mathsf{T}} \quad (10\text{-}54)$$

而 $T_l\in\mathbf{R}^8$ 是需要求解的近似参数。

令 VI 算法中的初始条件为 $V_0(x_k)=x_k^{\mathsf{T}}\boldsymbol{\Phi}x_k$ 和 $\boldsymbol{\Phi}=40\mathbf{I}_2$，然后可得 $V_0(x)\geqslant V_1(x)$，这意味着所有的演化策略对都是容许的。在演化 VI 框架下，每一个演化策略对用于控制非线性系统 1 个时间步，其中系统的初始状态为 $x_0=[-1,1]^{\mathsf{T}}$。在迭代 100 次后，代价函数 $V_l(x_k)$、代价函数的差分 $\Delta V_l(x_k)=V_{l+1}(x_k)-V_l(x_k)$ 以及 T_l 的范数如图 10-7 所示，此外相应的系统状态和控制输入曲线如图 10-8 所示。

令 VI 算法中的初始条件为 $V_0(x_k)=0$，可得 $V_0(x)\leqslant V_1(x)$ 和 $V_l(x)\leqslant V_{l+1}(x)$。这里将迭代过程中满足容许性条件的策略对用于调节系统，而标志位 Flag = 1 用于记录稳定策略对的迭代指标。在执行 100 个迭代步后，$V_l(x_k)$、$\Delta V_l(x_k)$ 以及 $\|T_l\|$

的收敛曲线如图 10-9 所示，标志位变化情况也在其中展示。可以看出，容许策略对的集合为 $A_s \triangleq \{(u_4(x), w_4(x)), (u_5(x), w_5(x)), \cdots, (u_{100}(x), w_{100}(x))\}$。将演化策略对作用于闭环系统后，系统状态和控制输入曲线如图 10-10 所示。

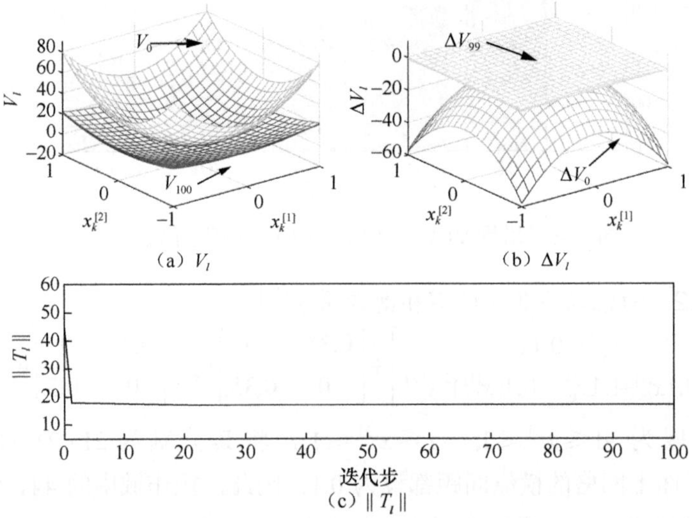

（a）V_l （b）ΔV_l

（c）$\| T_l \|$

图 10-7 演化 VI 算法作用下的 $V_l(x)$、ΔV_l 和 $\| T_l \|$ 收敛曲线（$V_0 \geqslant V_1$）

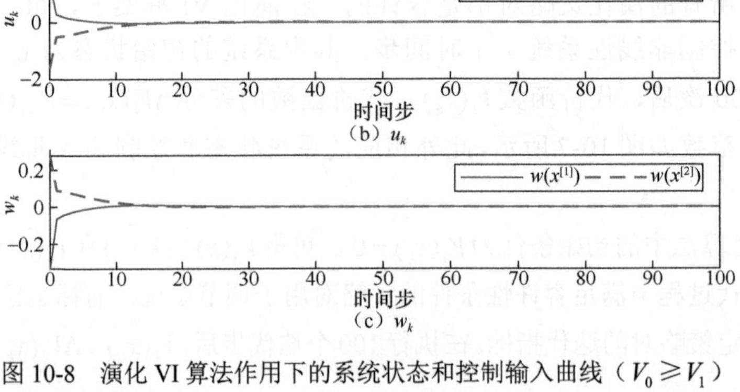

（a）x_k

（b）u_k

（c）w_k

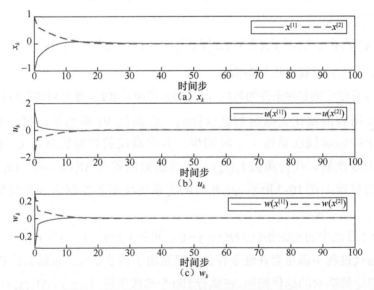

图 10-8 演化 VI 算法作用下的系统状态和控制输入曲线（$V_0 \geqslant V_1$）

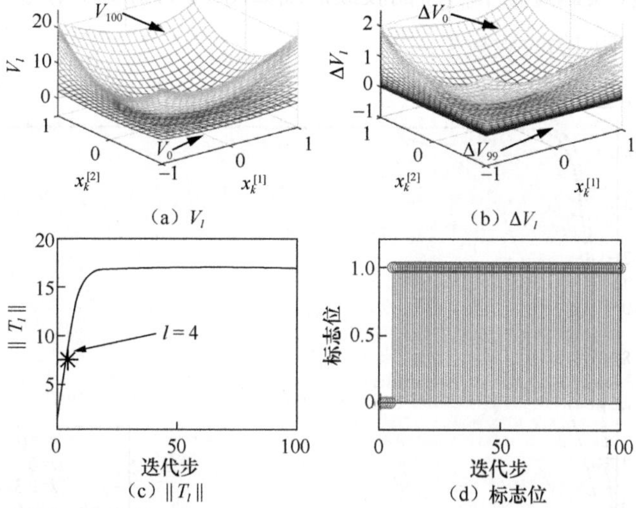

图 10-9　演化 VI 算法作用下的 $V_l(x)$ 、 ΔV_l 、 $\|T_l\|$ 收敛及标志位变化曲线（ $V_0 \leqslant V_1$ ）

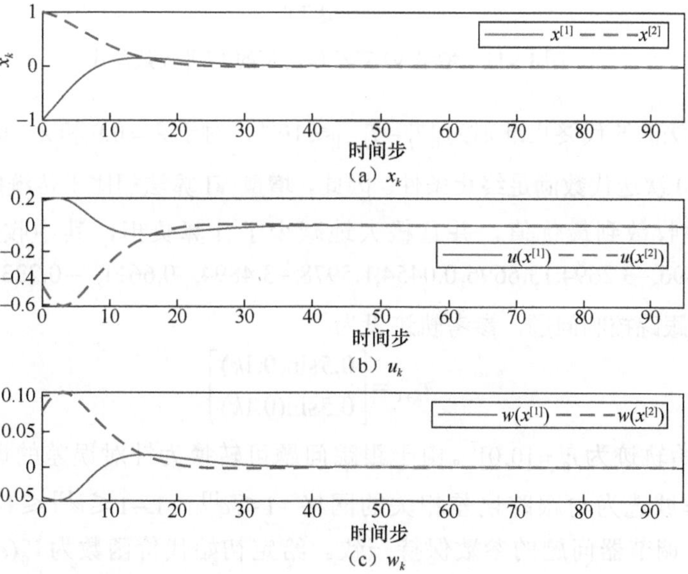

图 10-10　演化 VI 算法作用下的系统状态和控制曲线（ $V_0 \leqslant V_1$ ）

令初始条件 $\boldsymbol{\Phi}=0$ ，然后在 5 个不同增量因子 $\lambda \in \{-0.5, 0, 0.3, 0.6, 0.9\}$ 的作用下执行增量 VI 算法，其中策略对和代价函数的更新过程如式(10-26)和式(10-27)

所示。增量 VI 实施过程中$\|T_l\|$的收敛曲线如图 10-11 所示，从中可以看到不同的λ值带来了不同的收敛效果。

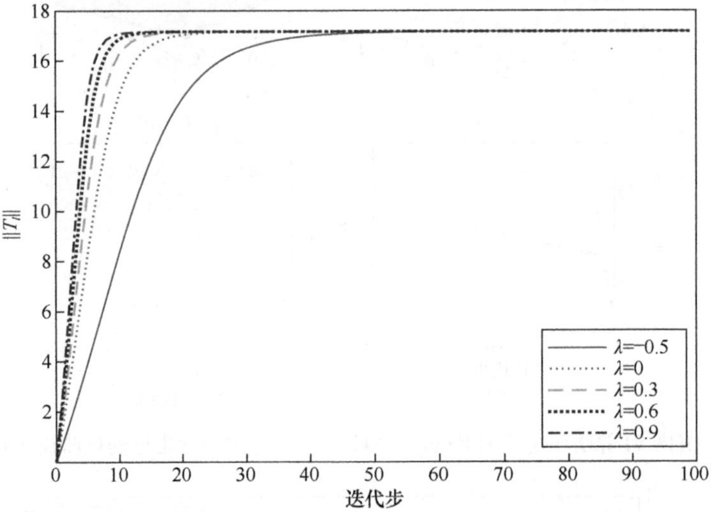

图 10-11　增量 VI 算法作用下的$\|T_l\|$收敛曲线

令算法的迭代终止准则为$\|T_l - T_{l-1}\| \leqslant 10^{-4}$，对于$\lambda = 0.9$和$\lambda = 0$，分别需要 14 次和 30 次迭代数满足终止条件。因此，增量 VI 算法相比于传统的 VI 算法能够更快地收敛到最优值，并且极大地减少了计算负担，其中收敛的权值为$T^* = [8.8406, -3.2694, 13.6696, 0.0454, 1.5978, -3.4894, -0.6611,\ -0.2233]^{\mathrm{T}}$。

对于跟踪控制问题，参考轨迹设为

$$r_{k+1} = \begin{bmatrix} 0.5\sin(0.1k) \\ 0.5\sin(0.1k) \end{bmatrix} \tag{10-55}$$

其中，初始轨迹为$r_0 = [0,0]^{\mathrm{T}}$。由于跟踪问题可转换为针对误差的调节器问题，因此操作域选为与跟踪误差相关的网格$-1 \leqslant e^{[1]} \leqslant 1, -1 \leqslant e^{[2]} \leqslant 1$，其他算法参数都与调节器问题的参数保持一致。给定初始代价函数为$V_0(e) = 0$，引入 5 个不同的增量因子以执行式（10-49）中的增量 VI 算法。在进行 80 次迭代之后，$\|T_l\|$的收敛过程以及最终收敛的代价函数$\mathcal{V}_{80}(e)$在图 10-12 中给出。此外，算法最终收敛时的权值向量为$T^* = [8.8270, -3.2829, 13.6768, 0.0573, 1.6089, -3.4998, -0.6640, -0.2204]^{\mathrm{T}}$。

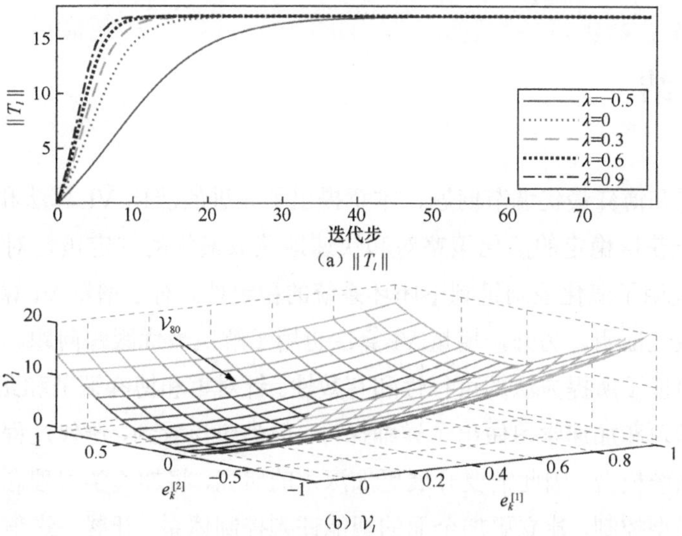

图 10-12　$\|T_l\|$ 收敛曲线以及代价函数 $\mathcal{V}_{80}(e_k)$

任选 3 个初始状态为 $x_0(1)=[0.75,0.45]^{\mathrm{T}}$、$x_0(2)=[-0.6,0.9]^{\mathrm{T}}$ 以及 $x_0(3)=[1,-1]^{\mathrm{T}}$，使用训练好的跟踪控制器作用于系统，跟踪结果如图 10-13 所示。可以看到，在增量 VI 算法机制下，系统状态能够实现无差跟踪参考轨迹的目标。

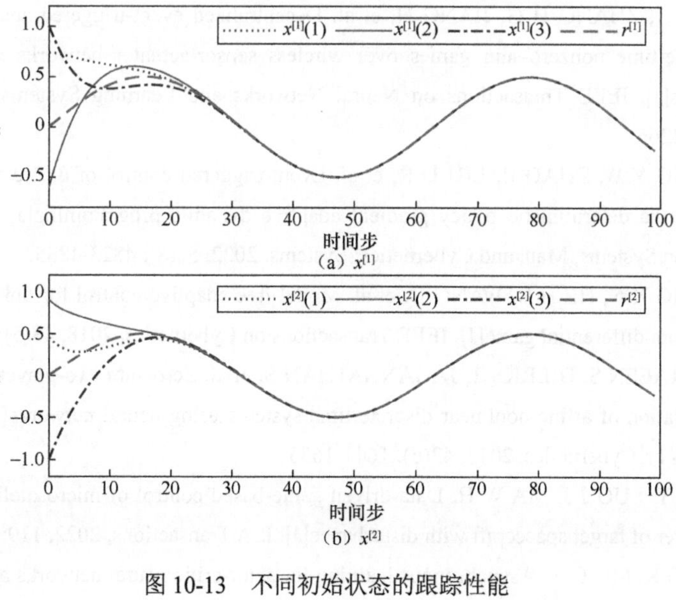

图 10-13　不同初始状态的跟踪性能

10.6 小结

针对零和博弈最优调节问题，本章提出了先进的演化 VI 算法和增量 VI 算法分别用于获得稳定的演化策略对和快速地获取最优的固定策略对。对于演化 VI 算法，证明了演化控制机制下闭环系统的稳定性。对于增量 VI 算法，给出了新颖的收敛性证明。另外，增量 VI 算法也用于解决最优跟踪问题。两个仿真实验的结果验证了所提方法的可行性和有效性。针对零和博弈调节和跟踪问题，本章对演化学习和加速学习做出了详细探讨。但是应该看到，迭代过程是离线实现的且需要系统模型，因此需要开展更加深入的研究，将加速学习理念推广到在线控制与无模型控制，建立更加全面的智能评判控制体系。开展先进值迭代与智能评判控制研究，将对智能控制和强化学习领域的发展起到明显推动作用，助力人工智能驱动的自动化技术在各行各业发挥更大的价值。

参考文献

[1] SU H G, ZHANG H G, JIANG H, et al. Decentralized event-triggered adaptive control of discrete-time nonzero-sum games over wireless sensor-actuator networks with input constraints[J]. IEEE Transactions on Neural Networks and Learning Systems, 2020, 31(10): 4254-4266.

[2] ZHANG Y W, ZHAO B, LIU D R, et al. Event-triggered control of discrete-time zero-sum games via deterministic policy gradient adaptive dynamic programming[J]. IEEE Transactions on Systems, Man, and Cybernetics: Systems, 2022, 52(8): 4823-4835.

[3] ZHONG X N, HE H B, WANG D, et al. Model-free adaptive control for unknown nonlinear zero-sum differential game[J]. IEEE Transactions on Cybernetics, 2018, 48(5): 1633-1646.

[4] MEHRAEEN S, DIERKS T, JAGANNATHAN S, et al. Zero-sum two-player game theoretic formulation of affine nonlinear discrete-time systems using neural networks[J]. IEEE Transactions on Cybernetics, 2013, 43(6): 1641-1655.

[5] CHAI Y, LUO J J, MA W H. Data-driven game-based control of microsatellites for attitude takeover of target spacecraft with disturbance[J]. ISA Transactions, 2022, 119: 93-105.

[6] WANG K, MU C X. Asynchronous learning for actor-critic neural networks and synchronous

triggering for multiplayer system[J]. ISA Transactions, 2022, 129: 295-308.

[7] ABU-KHALAF M, LEWIS F L, HUANG J. Policy iterations on the Hamilton-Jacobi-Isaacs equation for H_∞ state feedback control with input saturation[J]. IEEE Transactions on Automatic Control, 2006, 51(12): 1989-1995.

[8] AL-TAMIMI A, ABU-KHALAF M, LEWIS F L. Adaptive critic designs for discrete-time zero-sum games with application to H_∞ control[J]. IEEE Transactions on Systems, Man, and Cybernetics, Part B (Cybernetics), 2007, 37(1): 240-247.

[9] LIU D R, LI H L, WANG D. Neural-network-based zero-sum game for discrete-time nonlinear systems via iterative adaptive dynamic programming algorithm[J]. Neurocomputing, 2013, 110: 92-100.

[10] WEI Q L, LIU D R, LIN Q, et al. Adaptive dynamic programming for discrete-time zero-sum games[J]. IEEE Transactions on Neural Networks and Learning Systems, 2018, 29(4): 957-969.

[11] HOU J X, WANG D, LIU D R, et al. Model-free H_∞ optimal tracking control of constrained nonlinear systems via an iterative adaptive learning algorithm[J]. IEEE Transactions on Systems, Man, and Cybernetics: Systems, 2020, 50(11): 4097-4108.

[12] ZHANG L, FAN J L, XUE W Q, et al. Data-driven H_∞ optimal output feedback control for linear discrete-time systems based on off-policy Q-learning[J]. IEEE Transactions on Neural Networks and Learning Systems, 2023, 34(7): 3553-3567.

[13] LUO B, YANG Y, LIU D R. Policy iteration Q-learning for data-based two-player zero-sum game of linear discrete-time systems[J]. IEEE Transactions on Cybernetics, 2021, 51(7): 3630-3640.

[14] ZHANG H G, QIN C B, JIANG B, et al. Online adaptive policy learning algorithm for H_∞ state feedback control of unknown affine nonlinear discrete-time systems[J]. IEEE Transactions on Cybernetics, 2014, 44(12): 2706-2718.

[15] LUO B, LIU D R, HUANG T W, et al. Multi-step heuristic dynamic programming for optimal control of nonlinear discrete-time systems[J]. Information Sciences, 2017, 411: 66-83.

[16] LUO B, YANG Y, WU H N, et al. Balancing value iteration and policy iteration for discrete-time control[J]. IEEE Transactions on Systems, Man, and Cybernetics: Systems, 2020, 50(11): 3948-3958.

[17] LI T, YANG D S, XIE X P, et al. Event-triggered control of nonlinear discrete-time system with unknown dynamics based on HDP(λ)[J]. IEEE Transactions on Cybernetics, 2022, 52(7): 6046-6058.

[18] AL-DABOONI S, WUNSCH D C. An improved N-step value gradient learning adaptive

dynamic programming algorithm for online learning[J]. IEEE Transactions on Neural Networks and Learning Systems, 2020, 31(4): 1155-1169.

[19] ZHAO M M, WANG D, HA M M, et al. Evolving and incremental value iteration schemes for nonlinear discrete-time zero-sum games[J]. IEEE Transactions on Cybernetics, 2023, 53(7): 4487-4499.

后　记

层峦叠嶂，无限风光。追逐梦想的道路艰辛又漫长，但是快乐又充实。2009 年，我考入中国科学院自动化研究所，踏入神秘的北京中关村科技园区，在攻读智能控制方向博士学位的过程中，也切身体会着高新科技的无穷魅力。在刘德荣教授的悉心指导下，我开始接触与强化学习控制相关的研究课题，尤其是自适应评判设计。那时的我，没有预料到强化学习驱动的智能控制会在后来发展成为国际上一个持续热门的领域。如今，智能控制与强化学习也在新一代人工智能研究中扮演着重要角色，服务国家发展，惠及千家万户。

从 2012 年在中国科学院自动化研究所步入工作，到 2019 年转入北京工业大学继续追梦，时光如梭一年又一年，砥砺前行一程又一程。十余年来，我一直从事智能控制与强化学习前沿研究。在持续性科研工作中，我形成了相对稳定且不断拓展的研究方向，特别是面向不确定动态系统，致力于完善自适应评判设计以及智能优化控制框架，并努力构建自学习鲁棒控制的基础理论和方法体系。回首这段科研经历，如同在欣赏一个多姿多彩的万花筒，包含着晴阴雨雪，隐藏着酸甜苦辣。不同的控制对象和设计需求令人眼花缭乱，不同的迭代算法和实现途径令人目不暇接，不同的控制效果和性能分析令人莫可名状。曾几何时，我从内心感受到这里面有很多重难点知识亟待梳理。其中，值迭代是绝大多数初学者都绕不过的话题，也是从事该领域多年的研究人员仍然可能在寻求改进的方向。于是，我产生了把基本值迭代及其先进算法梳理有序、编著成书的想法，并热切希望能用一些积累的认知为相关人员开展研究提供点滴帮助。

本书的四位作者是智能控制与强化学习研究之路上坚持探索的追梦人，对于值迭代算法和控制设计有着较为深刻的理解，经过充分研讨并齐心协力撰写成书。坚守科研初心，助力领域发展。衷心希望本书的出版可以为进入智能控制与强化学习相关领域，尤其是开展先进值迭代评判设计的研究人员提供一定的指引。当然，对于书中可能存在的疏漏之处，也恳请读者提出宝贵意见和改进建议。

王 鼎

2023 年 9 月 16 日